U0645268

高等学校计算机基础教育教材

Python语言程序设计

张　明　郭小燕　主　编

杜柯柯　张晶晶　屈宜丽　祁建宏　副主编

清华大学出版社

北京

内 容 简 介

本书全面系统地介绍了 Python 语言的语法基础与程序设计技术,内容包括绪论、Python 简介与环境搭建、基本数据类型与字符处理、控制结构与异常处理、输入输出与文件处理、组合数据类型与迭代器处理、函数与库、面向对象程序设计、图形用户界面和访问数据库。除第 1 章外,每章均包括基础语法、实例练习、单元拓展、项目训练和习题 5 个模块,符合学习者从知识学习到实践应用再到解决问题的认知规律。

本书遵循以问题为导向的设计理念,在解决问题的同时渗透知识的学习,从而激发学习者的学习兴趣,提高主动学习的能力。全书共有 99 个实例练习、10 个单元拓展和 23 个项目训练,并配套教学 PPT、习题、源代码等资源,所有代码均在 Python 3.6 中调试通过。

本书可作为高等院校 Python 程序设计课程的教材或参考书,也可作为从事大数据和人工智能等工作的编程人员的自学或参考用书。

本书封面贴有清华大学出版社防伪标签,无标签者不得销售。

版权所有,侵权必究。举报:010-62782989,beiqinquan@tup.tsinghua.edu.cn。

图书在版编目(CIP)数据

Python 语言程序设计/张明等主编. —北京:清华大学出版社,2023.6(2025.3重印)
高等学校计算机基础教育教材
ISBN 978-7-302-62600-8

Ⅰ.①P…　Ⅱ.①张…　Ⅲ.①软件工具－程序设计－高等学校－教材　Ⅳ.①TP311.561

中国国家版本馆 CIP 数据核字(2023)第 022852 号

责任编辑:袁勤勇
封面设计:常雪影
责任校对:郝美丽
责任印制:刘　菲

出版发行:清华大学出版社
　　　　网　　　址:https://www.tup.com.cn,https://www.wqxuetang.com
　　　　地　　　址:北京清华大学学研大厦 A 座　　　　邮　　编:100084
　　　　社 总 机:010-83470000　　　　　　　　　　　　邮　　购:010-62786544
　　　　投稿与读者服务:010-62776969, c-service@tup.tsinghua.edu.cn
　　　　质量反馈:010-62772015, zhiliang@tup.tsinghua.edu.cn
　　　　课件下载:https://www.tup.com.cn, 010-83470236
印 装 者:三河市天利华印刷装订有限公司
经　　销:全国新华书店
开　　本:185mm×260mm　　　　印　　张:18　　　　字　　数:438 千字
版　　次:2023 年 7 月第 1 版　　　　　　　　　　　印　　次:2025 年 3 月第 2 次印刷
定　　价:58.00 元

产品编号:099387-01

前　言

从物联网、云计算、大数据、人工智能、区块链到元宇宙，ICT(Information and Communication Technology,信息与通信技术)产业的变化日新月异，无论是一个简单的模型还是一个复杂的系统，都离不开计算机程序设计语言。Python 作为一门计算机程序设计语言，其设计哲学是优雅、简单、明确。根据 TIOBE 公司 2021 年 10 月的统计数据，Python 首次超越 C 语言和 Java 语言成为最受欢迎的编程语言，受到编程爱好者的普遍认可，特别是在大数据和人工智能等应用方面优势更加突出。

本书是编者在多年 Python 语言程序设计一线授课、实际项目开发的经验积累基础上所编写的从入门到实践再到应用的教材，具有如下特点。

1. 内容全面,编排合理

本书内容从浅到深、由易到难，从基础知识过渡到实际应用，结构合理，内容全面。主要内容有程序设计基础、Python 简介与环境搭建、基本数据类型与字符处理、控制结构与异常处理、输入输出与文件处理、组合数据类型与迭代器处理、函数与库、面向对象程序设计、图形用户界面和访问数据库。

2. 模块化教学,项目式设计

本书以模块化的教学思想进行内容整合与章节编排，各个部分之间既自成体系又互相关联。每章以问题为导向引出基础语法，再以案例、项目训练的方式展开设计，不仅激发了学习者的兴趣与学习动力，同时培养其解决复杂问题的能力。全书共计 99 个实例练习和 23 个项目训练，每章最后均设计了相应的单元拓展，便于学有余力的同学进行提高和拓展训练。

3. 注重实践,强调应用

本书由多年教授 Python 语言程序设计的课程团队共同编写，在编写过程中十分重视实践和应用，内容的遴选从基础理论到字符串处理、文件读写、异常处理、迭代器处理，再到函数、库、面向对象、图形用户界面和数据库访问，覆盖了主流的编程应用，书中的实例练习和项目训练都针对实际问题，具有代表性和实用性。

在本书的编写过程中得到了相关领导和同事的热心帮助,在出版过程中得到了清华大学出版社的大力支持,在此表示衷心的感谢。

由于编者水平有限,书中不足之处在所难免,恳请广大读者和同行批评指正。

编　者

2023 年 5 月

目　录

第1章　绪论 ……………………………………………………………………… 1

1.1　从物联网到元宇宙 ………………………………………………………… 1

　　1.1.1　物联网 ……………………………………………………………… 1

　　1.1.2　云计算 ……………………………………………………………… 3

　　1.1.3　大数据 ……………………………………………………………… 5

　　1.1.4　人工智能 …………………………………………………………… 5

　　1.1.5　区块链 ……………………………………………………………… 8

　　1.1.6　元宇宙 ……………………………………………………………… 9

1.2　程序设计语言 …………………………………………………………… 11

　　1.2.1　计算机系统 ………………………………………………………… 11

　　1.2.2　计算机程序 ………………………………………………………… 12

　　1.2.3　程序设计语言 ……………………………………………………… 13

1.3　程序设计 ………………………………………………………………… 14

　　1.3.1　程序设计和程序员 ………………………………………………… 14

　　1.3.2　程序设计的一般流程 ……………………………………………… 14

　　1.3.3　程序设计方法 ……………………………………………………… 16

1.4　单元拓展：如何学好程序设计 ………………………………………… 17

　　1.4.1　各路学说 …………………………………………………………… 17

　　1.4.2　翁恺学说 …………………………………………………………… 18

1.5　习题 ……………………………………………………………………… 19

第2章　Python 简介与环境搭建 …………………………………………… 20

2.1　Python 简介 ……………………………………………………………… 20

　　2.1.1　Python 的诞生和发展 ……………………………………………… 20

　　2.1.2　Python 的优点 ……………………………………………………… 21

2.2　Python 环境 ……………………………………………………………… 22

　　2.2.1　Python 环境介绍 …………………………………………………… 22

　　2.2.2　Python 安装与配置 ………………………………………………… 23

　　2.2.3　VS Code 安装与配置 ……………………………………………… 30

2.3　Python 程序运行方式 ······························· 39

　　2.3.1　交互式 ······························· 39

　　2.3.2　文件式 ······························· 42

2.4　Python 基本语法规则 ······························· 45

2.5　单元拓展：Python 计算生态 ······························· 47

　　2.5.1　计算生态概述 ······························· 47

　　2.5.2　Python 计算生态分类 ······························· 48

　　2.5.3　Python 库管理 ······························· 49

2.6　项目训练 ······························· 52

　　2.6.1　Hello World ······························· 52

　　2.6.2　Python 之禅 ······························· 52

2.7　习题 ······························· 53

第 3 章　基本数据类型与字符处理 ······························· **55**

3.1　整数类型 ······························· 55

3.2　浮点数类型 ······························· 56

3.3　复数类型 ······························· 56

3.4　布尔类型 ······························· 56

3.5　字符串类型 ······························· 57

3.6　字符数据处理 ······························· 58

　　3.6.1　字符串索引 ······························· 58

　　3.6.2　字符串引用 ······························· 58

　　3.6.3　字符串处理 ······························· 59

3.7　常量与变量 ······························· 62

　　3.7.1　常量 ······························· 62

　　3.7.2　变量 ······························· 62

3.8　运算符与表达式 ······························· 64

　　3.8.1　运算符及优先级 ······························· 64

　　3.8.2　表达式 ······························· 65

3.9　单元拓展：内置函数 ······························· 65

　　3.9.1　函数简介 ······························· 65

　　3.9.2　内置函数 ······························· 66

3.10　项目训练 ······························· 70

　　3.10.1　变量交换 ······························· 70

　　3.10.2　计算 BMI ······························· 71

　　3.10.3　查看关键字 ······························· 72

3.11　习题 ······························· 73

第 4 章　控制结构与异常处理 ································· **74**

4.1　三种基本结构 ······································· 74

 4.1.1　顺序结构 ····································· 74

 4.1.2　分支结构 ····································· 74

 4.1.3　循环结构 ····································· 78

 4.1.4　循环结构特殊语句 ····························· 80

4.2　函数 range() ······································ 82

4.3　异常处理 ··· 83

 4.3.1　程序设计中的错误类型 ························· 83

 4.3.2　Python 标准异常 ····························· 83

 4.3.3　捕捉异常 ····································· 85

 4.3.4　异常处理 ····································· 87

4.4　单元拓展：标准库 Turtle ··························· 88

 4.4.1　窗体与画布 ··································· 88

 4.4.2　坐标与角度 ··································· 89

 4.4.3　颜色体系 ····································· 90

 4.4.4　绘制图形 ····································· 90

4.5　项目训练 ··· 91

 4.5.1　计算 BMI(高级版) ···························· 91

 4.5.2　统计浮点数的位数 ····························· 93

 4.5.3　绘制五角星 ··································· 94

4.6　习题 ··· 95

第 5 章　输入输出与文件处理 ······························· **97**

5.1　标准输入 ··· 97

 5.1.1　默认格式 ····································· 97

 5.1.2　具体类型格式 ································· 98

 5.1.3　自动类型格式 ································· 99

5.2　标准输出 ··· 101

 5.2.1　简单输出 ····································· 101

 5.2.2　格式化输出 ··································· 102

5.3　文件读写 ··· 103

 5.3.1　文件 ··· 103

 5.3.2　文件处理流程 ································· 104

 5.3.3　打开和关闭文件 ······························· 104

 5.3.4　写文件 ······································· 105

 5.3.5　读文件 ······································· 107

5.4　单元拓展：标准库 OS ······························· 110

5.4.1　OS 常用属性 ··· 110

5.4.2　OS 常用方法 ··· 110

5.5　项目训练 ··· 111

5.5.1　数字数据处理 ··· 111

5.5.2　文件遍历 ··· 112

5.5.3　目录操作 ··· 114

5.6　习题 ·· 115

第 6 章　组合数据类型与迭代器处理 ··· **117**

6.1　列表 ·· 117

6.1.1　列表创建 ··· 117

6.1.2　列表编辑 ··· 118

6.1.3　列表应用 ··· 119

6.2　元组 ·· 122

6.2.1　元组创建 ··· 122

6.2.2　元组编辑 ··· 123

6.2.3　元组应用 ··· 123

6.3　集合 ·· 125

6.3.1　集合创建 ··· 125

6.3.2　集合编辑 ··· 126

6.3.3　集合运算 ··· 127

6.3.4　集合应用 ··· 130

6.4　字典 ·· 131

6.4.1　字典创建 ··· 131

6.4.2　字典编辑 ··· 132

6.4.3　字典应用 ··· 134

6.5　迭代器 ··· 136

6.5.1　Iter ·· 136

6.5.2　Zip ·· 137

6.5.3　Map ·· 138

6.5.4　Filter ··· 139

6.6　单元拓展：标准库 Time ·· 140

6.7　项目训练 ··· 142

6.7.1　字符种类统计 ··· 142

6.7.2　字符频率统计 ··· 142

6.7.3　时间处理 ··· 143

6.8　习题 ·· 145

第 7 章　函数与库 ·· **147**

7.1　函数 ··· 147
　　7.1.1　lambda 函数 ·· 148
　　7.1.2　函数定义与调用 ·· 148
　　7.1.3　参数传递 ··· 150
　　7.1.4　参数类型 ··· 152
7.2　变量的作用域 ·· 156
　　7.2.1　局部变量 ··· 156
　　7.2.2　全局变量 ··· 157
7.3　库 ··· 159
　　7.3.1　简介及分类 ·· 159
　　7.3.2　import ·· 159
　　7.3.3　用户库 ··· 159
7.4　单元拓展：标准库 Random ·· 161
7.5　项目训练 ·· 162
　　7.5.1　Fibonacci 数列 ··· 162
　　7.5.2　汉诺塔问题 ·· 162
　　7.5.3　随机数处理 ·· 164
7.6　习题 ·· 166

第 8 章　面向对象程序设计 ··· **167**

8.1　基本概念 ·· 167
　　8.1.1　类与对象 ··· 167
　　8.1.2　特点与优点 ·· 168
8.2　创建与引用 ··· 168
8.3　特殊方法 ·· 170
8.4　单元拓展：标准库 Re ·· 172
　　8.4.1　特殊字符 ··· 172
　　8.4.2　修饰符 ··· 173
　　8.4.3　常用方法 ··· 174
　　8.4.4　应用 ·· 174
8.5　项目训练 ·· 176
　　8.5.1　猫对象 ··· 176
　　8.5.2　校验手机号码 ··· 178
8.6　习题 ·· 179

第 9 章　图形用户界面 ··· **180**

9.1　图形用户界面基础知识 ·· 180

9.1.1　窗口及其组成元素 ······························· 180

9.1.2　设计开发流程 ·································· 181

9.1.3　Tkinter 简介 ·································· 181

9.2　窗口 ··· 181

9.2.1　窗口创建 ···································· 182

9.2.2　窗口属性 ···································· 182

9.2.3　窗口方法 ···································· 183

9.3　常用控件与常用属性 ······························· 185

9.3.1　常用控件 ···································· 185

9.3.2　常用属性 ···································· 186

9.4　界面布局 ··· 187

9.4.1　pack()方法 ·································· 187

9.4.2　grid()方法 ·································· 188

9.4.3　place()方法 ································· 189

9.4.4　Frame 容器 ·································· 190

9.4.5　LabelFrame 容器 ······························ 191

9.4.6　PanedWindow 容器 ····························· 193

9.5　事件处理 ··· 194

9.5.1　事件类型 ···································· 195

9.5.2　事件属性 ···································· 196

9.5.3　事件绑定与解绑 ································· 197

9.6　动态数据 ··· 198

9.7　基本控件 ··· 198

9.7.1　Label(标签)控件 ······························ 198

9.7.2　Message(消息)控件 ····························· 201

9.7.3　Button(按钮)控件 ······························ 201

9.7.4　Radiobutton(单选按钮)控件 ························ 202

9.7.5　Checkbutton(复选框)控件 ························· 204

9.7.6　Entry(单行输入框)控件 ··························· 206

9.7.7　Spinbox(高级输入框)控件 ························· 208

9.7.8　Text(多行文本框)控件 ··························· 209

9.7.9　Listbox(列表框)控件 ···························· 211

9.7.10　Combobox(下拉列表)控件 ························· 213

9.7.11　Scale(刻度条)控件 ···························· 214

9.7.12　Scrollbar(滚动条)控件 ·························· 216

9.7.13　OptionMenu(选项菜单)控件 ······················ 218

9.7.14　Menu(菜单)控件 ······························ 220

9.8　对话框 ··· 222

9.8.1　消息对话框——Messagebox ························· 222

9.8.2　颜色选择对话框——Colorchooser ···················· 225

9.8.3　文件对话框——Filedailog ···························· 227

9.8.4　简单对话框——Simpledailog ·························· 230

9.9　单元拓展——画布 Canvas ······························ 231

9.10　项目训练 ··· 234

9.10.1　画布综合应用 ·································· 234

9.10.2　简易计算器 ··································· 236

9.11　习题 ·· 239

第 10 章　访问数据库 ·· **241**

10.1　数据库简介 ·· 241

10.2　SQLite ··· 242

10.2.1　连接数据库 ···································· 242

10.2.2　创建表 ······································· 243

10.2.3　编辑表 ······································· 244

10.2.4　查询 ··· 244

10.3　MariaDB ·· 245

10.3.1　安装与配置 ···································· 245

10.3.2　访问 MariaDB ································· 252

10.4　单元拓展——Pyinstaller ······························ 255

10.5　项目训练 ··· 258

10.5.1　简易学生管理系统——SQLite ·················· 258

10.5.2　简易学生管理系统——MariaDB ················ 262

10.6　习题 ·· 266

习题参考答案 ·· **268**

参考文献 ··· **274**

第1章

绪　　论

1.1　从物联网到元宇宙

1.1.1　物联网

1. 物联网的定义

物联网(Internet of Things,IoT)即"万物相连的互联网",是对传统互联网的延伸和扩展,是将各种信息传感设备与计算机网络结合起来而形成的一个巨大网络,可以实现任何时间、任何地点,人、机、物的互联互通。物联网通过信息传感器、射频识别技术、全球定位系统、红外线感应器、激光扫描器等各种设备与技术,实时动态地采集物体的声、光、电、热、位置等信息,通过各类可能的网络接入,按照约定的协议,实现物与物、物与人的泛在连接,达到对物体和过程的智能化感知、识别、定位、跟踪、监控和管理的目的。

2. 物联网的产生和发展

1995 年,比尔·盖茨的《未来之路》一书中出现了物联网的概念。

1998 年,美国麻省理工学院提出了物联网的构想。

1999 年,美国 Auto-ID 对物联网概念进行了解释。

2005 年,在突尼斯举办的信息社会世界峰会上,国际电信联盟（International Telecommunication Union,ITU）发布的《ITU 互联网报告 2005：物联网》中正式提出了物联网的概念,并且指出无所不在的物联网通信时代即将来临,世界上所有物体都可以通过互联网进行信息交换。

2008 年,全球首个国际物联网会议在瑞士的苏黎世举行,会议探讨了物联网的新理念、新技术、新发展。

物联网在我国早期称为传感网,从 1999 年开始,中科院就启动了传感网的研究;2009 年,温家宝总理提出"感知中国",从此,物联网被列入我国的五大新兴战略性产业之一。

3. 物联网的结构

物联网的整体技术架构如图 1-1 所示,由感知层、网络层和应用层组成。

(1)感知层:采用各种传感器,采集需要的各种数据信息,实现物体的识别。

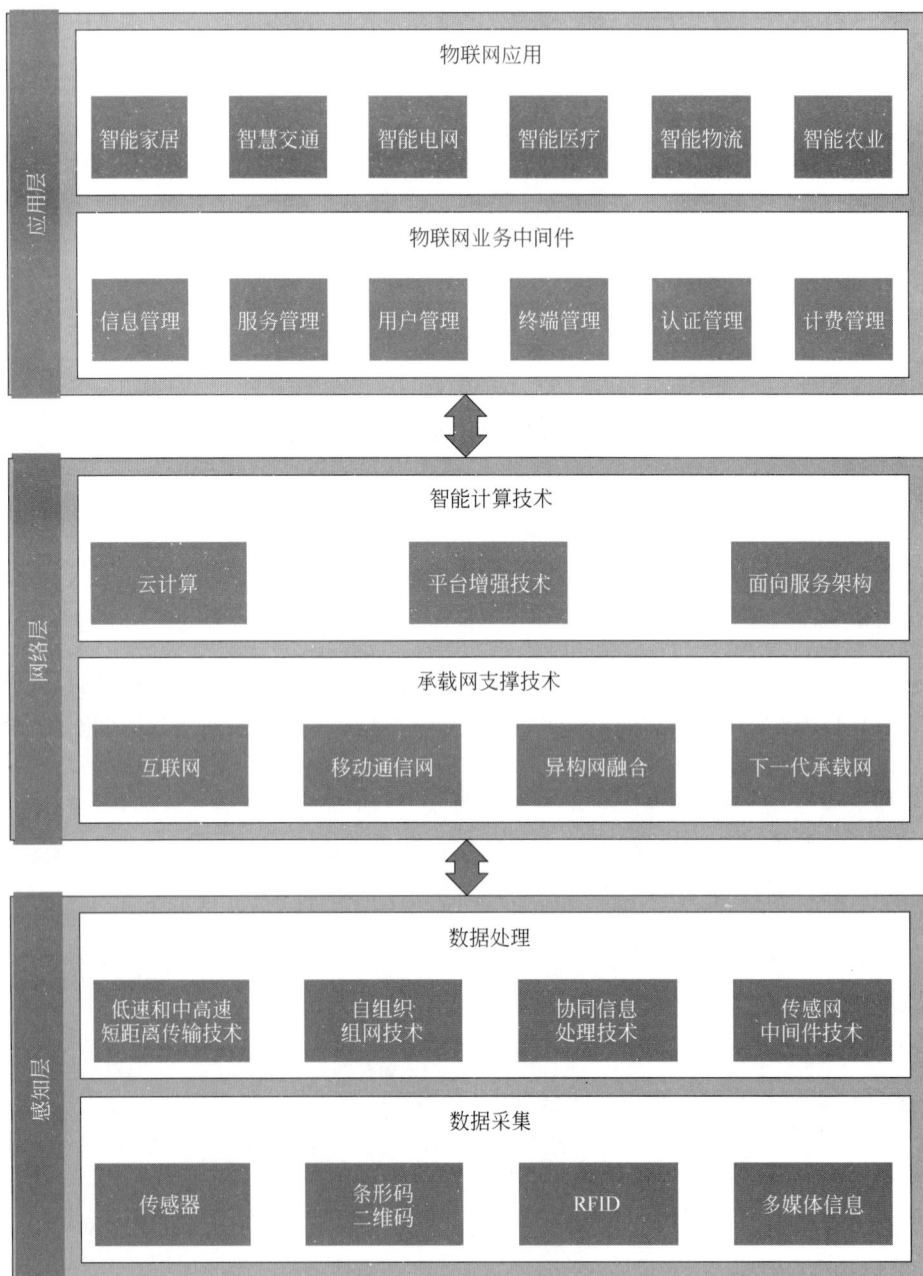

图 1-1　物联网技术架构

（2）网络层：通过各种网络，例如局域网、广域网、互联网，实现数据信息安全可靠的传输和通信。在传输层主要采用低功耗、短距离的无线通信技术，例如 Zigbee、Wi-Fi 和蓝牙等。

（3）应用层：通过云计算平台，对收到的数据信息进行存储、计算、分析、处理和挖掘，实现对物体的实时控制、精确管理和科学决策。

4. 物联网的应用

随着物联网技术的发展和普及,物联网技术已经广泛应用于智能家居、智慧交通、智能电网、智能医疗、智能物流、智能农业、智能电力、智能安防、智慧城市、智能汽车、智能建筑、智能水务、智能商业、智能工业和公共安全等领域,推动了智能化的发展,使得有限的资源被更加合理地分配及使用,提高了行业效率、效益,也提高了人们的生活质量。

1.1.2　云计算

1. 云计算的定义

云计算(Cloud Computing)是以互联网为核心,将大量的硬件、平台和软件等资源整合起来,构成资源池(也就是云),通过软件系统实现自动化管理,为用户提供快速且安全的计算和数据存储等服务,实现随时获取、按需使用、随时扩展、按使用付费。

云计算具有超级规模、灵活性高、可靠性高、性价比高、扩展性强和虚拟化等特点。按照云计算建设、运营和使用对象的不同,可以分为公有云、私有云和混合云。按照所提供的云服务的类型不同,云计算可以分为基础设施即服务(Infrastructure as a Service,IaaS)、平台即服务(Platform as a Service,PaaS)和软件即服务(Software as a Service,SaaS)。

2. 云计算的产生和发展

2006年8月9日,谷歌首席执行官埃里克·施密特(Eric Schmidt)在搜索引擎大会上首次提出了云计算的概念;2007年10月,谷歌公司在全球宣布了云计划,并且与IBM合作,将全球很多大学纳入云计划。

2007年8月,IBM推出了"蓝云(Blue Cloud)"计划;2008年8月,IBM投资3.6亿美元在美国北卡罗来纳州开始建设云计算数据中心。

2007年,Amazon开发了"弹性计算云(Elastic Computer Cloud,EC2)"服务。

2008年,微软发布了公共云计算平台"Azure"。

2008年3月,谷歌首席执行官埃里克·施密特在北京访问期间,宣布在中国推出云计算计划,并且与清华大学合作开发大规模数据处理课程;2008年5月和6月,IBM先后在无锡太湖新城科教产业园和北京IBM创新中心建设了两个云计算中心;2008年11月,广东电子工业研究院与东莞松山湖科技产业园共同建立了云计算平台;中国移动通信研究院推出了"Big Cloud"云计算平台。后来,国内知名IT公司也先后发布了自己的云计算平台,例如阿里云、腾讯云、华为云、百度云等。

3. 云计算的结构

云计算的结构如图1-2所示,主要由IaaS、PaaS和SaaS三部分组成。

(1) IaaS:是指以服务的形式提供主机、存储和网络等虚拟基础资源。

(2) PaaS:是指以服务的形式提供中间件、服务引擎、开发环境和开发工具等平台资源。

（3）SaaS：是指以服务的形式为企事业单位或个人用户提供软件资源。

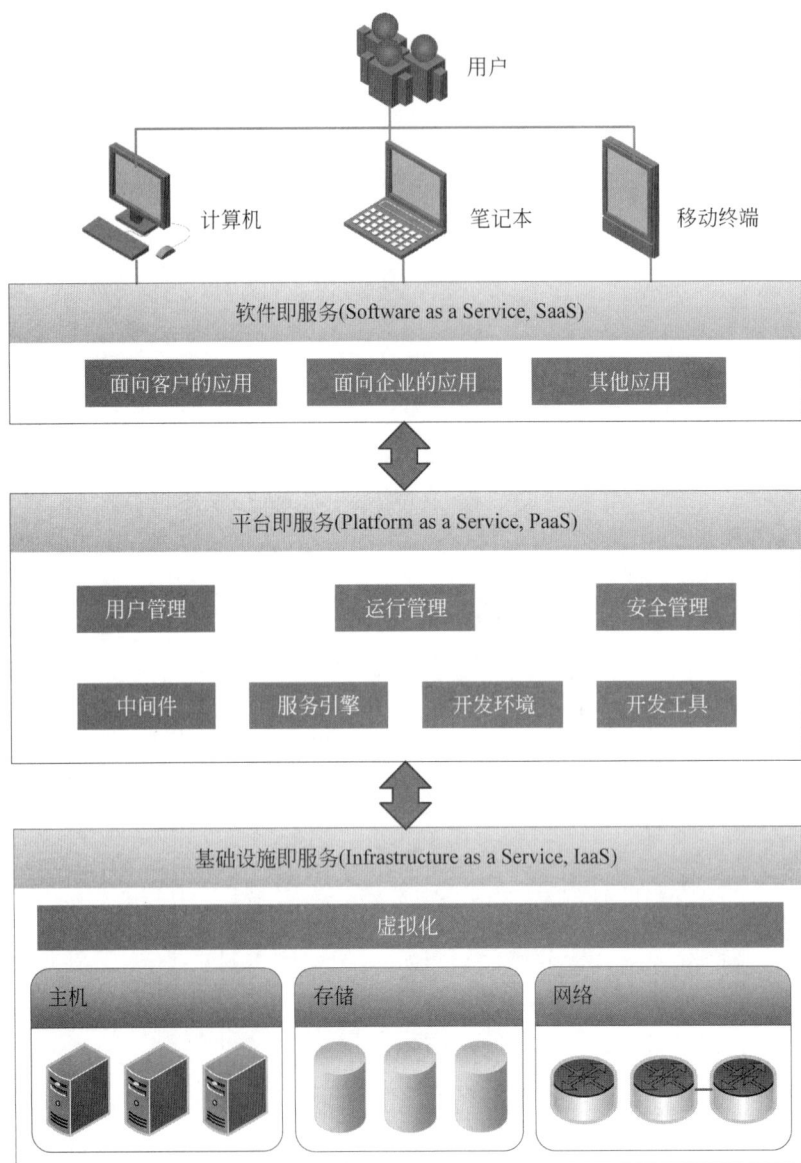

图 1-2　云计算的结构

4. 云计算的应用

云计算技术已经广泛根植于互联网中,融入生活的各个方面。例如,服务于网络存储、数据备份和数据分享的存储云,即云盘;服务于医院的挂号、病历、医保的医疗云;服务于在线学习(慕课)和直播的教育云;服务于银行、股票、基金的金融云等。

1.1.3 大数据

1. 大数据的定义

大数据(Big Data)是一种规模大到在获取、存储、管理、分析方面大大超出了传统数据库软件工具能力范围的数据集合,具有海量的数据规模、快速的数据流转、多样的数据类型和价值密度低四大特征。

2. 大数据的产生和发展

2008 年 9 月,美国《自然》杂志专刊 *The next google* 第一次正式提出了大数据的概念。

2011 年 2 月,美国《科学》杂志专刊 *Dealing with data* 通过社会调查的方式,第一次综合分析了大数据对人们生活的影响。

2011 年 5 月,麦肯锡研究院第一次对大数据进行了定义:大数据是指其大小超出了常规数据库工具获取、储存、管理和分析能力的数据集。

2015 年 9 月,国务院印发《促进大数据发展行动纲要》,系统部署大数据发展工作;2015 年 9 月 18 日,贵州省启动我国首个大数据综合试验区的建设工作;2016 年 3 月 17 日,《中华人民共和国国民经济和社会发展第十三个五年规划纲要》中指出实施国家大数据战略。

3. 大数据的结构

大数据的技术架构如图 1-3 所示,由数据源、数据采集、数据存储与预处理、数据处理和数据应用组成。

4. 大数据的应用

大数据的应用就是通过对大量数据的采集、预处理、存储与管理、分析和可视化,从中发现新知识、创造新价值、提升新能力。大数据技术已经广泛应用于各行各业,例如销售大数据、金融大数据、交通大数据、教育大数据、医疗大数据、农业大数据、环境大数据、智慧城市大数据等。

1.1.4 人工智能

1. 人工智能的定义

人工智能(Artificial Intelligence,AI)是指研究、开发用于模拟、延伸和扩展人的智能的理论、方法、技术及应用系统的一门技术科学。通俗地讲就是用硬件和软件的方法对人的思维过程进行模拟,从而构造具有一定智能的人工系统。

2. 人工智能的产生和发展

1956 年,约翰•麦卡锡、明斯基等科学家在美国达特茅斯学院举办的"如何用机器模拟人的智能"会议中首次提出了"人工智能"的概念,标志着人工智能学科的诞生。

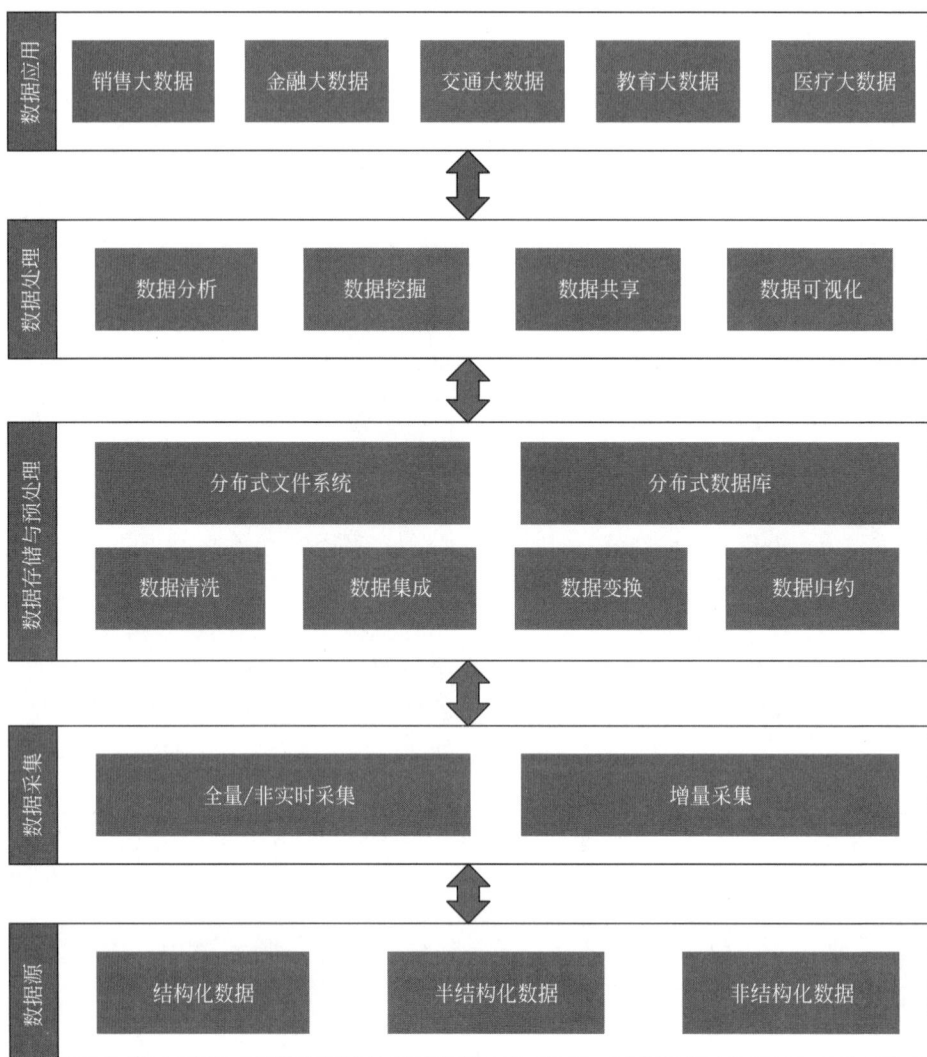

图 1-3　大数据技术架构

1957 年，罗森布拉特提出了感知机，是机器学习中神经元的最早模型。

1960 年，维德罗提出了最小二乘法，将 Delta 学习规则用于感知器的训练。

1968 年，Cover 和 Hart 提出了 K 最近邻分类算法，从而实现了用计算机进行简单的模式识别。

1986 年，昆兰提出了决策树算法，用于数据挖掘。

1995 年，瓦普尼克和科尔特斯提出了支持向量机。

1997 年，IBM 公司的深蓝计算机战胜了国际象棋冠军卡斯帕罗夫，从此人工智能被大众所关注。

2001 年，布雷曼提出了集成决策树模型。

2006 年，Hinton 提出了神经网络深度学习算法。

2016 年 3 月，谷歌公司的 AlphaGo 战胜了围棋世界冠军职业九段棋手李世石；2016 年末至 2017 年初，谷歌公司在中国棋类网站上以 Master 为注册账号与中日韩数十位围棋高手进行围棋对决,连续 60 局无一败绩;2017 年 5 月,在中国乌镇围棋峰会上,Master 又与排名世界第一的世界围棋冠军柯洁对战,最终以 3 比 0 的总比分获胜。

2021 年 9 月 25 日,为促进人工智能健康发展,《新一代人工智能伦理规范》发布。

3. 人工智能的结构

人工智能的技术架构如图 1-4 所示,由基础层、技术层、应用层组成。

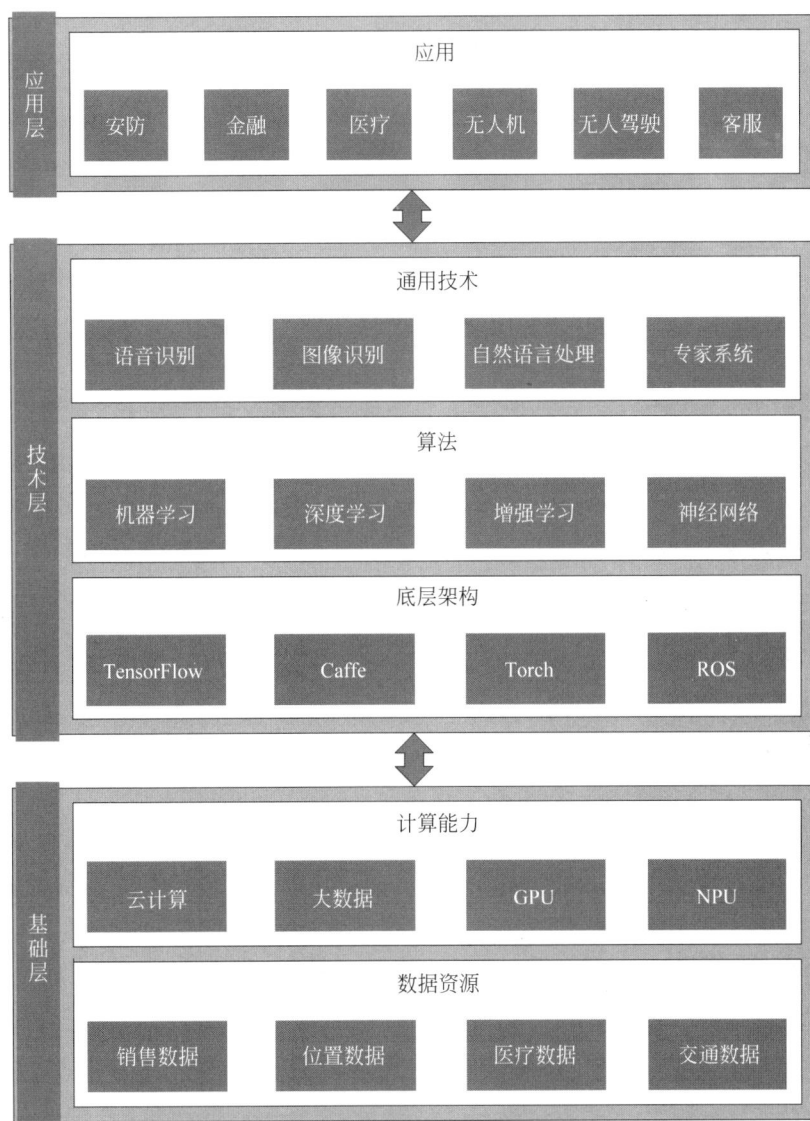

图 1-4　人工智能技术架构

4. 人工智能的应用

人工智能的应用就是实现机器会听(语音识别、机器翻译等)、会看(图像识别、文字识别等)、会说(语音合成、人机对话等)、会思考(人机对弈、定理证明等)、会学习(机器学习、知识表示等)、会行动(机器人、自动驾驶汽车等)。人工智能已经广泛应用于安防、交通、金融、零售、医疗、教育、家居、制造、农业等领域。

1.1.5 区块链

1. 区块链的定义

区块链(Block Chain)是一种分布式的共享账本和数据库,也是一种将数据区块有序连接,并以密码学方式保证其不可篡改、不可伪造的分布式数据库技术,具有去中心化、不可伪造、全程留痕、可以追溯、集体维护、公开透明等特点。根据区块链的使用范围可以将其分为公有区块链、联合(行业)区块链和私有区块链。

2. 区块链的产生与发展

2008 年 11 月 1 日,中本聪(Satoshi Nakamoto)在其文章《比特币:一种点对点的电子现金系统》中构建了一种基于加密技术、网络技术、区块链技术、时间戳技术的电子现金系统,标志着比特币的诞生。

2009 年 1 月 3 日,序号为 0 的第一枚比特币诞生;1 月 9 日,序号为 1 的比特币诞生,并且与序号为 0 的比特币进行了链接,标志着区块链的诞生。

2019 年 1 月 10 日,国家互联网信息办公室发布了《区块链信息服务管理规定》。

2019 年 10 月 24 日,在中央政治局第十八次集体学习时,习近平总书记强调,"把区块链作为核心技术自主创新的重要突破口""加快推动区块链技术和产业创新发展"。

3. 区块链的结构

区块链的技术架构如图 1-5 所示,由数据层、网络层、共识层、激励层、合约层和应用层组成。

(1) 数据层:封装底层的数据区块、数据加密和时间戳等基础数据和基本算法。

(2) 网络层:主要包括分布式组网机制、数据传播机制和数据验证机制等。

(3) 共识层:封装网络节点的各类共识算法。

(4) 激励层:将经济因素集成到区块链技术体系中,主要包括经济激励的发行机制和分配机制。

(5) 合约层:是区块链可编程特性的基础,用来封装各类脚本、算法和智能合约。

(6) 应用层:封装区块链的各种应用场景和案例。

4. 区块链的应用

区块链技术除了可以应用于电子货币外,也可以应用于其他场景。例如,应用于金融领域,实现交易验真、及时清算、快速交易和溯源防伪等功能;应用于物流和物联网领域,实现信息真实可靠、有迹可循,提高交易的安全性和便利性等功能;应用于公共服务领域,实现信息的公开透明和不可更改等功能;应用于数字版权领域,实现数字版权生命周期的管理等功能;在保险领域,实现保单的自动理赔和自动管理等功能;应用于公益领域,实现透明公开和社会监督等功能。

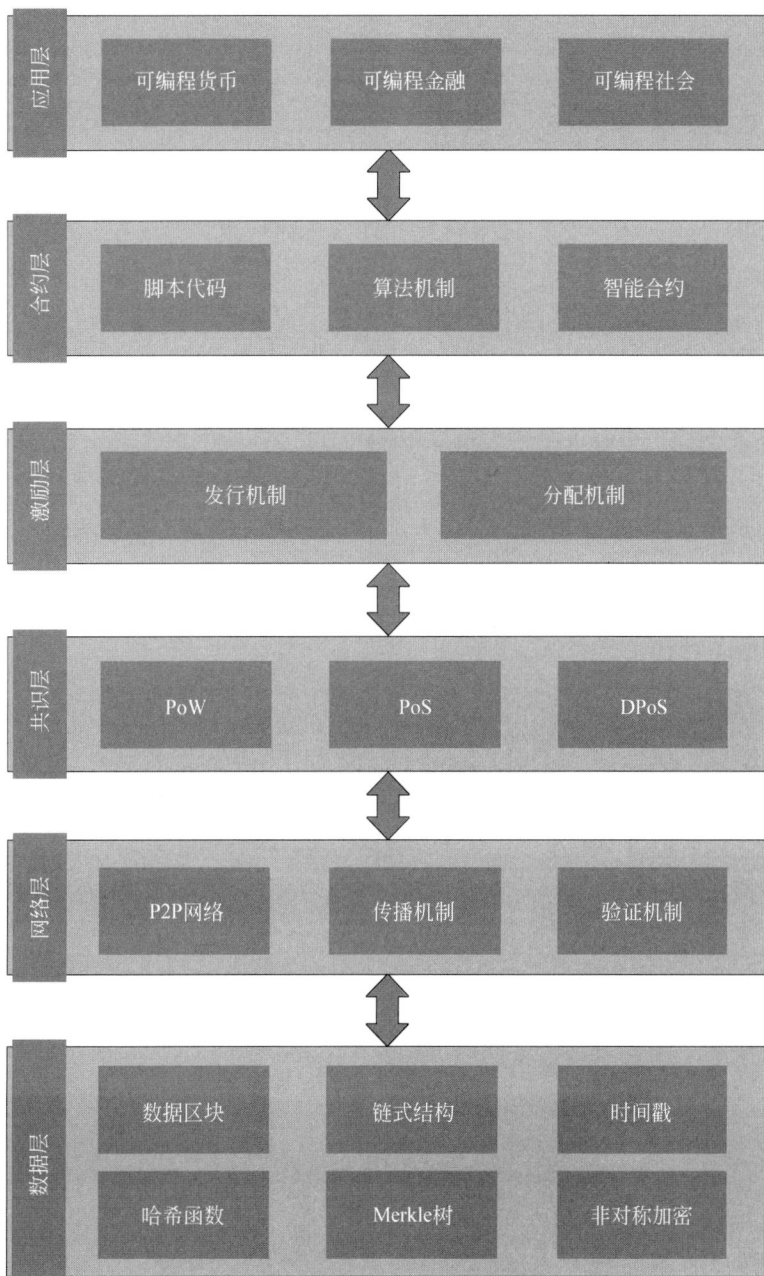

图 1-5　区块链技术架构

1.1.6　元宇宙

1. 元宇宙的定义

元宇宙(Metaverse)是一个合成词,由"Meta"(超越)和 verse(源自宇宙 universe)所组成,是超越于现实宇宙的另外一个宇宙,也可以理解为一个平行宇宙。元宇宙是利用现代科技手段进行链接与创造的、与现实世界映射与交互的虚拟世界,具备新型社会体系的数字生活空间。

2. 元宇宙的产生和发展

1981年,美国数学家和计算机专家弗诺·文奇教授在其小说《真名实姓》中创造性地构思了一个通过脑机接口进入并获得感官体验的虚拟世界,这是比较被认可的元宇宙的思想源头。

1992年,元宇宙的概念在美国作家尼尔·斯蒂芬森的科幻小说《雪崩》中最早出现。小说描绘了一个平行于现实世界的虚拟数字世界"元界"。人们戴上耳机和目镜,找到连接终端,就能够以虚拟分身的方式进入由计算机模拟、与真实世界平行的虚拟空间中。相当于现实世界中的人在"元界"中都有一个虚拟分身,人们通过控制这个虚拟分身来实现意志。

2021年是元宇宙元年。2021年初,Soul App在行业内首次提出构建"社交元宇宙";2021年3月,交互游戏开发公司Roblox以300多亿美元的市值在纽约证券交易所上市,当日股价即上涨54%,被誉为"元宇宙第一股"。

2021年5月,微软首席执行官萨蒂亚·纳德拉表示微软正在努力打造一个"企业元宇宙"。

2021年10月,Facebook母公司更名为Meta,并且宣布将重心转向元宇宙。

2021年11月,中国民营科技实业家协会元宇宙工作委员会揭牌;2021年12月27日,百度发布了首个国产元宇宙产品"希壤",2021年的Create大会在"希壤App"里举办,这是国内首次在元宇宙中举办大会,可同时容纳10万人同屏互动。

3. 元宇宙的结构

元宇宙的技术架构如图1-6所示,是多种信息技术的一种综合应用,主要由物联网技术、区块链技术、交互技术、电子游戏技术、人工智能技术、网络与运算技术组成。

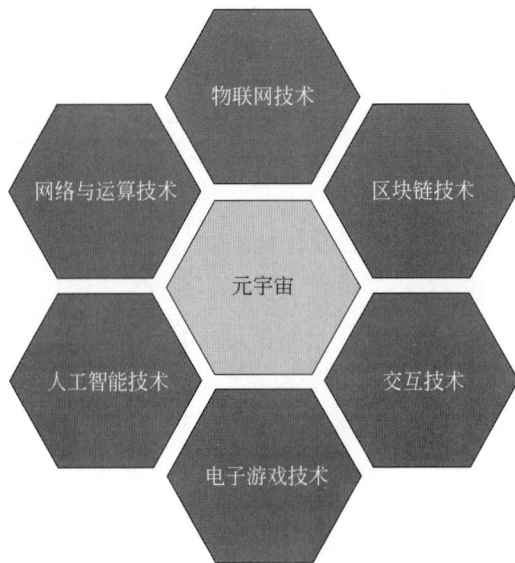

图1-6 元宇宙技术架构

4. 元宇宙的应用

元宇宙目前还处于发展阶段,在游戏业发展最为迅速,通过虚拟设备玩家可以实现沉浸式的体验;在工业方面可以实现虚拟设计,提高开发效率;在旅游业可以实现随时、随地、全方位的场景体验;在医疗方面可以实现虚拟训练医生,提升专业技能;在教育业可以实现一对多的虚拟教学,均衡教育资源,也可构建真实体验的虚拟现实实验室,提高教学效果等。

从物联网到元宇宙,ICT(Information and Communications Technology,信息与通信技术)产业的变化日新月异,不论是一个简单的系统还是一个复杂的系统,都由硬件和软件两部分所组成,其中的软件部分就是由计算机程序设计语言所编写的。在大数据和人工智能等方面,Python 语言的优势突出。

1.2 程序设计语言

1.2.1 计算机系统

计算机系统由硬件系统和软件系统两大部分组成,如图 1-7 所示。

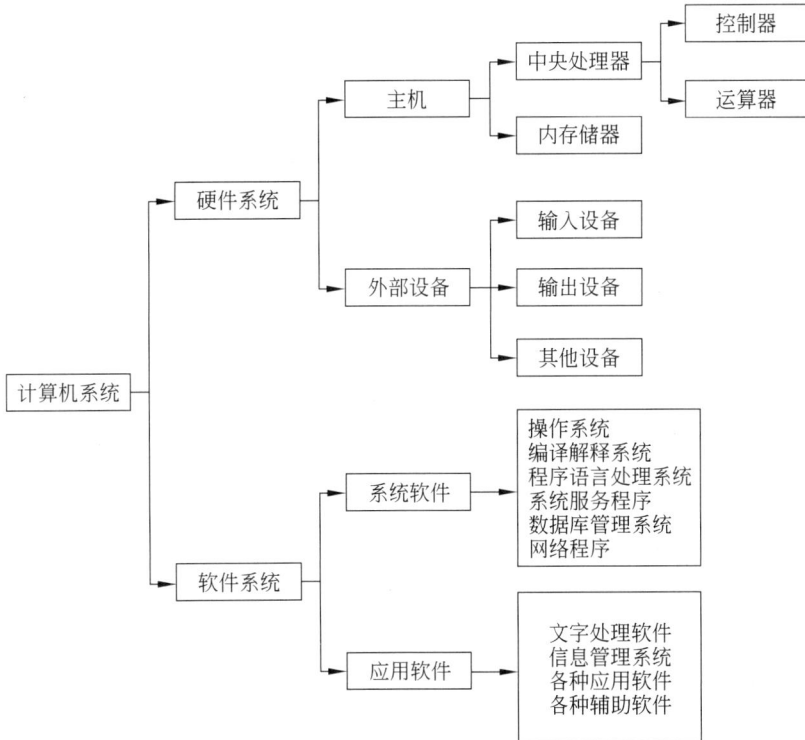

图 1-7 计算机系统

1. 硬件系统

硬件系统主要由控制器、运算器、存储器、输入设备和输出设备所组成,其中控制器和运算器合称为中央处理器(Central Processing Unit,CPU),中央处理器和内存储器合称为主机,输入设备、输出设备、外存储器、外部网络设备等统称为外部设备。

2. 软件系统

软件系统由系统软件和应用软件所组成。其中系统软件是指控制和协调计算机及外部设备,支持应用软件开发和运行的系统,其主要功能是调度、监控和维护计算机系统,负责管理计算机系统中各种软硬件资源,使得它们可以协调工作,主要有操作系统、编译解释系统、程序语言处理程序、系统服务程序、数据库管理系统、网络程序等。应用软件是指为满足用户对不同领域、不同问题的应用需求而开发的软件,例如文字处理软件、信息管理系统、各种应用软件和辅助软件等。

1.2.2 计算机程序

计算机程序(Computer Program)简称程序(Program),也称为软件(Software),是指一组用某种程序设计语言编写的、运行于目标计算机体系结构上、指示计算机或其他具有信息处理能力的装置执行动作或做出判断的指令序列。计算机程序是人类语言和机器语言的翻译者,学会了编写计算机程序,就是学会了和计算机对话,就可以让计算机帮助我们解决很多的实际问题。

计算机程序通常是用某种高级程序设计语言所编写的,例如 Python、C、Java、C++ 等,称之为源程序。不同的程序设计语言其语法和特色各不相同,而计算机只能运行由二进制数字 0 和 1 所组成的机器语言,因此源程序只有经过语言翻译程序(编译程序或解释程序)转换成机器语言后才能被计算机所执行。编译和解释是高级程序设计语言程序运行的两种不同方式。

1. 编译执行方式

编译是将源程序通过编译器整体转换成机器语言,立即或者之后再运行机器语言,运行时获得输入并且产生输出,其流程如图 1-8 所示。C、Java 等语言采用的就是编译执行方式。

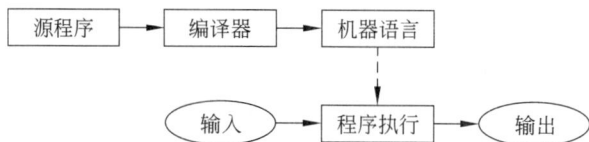

图 1-8　程序的编译执行流程

2. 解释执行方式

解释是将源程序逐条转换成机器语言的同时逐条执行机器语言,其流程如图 1-9 所示。

Python、JavaScript、PHP 等语言采用的就是解释执行方式。

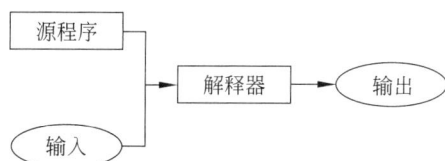

图 1-9　程序的解释执行流程

3. 编译方式和解释方式的比较

（1）执行方式：编译方式是将源程序整体转换成机器语言后再执行，而解释方式是将源程序逐条取出，边解释边执行。

（2）运行环境：编译方式对于不同的操作系统，需要调用不同的底层机器指令，生成不同的机器代码，因此跨平台性不好。解释程序可跨平台使用，源程序在所有平台上都可以直接执行。

（3）开发便捷性：编译方式如果修改了源程序，则需要将全部源程序重新编译；解释方式则可以随时修改，立刻生效。

（4）运行速度：编译方式是整体编译运行，运行速度较快；解释方式是边解释边执行，运行速度比编译方式慢。

1.2.3　程序设计语言

程序设计语言是指专门用来编写计算机程序的语言，例如 Python、C、Java、C++ 等。

虽然同一功能的计算机程序可以使用不同的程序设计语言来实现，但是不同的程序设计语言也有其特色的应用领域，例如，Python 语言主要用于大数据、人工智能等领域；C 语言主要用于操作系统、编译器解释器、硬件驱动程序等系统软件开发领域；Java 语言主要用于基于 Web 的应用系统开发等领域；PHP 主要用于网站开发和网页制作等领域。

世界上已经公布的程序设计语言有一千多种，但是只有很小的一部分得到了普及和应用，随着信息技术的发展，程序设计语言也在不断地更新换代。从其发展历程来看，程序设计语言可分为四代。

1. 机器语言

机器语言是指直接由二进制数字 0、1 组成的代码指令所构成的语言，也是唯一的计算机可以直接执行的语言。由于不同的 CPU 其指令系统不同，因此机器语言难编写、难修改、难维护。

2. 汇编语言

汇编语言是机器语言指令的符号化，即用相对简单易记的符号来代替 0、1 的代码指令，由于与机器语言的指令存在着直接的对应关系，因此汇编语言也是难学难用、容易出错、维护困难。

3. 高级语言

高级程序设计语言,简称高级语言,是指面向用户的、在语法上更加接近自然语言、基本上独立于计算机种类和结构的程序设计语言,其易学易用、通用性强、应用广泛。上述所提到的 Python、C、Java、C++ 等都是高级程序设计语言。FORTRAN 语言是国际上使用最早的一种高级语言。

4. 非过程化语言

非过程化语言是指在编码时只需要说明做什么,而不需要描述算法细节和详细过程的一种程序设计语言,目前仍处于起步阶段。数据库查询语言(Structured Query Language, SQL)和应用程序生成器是非过程化语言的典型应用。

2022 年 2 月,DeepMind 与 OpenAI 两个知名 AI 研究机构分别发布重要研究成果: DeepMind 发布了基于 Transformer 模型的 AlphaCode,程序设计水平可以与人类相媲美; OpenAI 开发的神经定理证明器成功解出了两道国际奥数题,开启了程序设计语言 AI 发展方向的新篇章。

1.3 程 序 设 计

1.3.1 程序设计和程序员

程序设计也称编程,是指以某种程序设计语言为工具,为了解决特定问题而编写出具体程序的过程,一般包括分析、设计、编码、测试和排错等阶段,专业进行程序设计的人员称为程序员。

英国著名诗人拜伦的女儿阿达·洛芙莱斯(Ada Lovelace)曾设计了巴贝奇分析机上计算伯努利数的一个程序,还创建了循环和子程序的概念,由于她在程序设计上的开创性工作,被称为世界上第一位程序员。

1.3.2 程序设计的一般流程

程序设计的一般流程是分析问题、设计算法、编写程序、调试测试、编写程序文档、升级维护,如图 1-10 所示,其中设计算法、编写程序、调试测试是一个循环进行的过程,直到得到正确的结果。

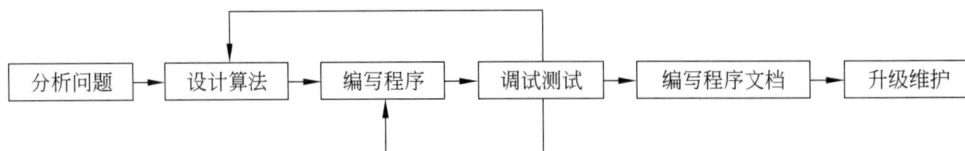

图 1-10　程序设计的一般流程

1. 分析问题

分析问题就是对编程待解决的问题进行分析,通过分析给定的条件和最终的目标,找出解决问题的规律和方法。

2. 设计算法

所谓算法是指有效解决一个问题的方法和步骤,设计算法就是通过分析问题设计出合适的算法,是程序设计的核心。算法可以用自然语言、伪代码、流程图等形式进行表示,使用最多的是流程图。

算法流程图是用一些约定的图框来表示各种类型的操作,在框内注明各个步骤,然后用箭头将它们连接起来,表示算法执行的顺序。美国国家标准化协会(American National Standards Institute,ANSI)制定了一系列流程图符号,被广大程序所普遍采用,如图 1-11 所示。

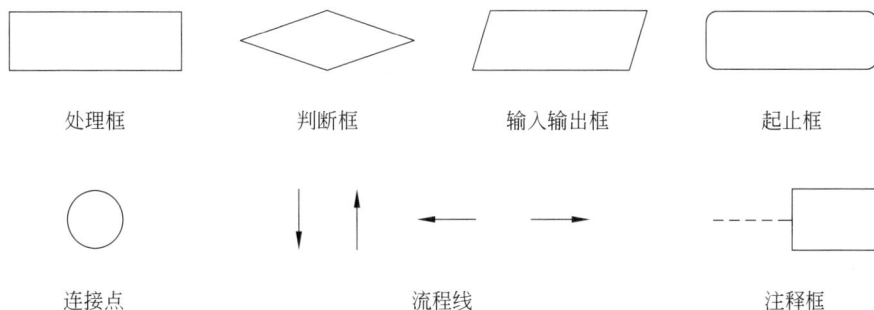

图 1-11 算法流程图符号

(1)处理框:矩形框,表示处理功能。

(2)判断框:菱形框,有一个入口,两个出口,表示对一个给定的条件进行判断,然后根据判断结果的真假执行其中的一个操作。

(3)输入输出框:平行四边形框,表示数据的输入和输出。

(4)起止框:圆角矩形,表示算法的开始或结束。

(5)连接点:圆圈,用于将画在不同地方的流程线连接起来。

(6)流程线:箭头线,表示流程的执行路径和方向。

(7)注释框:是为了对流程图中某些框的操作做必要的补充说明,帮助用户阅读和理解流程图。

3. 编写程序

编写程序是根据所设计的算法,用某种程序设计语言进行实现,包括编辑、编译和连接。同一问题可以采用不同的程序设计语言来实现。

4. 调试测试

调试测试就是执行编译或解释后的目标程序,得到运行结果。分析运行结果并通过修改程序或算法得到正确的结果。

5. 编写程序文档

正式的程序都要编写程序文档,主要内容包括名称、主要功能、运行环境、基本操作、注意事项等。

6. 升级维护

升级维护就是根据发展的需要对程序进行功能升级和性能升级,对发现的问题进行改进和完善。

1.3.3 程序设计方法

1. 结构化程序设计

在结构化程序设计中,定义了3种基本结构,即顺序结构、分支结构和循环结构,分别如图 1-12、图 1-13、图 1-14 所示。基于这3种基本结构进行的程序设计就是结构化程序设计。结构化程序设计采用自顶向下、逐步细化、模块化设计、限制使用 goto 语句的设计方法,有明显的模块化特征,每个程序模块具有唯一的入口和出口,其特点是结构简单清晰、可读性高、易维护、易调试、易扩充。

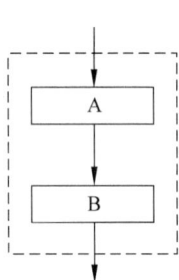

图 1-12 顺序结构   图 1-13 分支结构

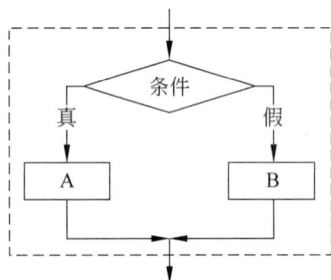

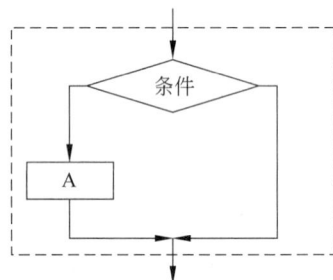

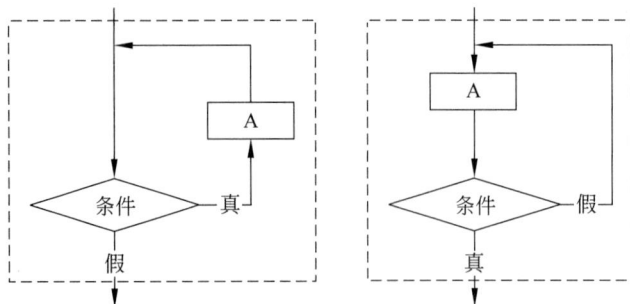

图 1-14 循环结构

2. 面向对象程序设计

面向对象程序设计是一种为了将程序分解为封装数据及相关操作的模块而进行的编程方式,其中有几个关键的概念:对象、类、实例和消息。对象是类的一个实例,由状态和行为所组成;类是具有相同特性和行为的对象的抽象;实例是由某个特定类所描述的一个具体的对象;消息是对象之间进行通信的一种规格说明。面向对象程序设计的特点是封装性、继承性和多态性,具有重用性、灵活性和扩展性等优点。

BASIC、FORTRAN、Pascal、C 等语言采用的就是结构化程序设计方法,而 C++、Java、Visual Studio 等系列语言采用的就是面向对象程序设计方法,当然也有部分语言既支持结构化的程序设计方法,也支持面向对象的程序设计方法,如 Python、Java 等。

1.4 单元拓展:如何学好程序设计

1.4.1 各路学说

关于如何学好程序设计,众多学者从不同的角度提出了多种不同的说法,归纳总结有如下几类主要的观点。

1. 学习兴趣

兴趣是最好的老师和最大的动力,想要学好程序设计,必须要对程序设计产生浓厚的兴趣,投入其中,乐于其中。

2. 打好基础

每种程序设计语言都有自己的基本语法和基础语句,另外在算法设计中需要一定的数学基础和逻辑思维作为支撑,这些都是程序设计的基础,只有基础扎实了才能学好程序设计。

3. 注重实践

程序设计是一项实践性非常强的操作,需要不断地练习,反复地实践,才能有效掌握程序设计的实质。

4. 编程习惯

实际应用中的程序设计都是多人合作共同开发的,因此对编程习惯有一定的要求,例如编程风格、代码缩进、变量命名、代码注释等,在项目开发时尤其如此,因此要求从初学开始就应该养成良好的编程习惯。

5. 网络学习

在网络上有大量的学习资源,例如编程思想、编程经验、编程技巧、编程方式、经典示例和习题等,通过网络学习可以快速地入门和解决学习中遇到的大量问题,提高了学习效率。

6. 合作学习

由学生、老师共同组成学习团队,建立网络学习群。鼓励学生勤思多问,把学习中独立解决不了的问题,分享给大家共同探讨、协同解决,老师再进行有意识的辅助和引导。这样的学习模式既节约时间,又巩固了学习效果。

7. 考试和竞赛

以赛促练、以赛促学、以赛促教,有计划地组织一些程序设计竞赛或者组织学生参加一些必要的、知名度高的程序设计考试和竞赛,激发学习的积极性,开阔学生眼界,增长见识,从而提高综合素质和社会就业竞争力。

8. 系统刷题

程序设计需要大量的实践练习,自主练习有一定的随意性。目前有一些知名的题库系统,例如全国计算机等级考试学习软件、拼题 A、Python123 等网站,都有大量难度不同的题库,不但可以用来自测,而且可以在线编程和提交,实时得到反馈,对程序设计能力的提高非常有用。

1.4.2　翁恺学说

浙江大学杰出教学贡献奖获得者翁恺老师在程序设计教学方面深耕多年,有自己的独特见解,得到了同行们的一致认可,他提出了学好程序设计的 4 个关键点,即好奇心、模仿力、想象力和创造力,如图 1-15 所示。

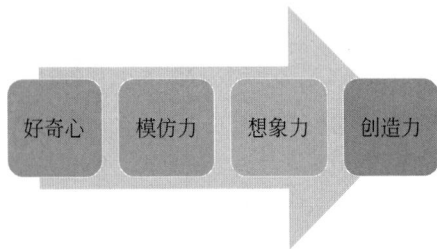

图 1-15　翁恺学说

1. 好奇心

计算机解决问题的思路(计算思维)和人解决问题的思路(逻辑思维)是不一样的,在学习程序设计的过程中要抱有一种好奇心,包括计算机是如何工作的、程序是如何运行的、程序是如何让计算机工作的,等等。

2. 模仿力

学习程序设计的初期就是读别人写的代码,并且在计算机上进行复现。模仿是学习过程中重要的一环,通过模仿可以掌握程序设计语言的基本语法、基础语句和计算思维方法。

3. 想象力

计算思维与我们熟悉的逻辑思维不一样,在学习程序设计的过程中要有想象力,要以计算思维的方式分析问题、设计算法和编写程序。

4. 创造力

程序设计是一个从无到有的创造过程,在掌握了基础知识,遵循相关规范的基础上要进行创造性的工作,既要有创意,也要进行编程实现。

1.5 习　　题

1. 物联网即"万物相连的互联网",如何实现"物体"与"物体"之间的信息交互?

2. 云计算主要由哪三部分组成,分别简述一下。

3. 请简述大数据的特征,并举例说明你觉得生活中的哪些数据是大数据。

4. 什么是人工智能? 人工智能目前的发展前景如何? 人工智能是否可以代替人类思考?

5. 什么是区块链技术? 区块链的技术架构有哪些?"比特币"应该属于区块链技术架构中的哪一层?

6. 谈一谈你所了解的元宇宙。

7. 计算机由哪些部件所组成?

8. 简要说明计算机程序的两种运行方式,并阐述其优缺点。

9. 请根据程序设计中算法的思想,使用流程图画出小明上学的流程。小明上学的流程为:小明早晨起床,吃完早餐。看是否下雨,不下雨选择步行上学,下雨选择公交车出行到达学校,到学校后开始上课。

10. 程序设计方法中,简述结构化程序设计和面向对象程序设计各自的特点。

第2章

Python 简介与环境搭建

2.1　Python 简介

2.1.1　Python 的诞生和发展

1. Python 语言的诞生

1989 年圣诞假期期间,荷兰人吉多·范罗苏姆(Guido van Rossum),如图 2-1 所示,在阿姆斯特丹为了打发圣诞节的无趣,决心开发一个新的脚本解释程序,作为自己参与设计开发的 ABC 语言的一种继承,就这样诞生了一门新的计算机程序设计语言——Python 语言。

吉多·范罗苏姆闲暇时间的一大兴趣爱好就是观看英国的一个电视喜剧《蒙提·派森的飞行马戏团》(*Monty Python's Flying Circus*),因此他将这门新的计算机程序设计语言命名为 Python,中文意思为大蟒蛇。Python 语言的标志也是由两条卡通样式的大蟒蛇所组成,如图 2-2 所示。

图 2-1　Python 语言创始人——
吉多·范罗苏姆

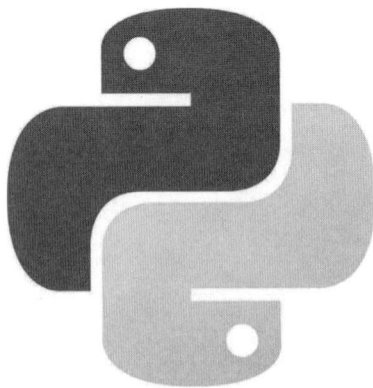

图 2-2　Python 语言的标志

2. Python 语言的发展

(1) 1991 年，Python 的第一个用 C 语言所编写的解释器对外发布。

(2) 2000 年，Python 2.0 发布。

(3) 2008 年，Python 3.0 发布，Python 进入了 3.X 时代。

(4) 2010 年，Python 2.7 发布，这也是 Python 2.X 时代的最后一个版本。

注意：由于 Python 2.X 和 Python 3.X 不完全兼容，建议初学者直接学习使用 Python 3.X。

2.1.2　Python 的优点

Python 作为一门新的计算机程序设计语言，其设计哲学是优雅、简单、明确，如图 2-3 所示，因此 Python 也被称为是一门优雅的语言，受到编程爱好者的普遍认可。根据 TIOBE 公司的数据显示，2021 年 10 月，Python 首次超越 C 和 Java 成为最受欢迎的编程语言。如图 2-4 所示，Python 占比 11.27％，C 是 11.16％，Java 是 10.46％，排名前十的语言还有 C++、C♯、Visual Basic、JavaScript、SQL、PHP 和 Assembly。

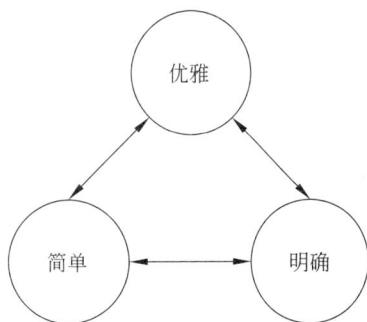

图 2-3　Python 的设计哲学

2021年10月	2020年10月	变化趋势	编程语言	使用率	变化幅度
1	3	︿	Python	11.27%	-0.00%
2	1	﹀	C	11.16%	-5.79%
3	2	﹀	Java	10.46%	-2.11%
4	4		C++	7.50%	+0.57%
5	5		C#	5.26%	+1.10%
6	6		Visual Basic	5.24%	+1.27%
7	7		JavaScript	2.19%	+0.05%
8	10	︿	SQL	2.17%	+0.61%
9	8	﹀	PHP	2.10%	+0.01%
10	17	︽	Assembly language	2.06%	+0.99%

图 2-4　编程语言排行榜(2021 年 10 月)

1. Python 的广告语

(1) Life is short，use Python. ——人生苦短，我用 Python。

（2）Life's pathetic，let's pythonic.——人生苦短，Python是岸。

（3）Life is short，Python as a song.——人生苦短，Python当歌。

2. Python 的优点

（1）简单易学：基于 Python 优雅、简单、明确的设计哲学，其语法设计简单精练，使用近似于自然语言英语的关键字和语句，易学易懂。

（2）免费开源：1989 年，Python 由吉多·范罗苏姆个人开发诞生；2000 年 5 月，吉多·范罗苏姆和 Python 核心开发团队转到 BeOpen.com 并且组建了 BeOpen PythonLabs 团队；2000 年 10 月，BeOpen PythonLabs 团队转到 Zope Corporation；2001 年，他们专为拥有 Python 相关知识产权而创建了非营利组织——Python 软件基金会，Python 一直免费开源。

（3）面向对象：Python 是完全面向对象的语言，既支持面向对象中的封装、继承和多态，也支持泛型设计。甚至函数、模块、数字、字符串都是对象。

（4）可移植性：基于 Python 开源的本质，可以被移植到 Windows、macOS、Linux、UNIX 等主流平台上。

（5）可嵌入性：可以把 Python 代码嵌入到 C/C++ 等程序中，实现向程序用户提供脚本功能。

（6）计算生态：Python 语言从诞生之初就秉承免费开源的思想，逐步建立了全球最大的编程计算生态。Python 除了自带强大的标准库外，Python 社区还（https://pypi.org/）提供了庞大的第三方库，而且还在持续扩充和升级，几乎覆盖了所有的应用领域，使得编程变得简单快捷，编程者只需要关心核心问题的解决和算法的设计。

（7）用途广泛：基于 Python 强大的计算生态，Python 已经在科学计算、数据统计、网络编程、图形处理、文本处理、多媒体应用、大数据、人工智能等领域得到了广泛应用。

2.2　Python 环境

2.2.1　Python 环境介绍

Python 是一门高级计算机程序设计语言，编写 Python 代码需要搭建专门的环境，被称为 IDE（Integrated Development Environment，集成开发环境），用来编辑、编译、运行和调试 Python 代码。

Python 的 IDE 根据功能可分为两大类，即文本工具类 IDE 和集成工具类 IDE，常用的 IDE 如图 2-5 所示。文本工具类 IDE 功能相对单一，可以实现编辑、编译、运行和调试等基本功能；集成工具类 IDE 除了基本功能外，还集成其他程序设计的辅助工具。下面分别介绍其中最常用的 IDLE 和 Visual Studio Code。

注意：无论使用文本工具类 IDE 还是集成工具类 IDE，Python 安装包是前置条件，必须先行安装。

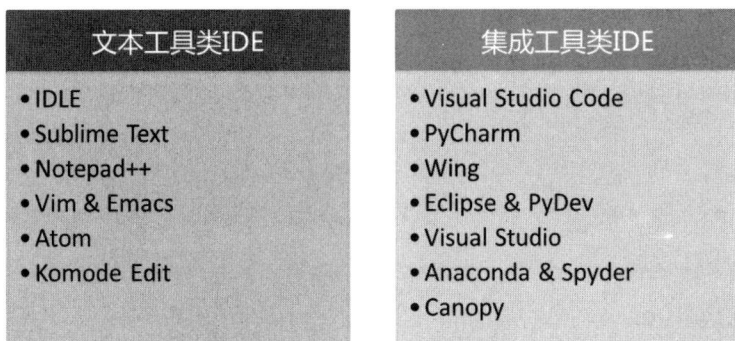

图 2-5　Python 常用 IDE

1. IDLE

IDLE(Integrated Development and Learning Environment,集成开发和学习环境),从 Python 1.5.2b1 开始,IDLE 便是 Python 安装包自带的集成开发环境,安装 Python 时 IDLE 就会自动安装。IDLE 具有语法加亮、段落缩进、文本编辑、TAB 键控制、调试程序、断点、步进和变量监视等功能,是学习阶段的最佳选择。

2. Visual Studio Code

Visual Studio Code,简称 VS Code,是 Microsoft 公司发行的一个免费开源、跨平台、轻量级的 IDE,可用于 Windows、macOS 和 Linux 平台。它既内置 JavaScript、TypeScript 和 Node.js,又可通过安装扩展支持 Python、C++ 、C♯、Java、PHP 和 Go 等语言,同时支持丰富的第三方编程工具扩展。VS Code 具有括号匹配、语法高亮、格式化文档、可定制的快捷键、代码片段收集、多窗口编辑以及 Git 原生支持等优秀的编程优点,是商业化开发的最佳选择之一。

2.2.2　Python 安装与配置

Python 支持目前所有的主流平台,下面以 Windows 平台为例,介绍 Python 的下载、安装和配置。

1. Python 下载和安装

(1) 打开 Python 的官方网站(https://www.python.org/),如图 2-6 所示,建议从官方网站下载 Python 的安装包,保证其来源真实可靠。

(2) 在导航栏单击 Downloads 打开下载页面,如图 2-7 所示。最上面是自动匹配平台最新版本的下载链接和其他常用平台最新版本的下载链接,中间是 Python 不同版本的列表,下面是历史版本的下载链接列表。

(3) 单击选择一个合适的版本,打开详细下载页面,例如 3.6.7 版本,如图 2-8 所示。不建议下载最新版本的 Python,一方面是 Bug 较多不稳定,另一方面是部分第三方库还没有及时适配。在页面的 Files 区域选择与平台、字长(32 位或 64 位)对应的链接,单击即可下

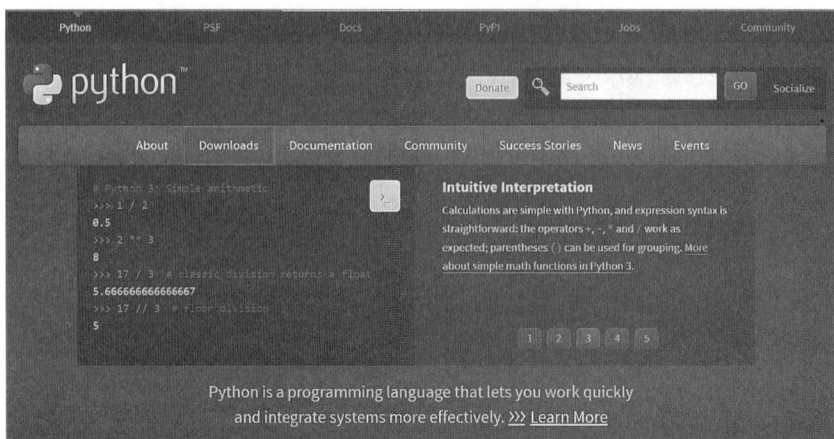

图 2-6　Python 官方网站

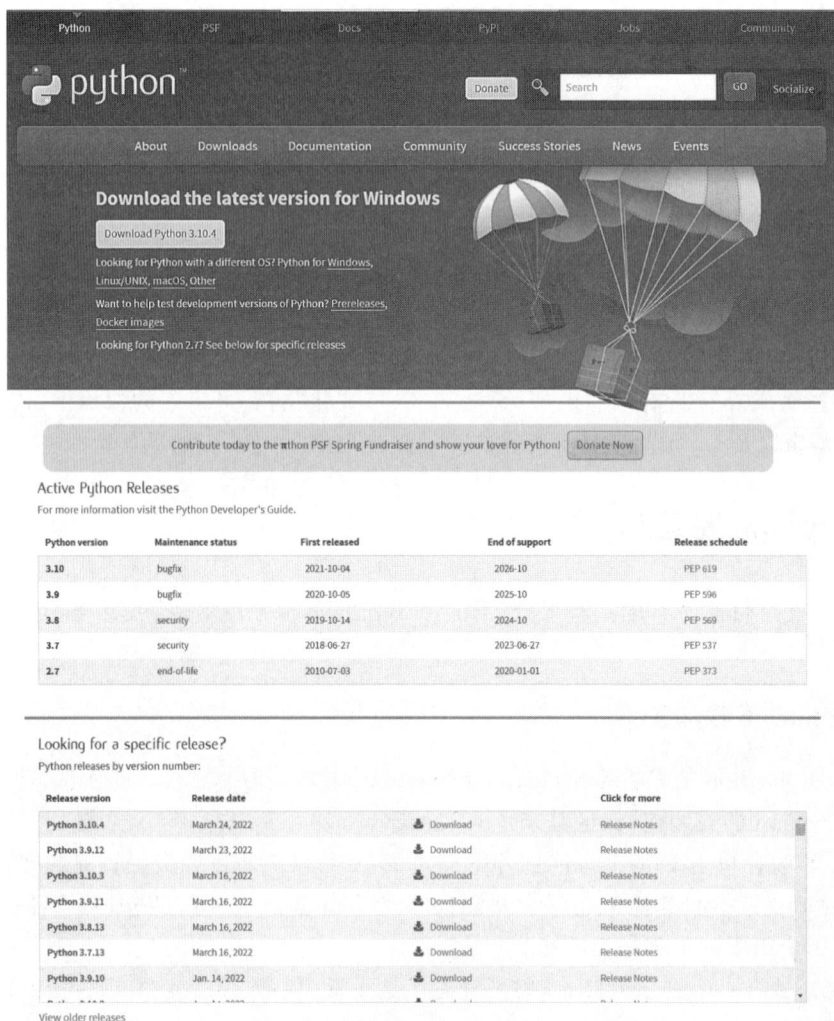

图 2-7　Python 下载页面

python™

Donate   Search   GO   Socialize

About   Downloads   Documentation   Community   Success Stories   News   Events

Python 3.6.7

Release Date: Oct. 20, 2018

Note: The release you are looking at is **Python 3.6.7**, a **bugfix release** for the legacy **3.6** series which has now reached **end-of-life** and is no longer supported. See the downloads page for currently supported versions of Python. The final source-only **security fix** release for 3.6 was 3.6.15 and the final **bugfix release** was 3.6.8.

Among the new major new features in Python 3.6 were:

- PEP 468, Preserving Keyword Argument Order
- PEP 487, Simpler customization of class creation
- PEP 495, Local Time Disambiguation
- PEP 498, Literal String Formatting
- PEP 506, Adding A Secrets Module To The Standard Library
- PEP 509, Add a private version to dict
- PEP 515, Underscores in Numeric Literals
- PEP 519, Adding a file system path protocol
- PEP 520, Preserving Class Attribute Definition Order
- PEP 523, Adding a frame evaluation API to CPython
- PEP 524, Make os.urandom() blocking on Linux (during system startup)
- PEP 525, Asynchronous Generators (provisional)
- PEP 526, Syntax for Variable Annotations (provisional)
- PEP 528, Change Windows console encoding to UTF-8
- PEP 529, Change Windows filesystem encoding to UTF-8
- PEP 530, Asynchronous Comprehensions

Please see What's New In Python 3.6 for more information.

More resources

- Online Documentation
- PEP 494, 3.6 Release Schedule
- Report bugs at https://bugs.python.org.
- Help fund Python and its community.

Windows users

- The binaries for AMD64 will also work on processors that implement the Intel 64 architecture. (Also known as the "x64" architecture, and formerly known as both "EM64T" and "x86-64".)
- If installing Python 3.6 as a non-privileged user, you may need to escalate to administrator privileges to install an update to your C runtime libraries.
- There are now "web-based" installers for Windows platforms; the installer will download the needed software components at installation time.
- There are redistributable zip files containing the Windows builds, making it easy to redistribute Python as part of another software package. Please see the documentation regarding Embedded Distribution for more information.

macOS users

- As of 3.6.5 we provide two binary installer options for download. The newer variant works on macOS 10.9 (Mavericks) and later systems and comes with its own batteries-included version of Tcl/Tk 8.6 for users of IDLE and other tkinter-based GUI applications. It is 64-bit only as Apple is deprecating 32-bit support in future macOS releases. For 3.6.5+, the 10.9+ variant is offered as an additional more modern alternative to the traditional 10.6+ variant in earlier 3.6.x releases. The 10.6+ variant still requires installing a third-party version of Tcl/Tk 8.5. If you are using macOS 10.9 or later, consider using the new installer variant, unless you are building Python applications that also need to work on older macOS systems. Binary extension modules (including wheels) built for earlier versions of 3.6.x with the 10.6 variant should continue to work with either 3.6.6 variant without recompilation.
- Both python.org installer variants include private copies of OpenSSL 1.0.2. Please carefully read the Important Information displayed during installation for information about SSL/TLS certificate validation and the Install Certificates.command.

Full Changelog

Files

Version	Operating System	Description	MD5 Sum	File Size	GPG
Gzipped source tarball	Source release		c83551d83bf015134b4b2249213f3f85	22969142	SIG
XZ compressed source tarball	Source release		bb1e10f5cedf21fcf52d2c7e5b963c96	17178476	SIG
macOS 64-bit/32-bit installer	macOS	for Mac OS X 10.6 and later	68885dffc1d13c5d24699daa0b83315f	28155195	SIG
macOS 64-bit installer	macOS	for OS X 10.9 and later	fee934e3251999a1d353e47ce77be84a	27045163	SIG
Windows help file	Windows		a7caea654e28c8a86ceb017b33b3bf53	8173765	SIG
Windows x86-64 embeddable zip file	Windows	for AMD64/EM64T/x64	7617e04b9dafc564f680e37c2f2398b8	7188094	SIG
Windows x86-64 executable installer	Windows	for AMD64/EM64T/x64	38cc47776173a45ffec675fc129a46c5	32009096	SIG
Windows x86-64 web-based installer	Windows	for AMD64/EM64T/x64	6f6b84a5f3c32edd43bffc7c0d65221b	1320008	SIG
Windows x86 embeddable zip file	Windows		a993744c9daa6d159712c8a35374ca9c	6403839	SIG
Windows x86 executable installer	Windows		354023f36de665554bafa21ab10eb27b	30963032	SIG
Windows x86 web-based installer	Windows		da81cf570ee74b59d36f2bb555701cfd	1293456	SIG

图 2-8　Python 详细下载页面

载选择的 Python 安装包。

（4）双击下载的安装包打开安装向导对话框，如图 2-9 所示。

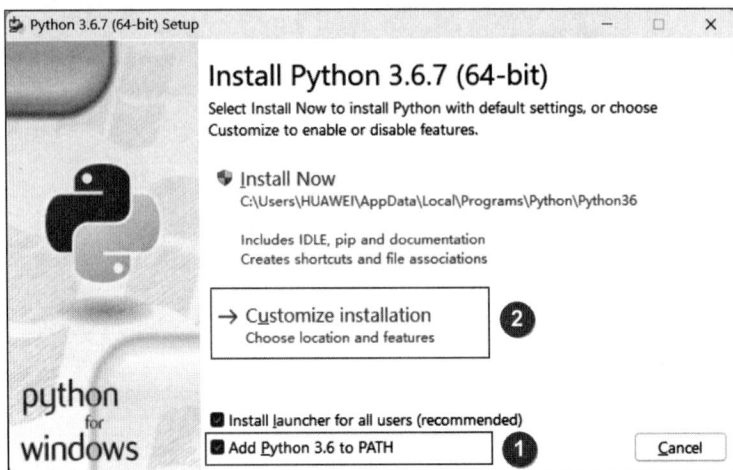

图 2-9　安装向导对话框

（5）单击选中 Add Python 3.6 to PATH，然后单击 Customize installation 选择自定义安装进入基本选项对话框（也可以直接单击 Install Now 进行默认安装，但是无法自定义安装位置和安装选项，因此不建议），如图 2-10 所示。

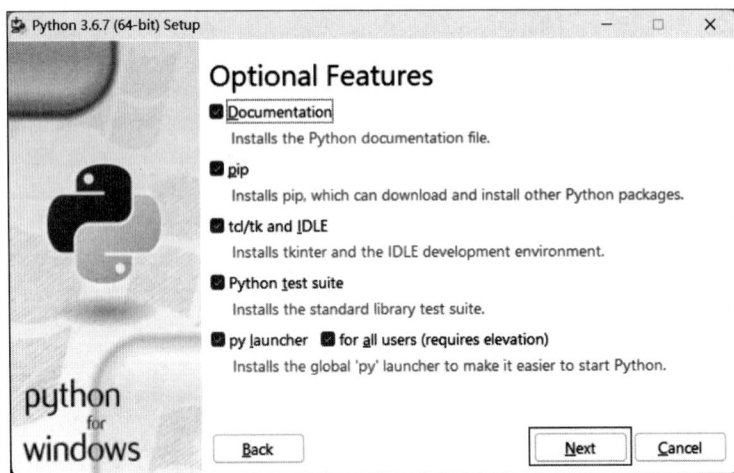

图 2-10　基本选项对话框

（6）选中所有的选项，然后单击 Next 按钮进入高级选项对话框，如图 2-11 所示。

（7）高级选项保持系统的默认选择即可，单击 Browse 按钮选择一个合适的安装路径，然后单击 Install 按钮开始安装，如图 2-12 所示。

（8）安装完成后自动弹出安装成功对话框，如图 2-13 所示，单击 Close 按钮结束。

2. IDLE 简单配置

下载安装 Python 后，IDLE 就会自动安装。

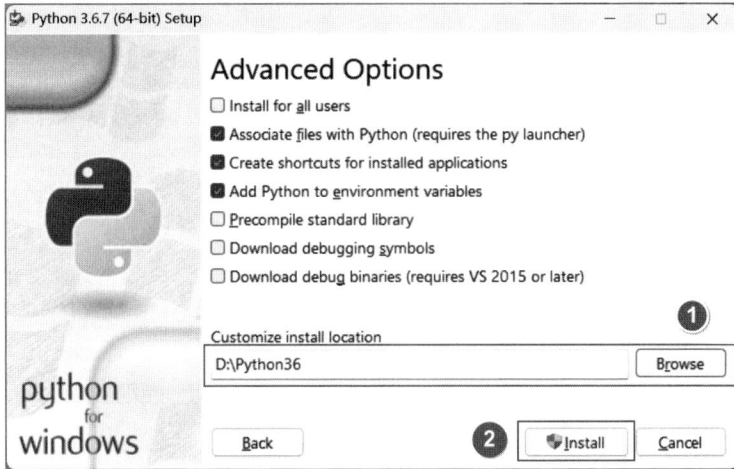

图 2-11　高级选项对话框

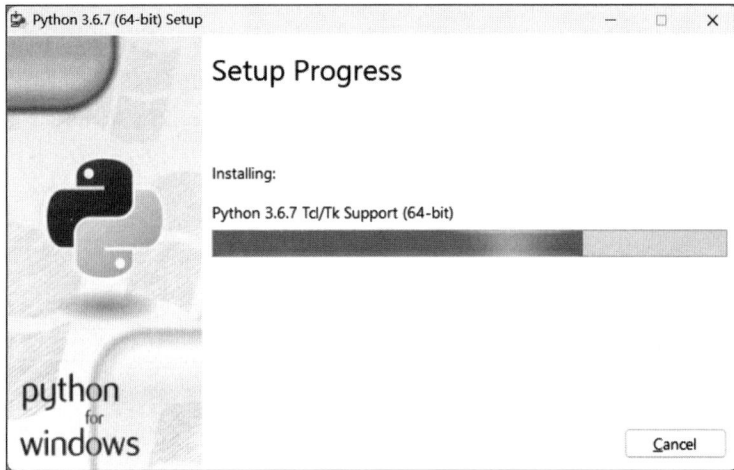

图 2-12　正在安装对话框

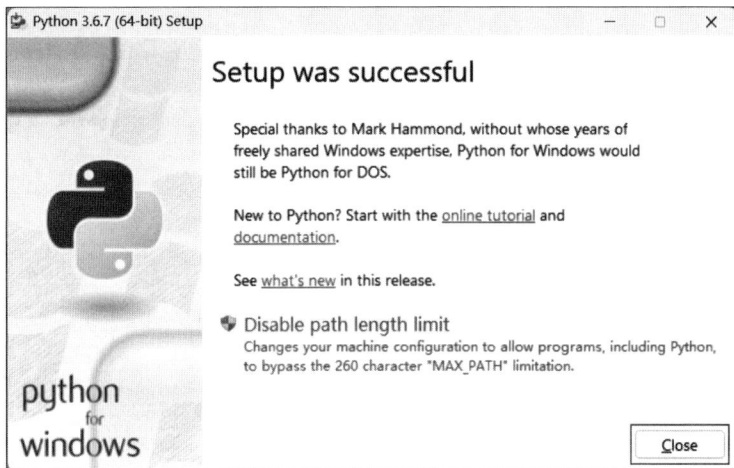

图 2-13　安装成功对话框

（1）依次单击"开始"→"所有程序"→Python 3.6→IDLE(Python 3.6 64-bit)开始菜单命令，如图 2-14 所示，打开 IDLE，其主界面如图 2-15 所示。

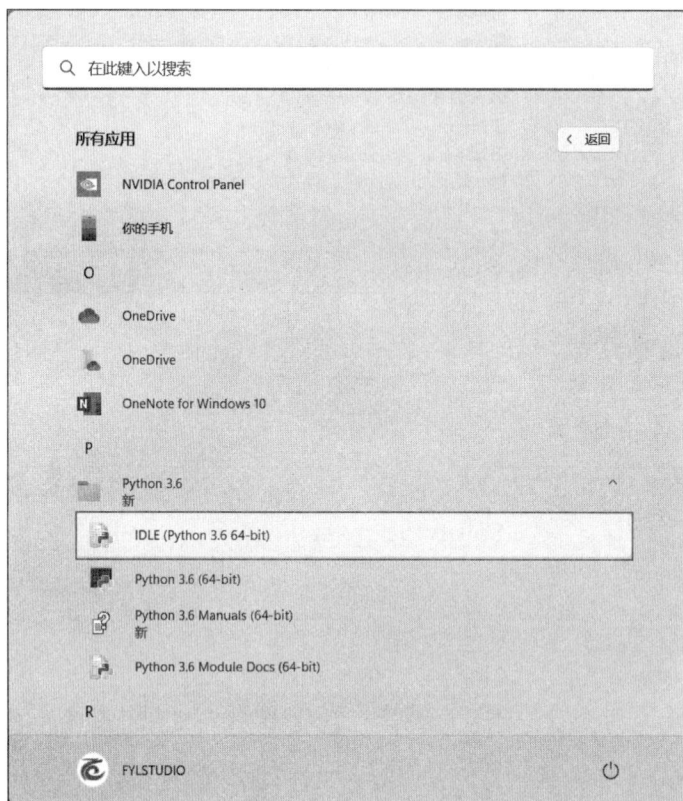

图 2-14　开始菜单命令

图 2-15　IDLE 主界面

（2）单击执行 Options→Configure IDLE 菜单命令，打开 Settings 对话框，如图 2-16 所示。

（3）根据需要进行必要的设置，比如选择自己喜欢的字体、字号等，如图 2-17 所示，配置好之后单击 Ok 按钮返回到主界面。

图 2-16　Settings 对话框配置界面

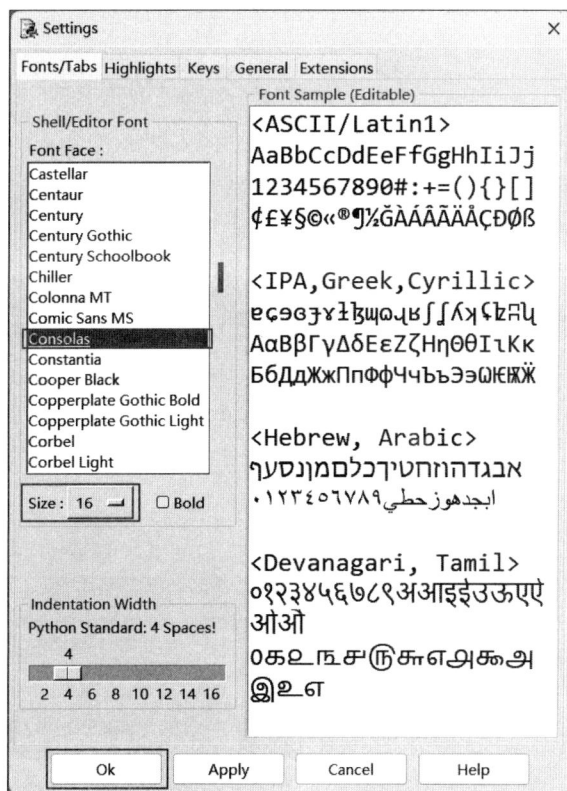

图 2-17　Settings 对话框配置结果

2.2.3　VS Code 安装与配置

1. VS Code 的下载与安装

注意：如需在 VS Code 中进行 Python 编程，安装 VS Code 之前必须正确安装并且配置 Python 环境。

（1）打开 VS Code 官方网站（https://code.visualstudio.com/），如图 2-18 所示。

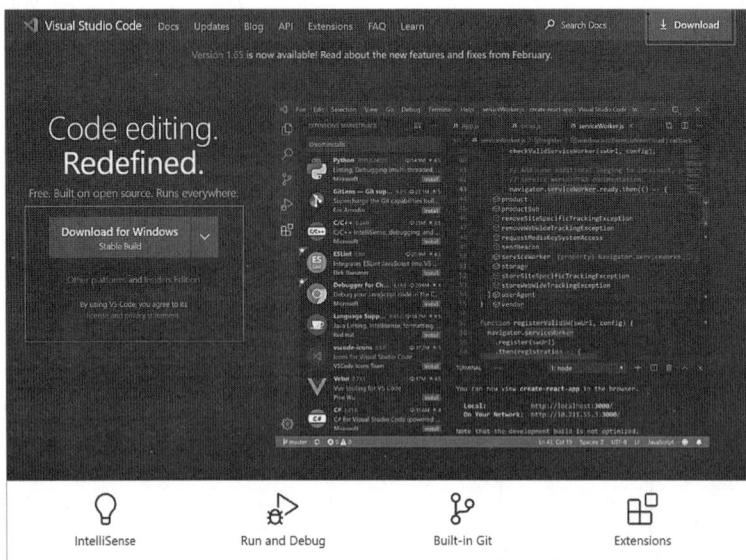

图 2-18　VS Code 官方网站

（2）页面的左上部分自动匹配了平台最新版本的下载链接，单击即可快捷下载。如果想获取更多的下载信息，在导航栏上单击 Download 打开下载页面，如图 2-19 所示。

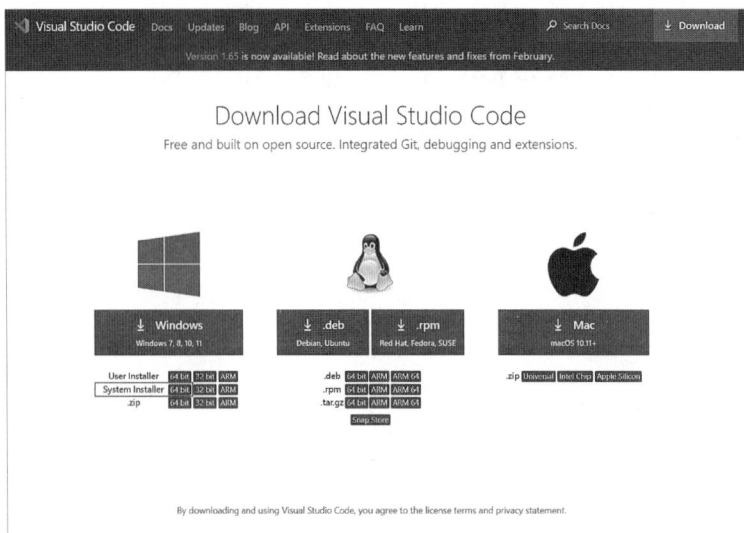

图 2-19　VS Code 下载页面

　Python 语言程序设计

（3）选择平台、字长合适的版本，单击链接即可下载，本例中下载 Windows 平台，System Installer 64 bit 版本。

（4）双击下载的 VS Code 安装包打开安装向导对话框，如图 2-20 所示。

图 2-20　VS Code 安装向导对话框

（5）单击选中"我同意此协议"，然后单击"下一步"按钮，打开"选择目标位置"对话框，如图 2-21 所示。

图 2-21　"选择目标位置"对话框

（6）为 VS Code 选择一个合适的安装路径，然后单击"下一步"按钮，打开"选择开始菜单文件夹"对话框，如图 2-22 所示。

图 2-22 "选择开始菜单文件夹"对话框

（7）选择一个合适的开始菜单文件夹，也可以保持默认直接单击"下一步"按钮，打开选择附加任务对话框，如图 2-23 所示。

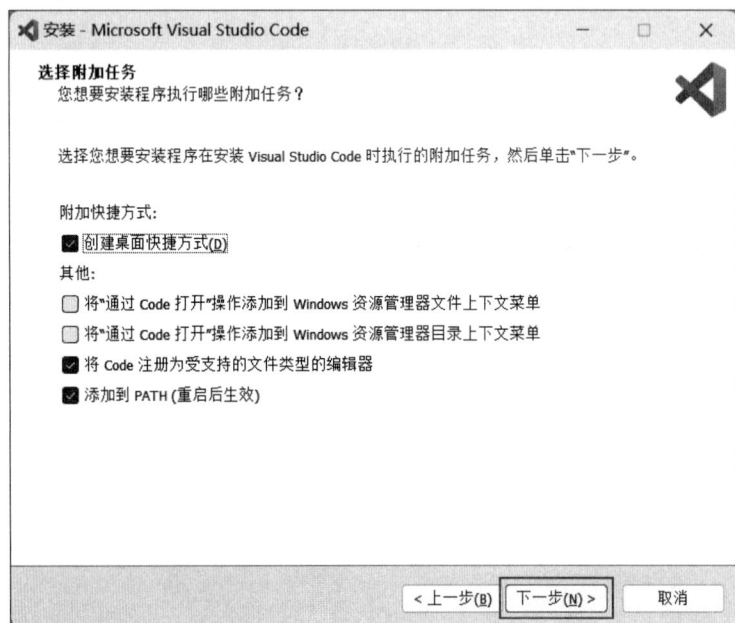

图 2-23 "选择附加任务"对话框

（8）选择需要的选项，"添加到 PATH（重启后生效）"强烈建议选中，然后单击"下一步"
按钮，打开"准备安装"对话框，如图 2-24 所示。

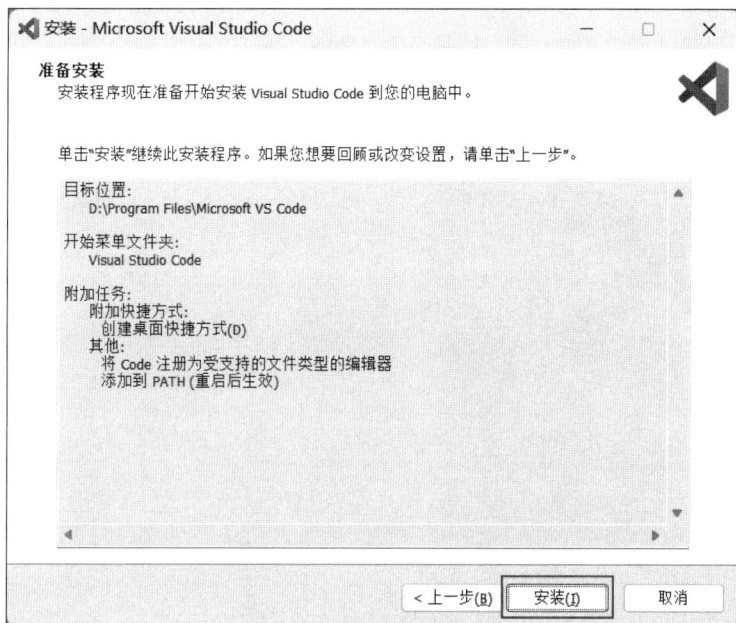

图 2-24 "准备安装"对话框

（9）确认各种安装信息，无误后单击"安装"按钮，打开"正在安装"对话框，开始安装，如
图 2-25 所示。

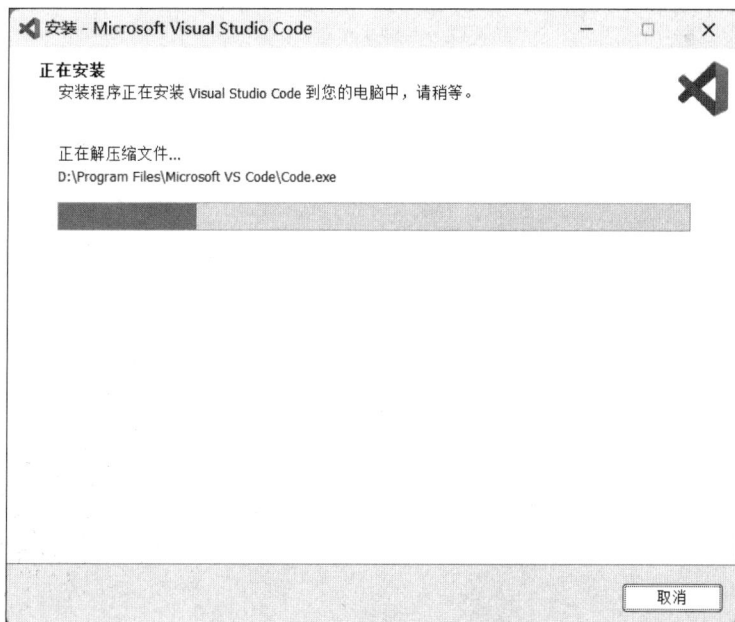

图 2-25 "正在安装"对话框

（10）安装完成后自动打开安装完成对话框，如图 2-26 所示，单击"完成"按钮结束。

图 2-26　安装完成对话框

2. VS Code 简单配置

（1）依次单击"开始"→"所有程序"→Visual Studio Code 开始菜单命令打开 VS Code，其主界面如图 2-27 所示。

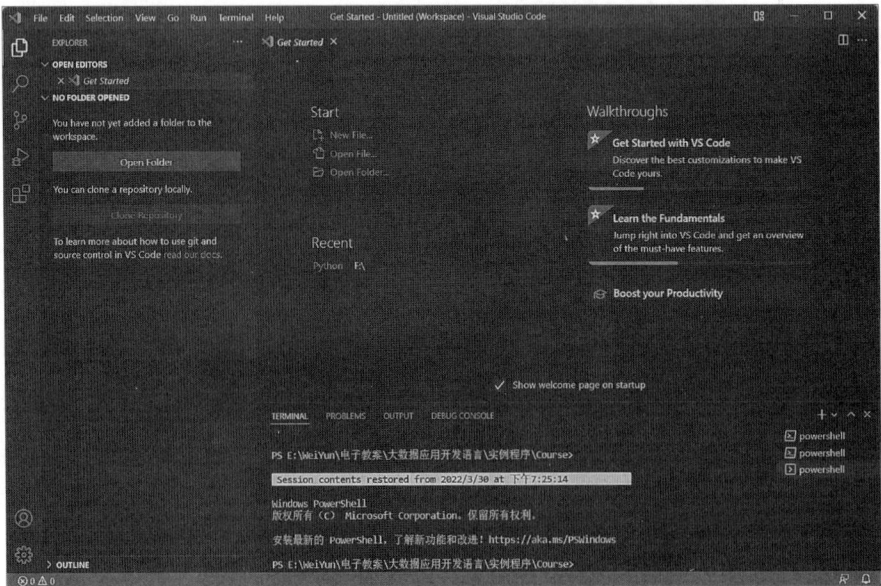

图 2-27　VS Code 英文主界面

（2）配置中文显示界面：新安装的 VS Code 默认为英文显示界面，可以通过安装扩展语言包显示中文界面。单击左侧工具栏中的 Extensions 按钮 ⊞，接着在搜索框中输入 Chinese，然后在下面的搜索列表框中单击"Chinese（Simplified）（简体中文）Language for Visual Studio Code"，最后单击 Install 按钮进行安装，如图 2-28 所示。

图 2-28　中文显示扩展语言包安装

安装完成后，弹出确认重启对话框，如图 2-29 所示，单击 Restart 按钮完成 VS Code 的重新启动。

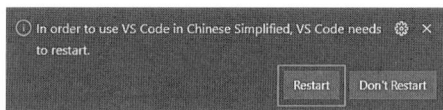

图 2-29　确认重启对话框

VS Code 重新启动后将会变成中文显示界面，如图 2-30 所示。

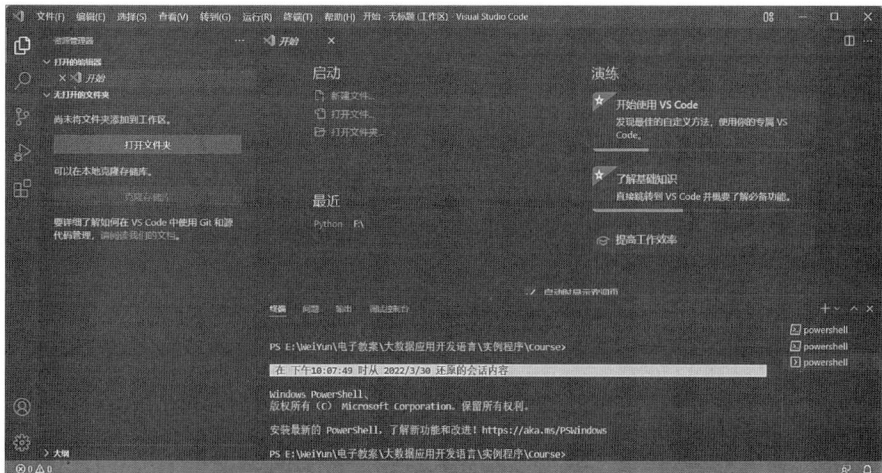

图 2-30　VS Code 中文主界面

（3）配置 Python 支持环境：新安装的 VS Code 不支持 Python 环境，可以通过安装扩展来实现。单击左侧工具栏中的"扩展"按钮 ，接着在搜索框中输入 python，然后在下面的搜索列表框中单击 Python，最后单击"安装"按钮完成安装，如图 2-31 所示。

图 2-31　Python 扩展安装

（4）配置工作区：新安装的 VS Code 没有工作区，只有配置了工作区，才能进行程序编写。单击左侧工具栏中的"资源管理器"按钮 ，接着在"资源管理器"面板中单击"打开文件夹"按钮，然后在打开的"将文件夹添加到工作区"对话框中选择要作为工作区的文件夹（这个文件夹需要提前在操作系统中建好），最后单击"添加"按钮完成工作区的配置，如图 2-32 所示。

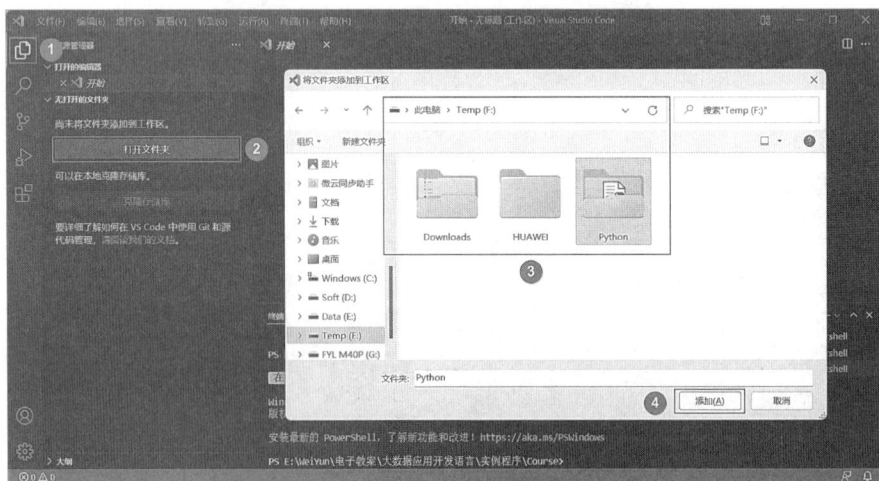

图 2-32　配置工作区之前的资源管理器

配置了工作区之后的界面如图 2-33 所示，在资源管理器中可以配置不同用途的多个工作区。

（5）配置字号大小和自动保存：单击左侧工具栏中的"管理"按钮 ，弹出如图 2-34 所示的快捷菜单，然后单击"设置"菜单命令，打开"设置"主界面，如图 2-35 所示。

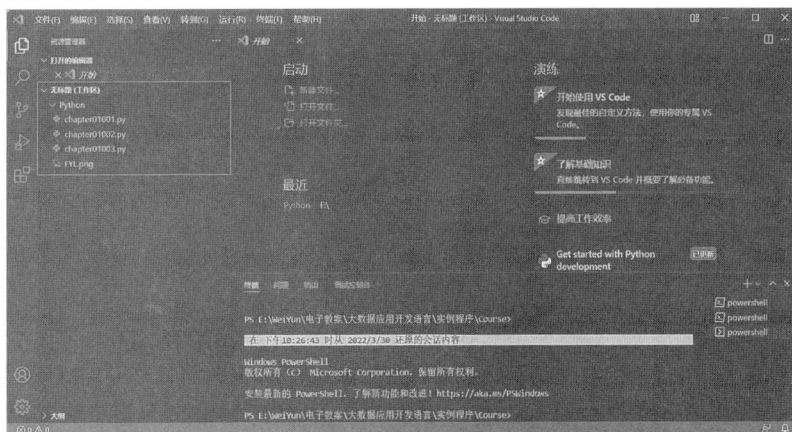

图 2-33　配置工作区之后的资源管理器

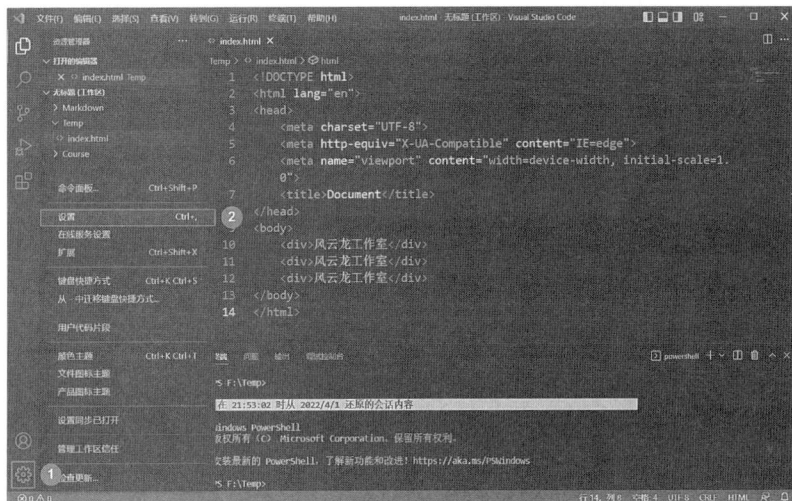

图 2-34　管理快捷菜单

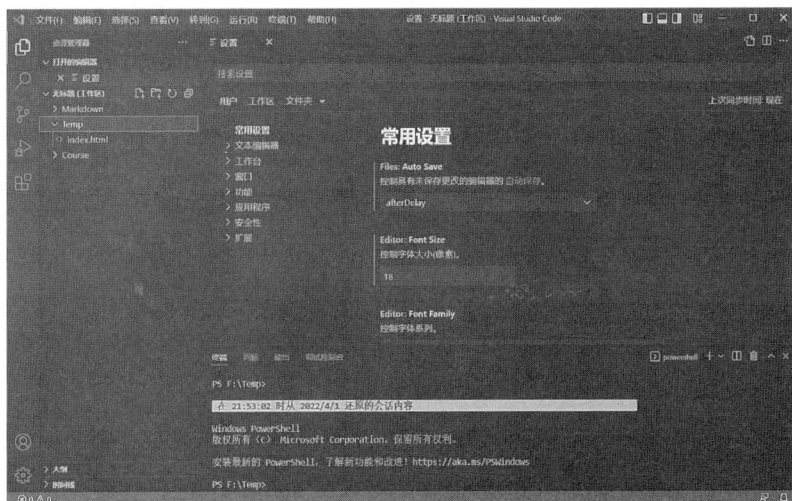

图 2-35　设置主界面

依次单击"文本编辑器"→"字体"，在右侧找到 Font Size 区域，在文本框中输入一个合适的字号大小，如图 2-36 所示。

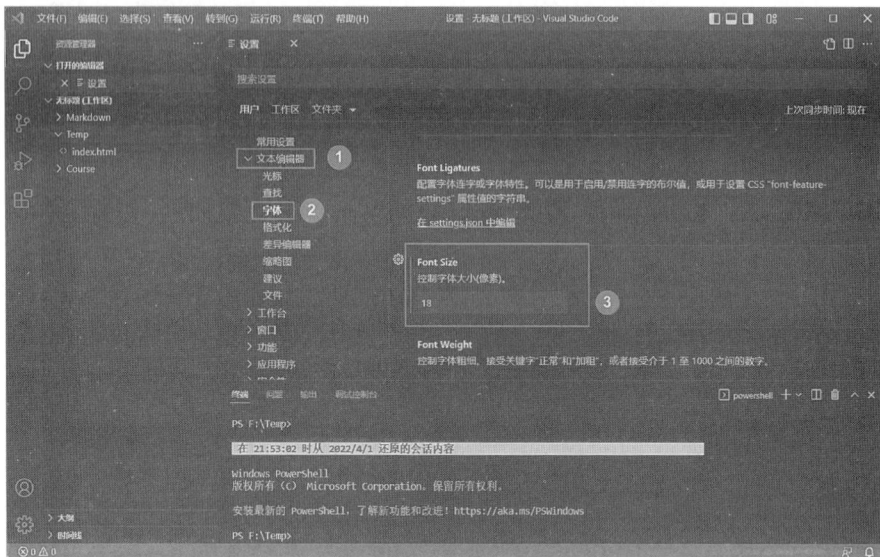

图 2-36　字号大小设置

依次单击"文本编辑器"→"文件"，在右侧找到 Auto Save 区域，单击下拉列表框选择 afterDelay，然后在下面 Auto Save Delay 区域的文本框中输入一个合适的毫秒整数值，比如 1000，如图 2-37 所示。设置好之后，VS Code 在使用时，每隔 1000 毫秒就会自动保存文件，提高编程效率。

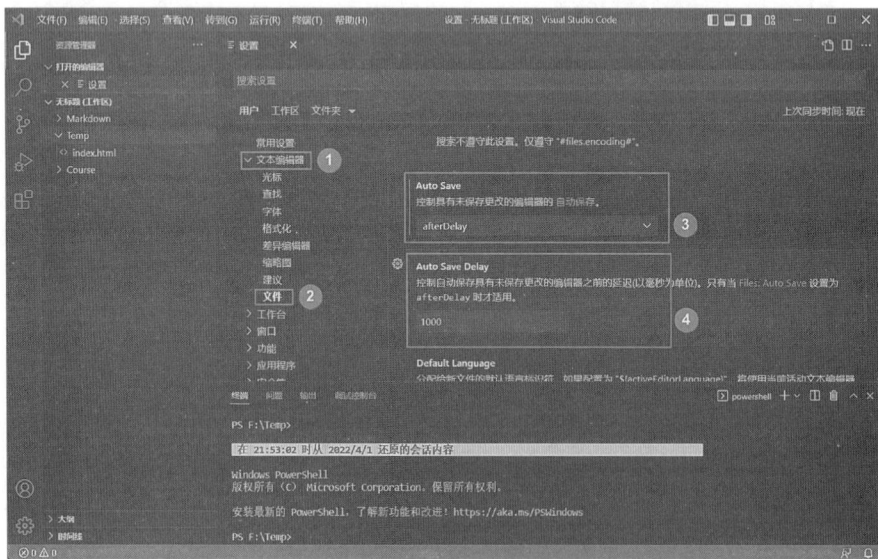

图 2-37　自动保存设置

2.3　Python 程序运行方式

Python 语言支持两种程序运行方式,即交互式和文件式。交互式是一种及时反馈形式的程序运行方式,输入一行程序语句,按 Enter 键即可运行并且显示结果。文件式则是首先将完整程序以文件的形式编辑保存,然后再整体运行,程序文件可以重复打开运行或者再次编辑修改。

2.3.1　交互式

交互式又有三种模式,分别为 Windows 命令提示符交互模式、Python 交互模式和IDLE 交互模式。

1. Windows 命令提示符交互模式

(1) 按组合快捷键 Windows+R 打开"运行"对话框,输入 CMD 后单击"确定"按钮打开"Windows 命令提示符"窗口,如图 2-38 所示。

图 2-38　"Windows 命令提示符"窗口

注意:此时光标处的提示符为">"。

(2) 输入 python 后按 Enter 键进入"Python 交互式"模式,如图 2-39 所示。

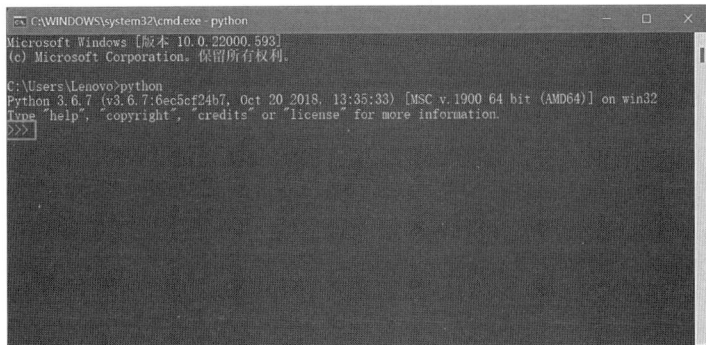

图 2-39　"Python 交互式"模式

注意：此时光标处的提示符为"＞＞＞"。

（3）输入 Python 语句后按 Enter 键就可以直接执行并且显示结果，如图 2-40 所示。已经输入过的语句可以用上下方位键↑和↓快速调出，可以再次执行或者再次编辑，按 Esc 键取消已经调出的语句。

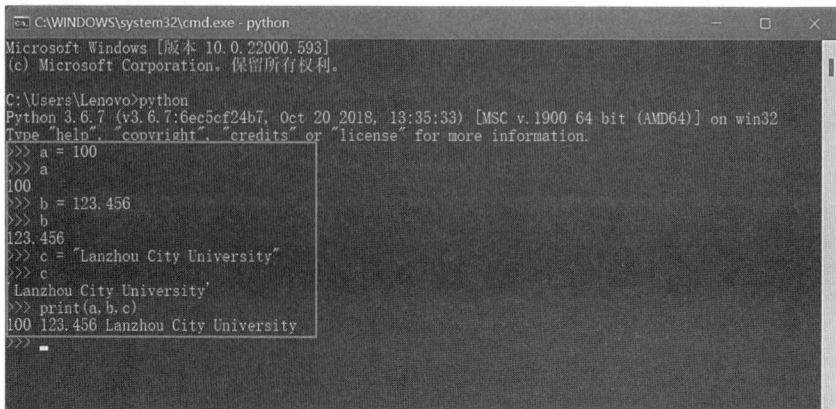

图 2-40　"Python 交互式"模式（输入语句）

（4）输入"Quit( )"或"Exit( )"函数，或者直接按快捷键 Ctrl＋Z，按 Enter 键后退出"Python 交互式"模式返回到"Windows 命令提示符"模式。

2. Python 交互模式

（1）依次单击"开始"→"所有程序"→Python 3.6→Python 3.6（64-bit）开始菜单命令，如图 2-41 所示，打开"Python"窗口，如图 2-42 所示。

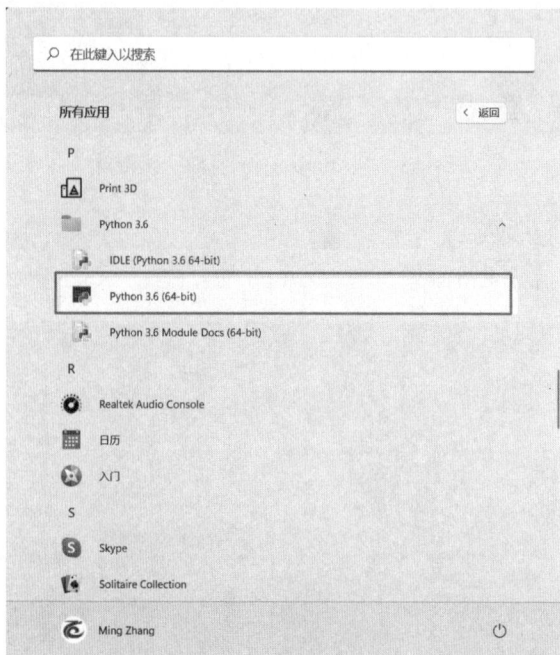

图 2-41　开始菜单命令

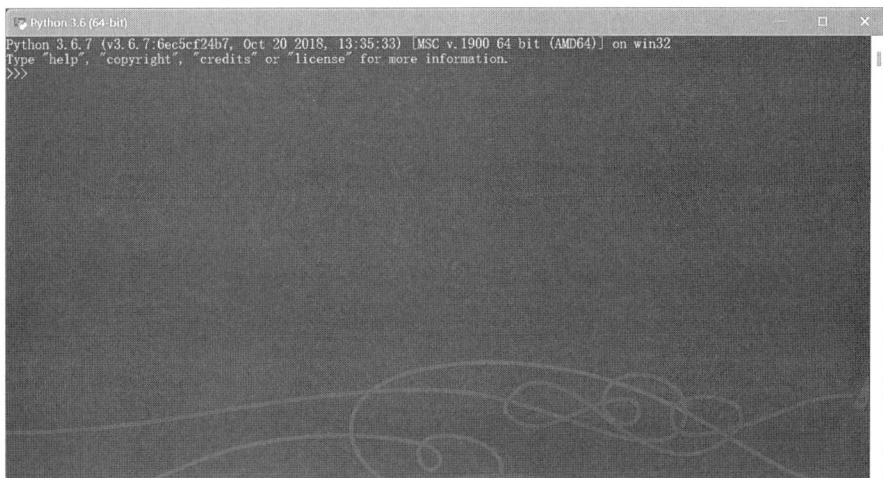

图 2-42　Python 窗口

（2）输入 Python 语句后按 Enter 键就可以直接执行并且显示结果，如图 2-43 所示。已经输入过的语句可以用上下方位键↑和↓快速调出，可以再次执行或者再次编辑，按 Esc 键取消已经调出的语句。

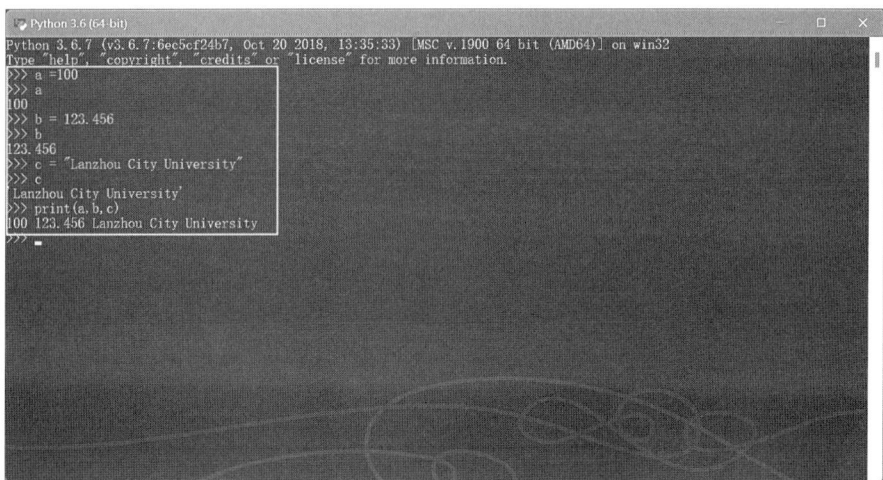

图 2-43　Python 窗口（输入语句）

（3）输入"Quit()"或"Exit()"函数，或者直接按快捷键 Ctrl＋Z，按 Enter 键后关闭 Python 窗口。

3. IDLE 交互模式

（1）依次单击"开始"→"所有程序"→Python 3.6→IDLE(Python 3.6 64-bit)开始菜单命令，打开 IDLE 窗口。

（2）此时为交互式，输入 Python 语句后按 Enter 键就可以直接执行并且显示结果，如图 2-44 所示。已经输入过的语句可以用快捷键 Alt＋P 和 Alt＋N 快速调出，可以再次执行或者再次编辑，Ctrl＋Z 快捷键可以取消已经调出的语句。

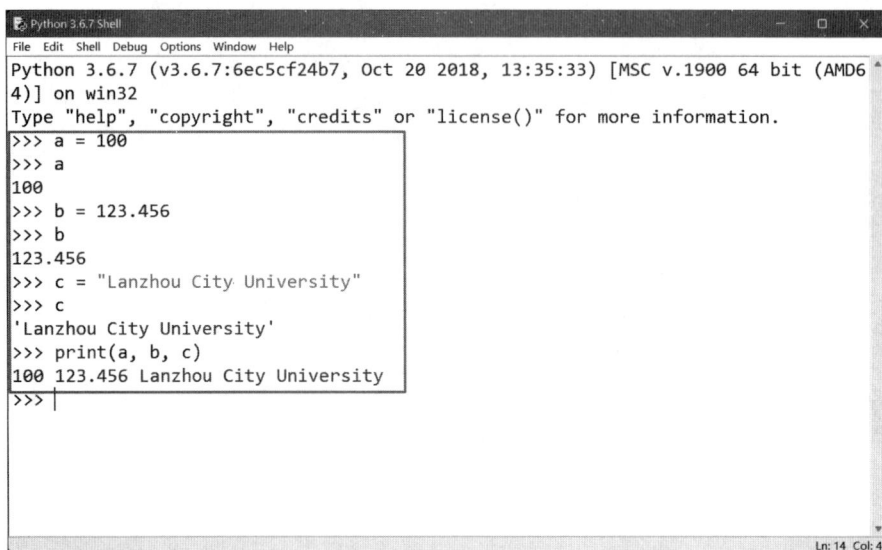

图 2-44　IDLE 窗口

2.3.2　文件式

文件式也有两种模式，IDLE 模式和第三方 IDE 模式。

1. IDLE 模式

（1）打开 IDLE。

（2）执行 File→New File 菜单命令或使用快捷键 Ctrl＋N 新建一个 Python 语言程序文件（简称 Python 文件，扩展名为.py）。

（3）输入正确的 Python 语言程序代码，如图 2-45 所示。

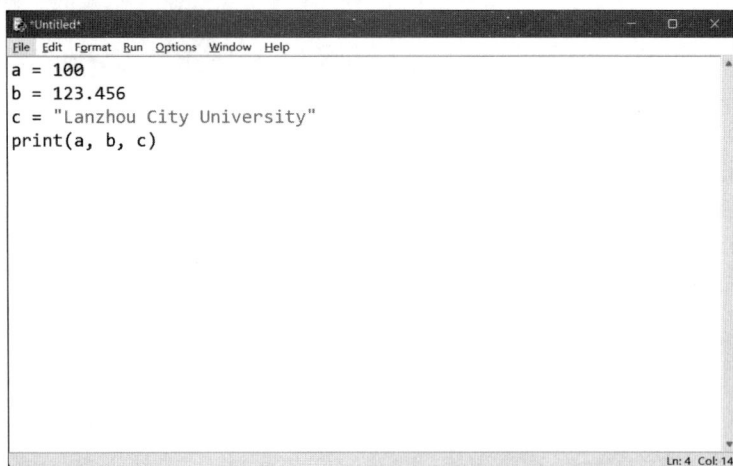

图 2-45　Python 语言程序文件窗口

（4）执行 File→Save 菜单命令或使用快捷键 Ctrl＋S，打开"另存为"对话框，如图 2-46 所示。首先选择一个合适的工作路径，然后输入文件名，最后单击"保存"按钮返回。

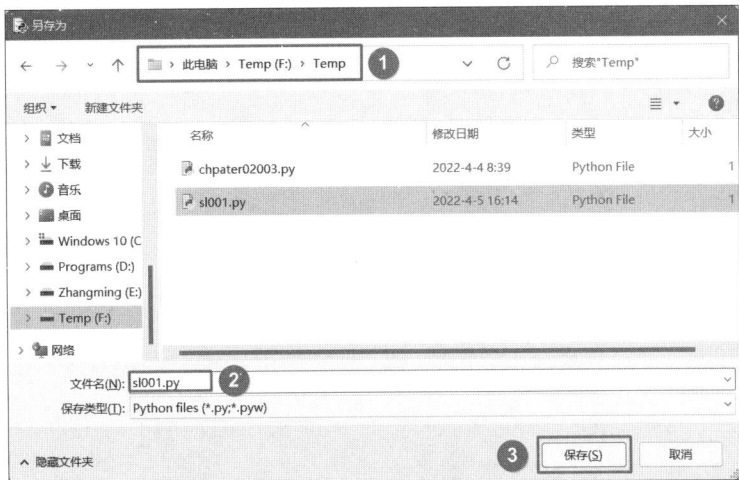

图 2-46　"另存为"对话框

（5）执行 Run→Run Module 菜单命令或使用快捷键 F5 运行程序，执行结果将会在 IDLE 窗口中显示，如图 2-47 所示。

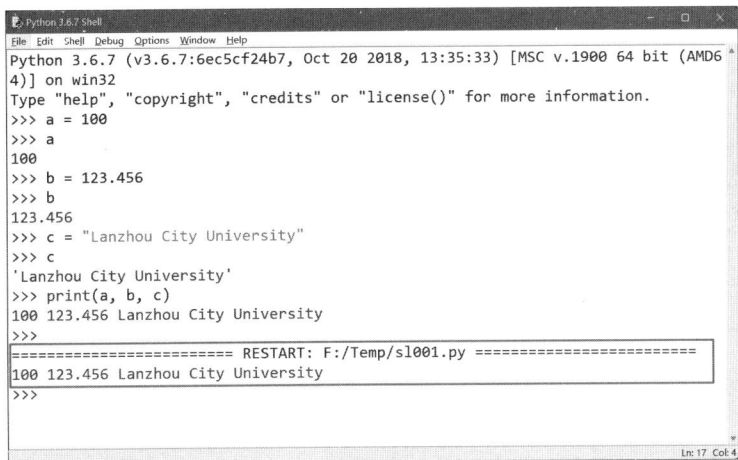

图 2-47　程序文件运行结果

2. 第三方 IDE 模式

不同的 IDE，操作大同小异，下面以 VS Code 进行示例。

（1）打开 VS Code。

（2）首先单击左侧工具栏中的"资源管理器"按钮，接着在"资源管理器"面板中单击选择一个当前工作区（如果只有一个工作区，默认自动选中），然后单击"新建文件"按钮，在弹出的输入框中完整输入需要新建文件的文件名，最后按 Enter 键确定，如图 2-48 所示。

图 2-48　VS Code 新建文件

（3）在编辑区输入正确的程序代码，执行"运行"→"启动调试"菜单命令或使用快捷键 F5 运行程序，在"选择调试配置"区域单击选择"Python 文件 调试打开的 Python 文件"，如图 2-49 所示。

图 2-49　选择调试配置

（4）程序运行结果将显示在"终端"面板中，如图 2-50 所示。

Python 语言程序设计

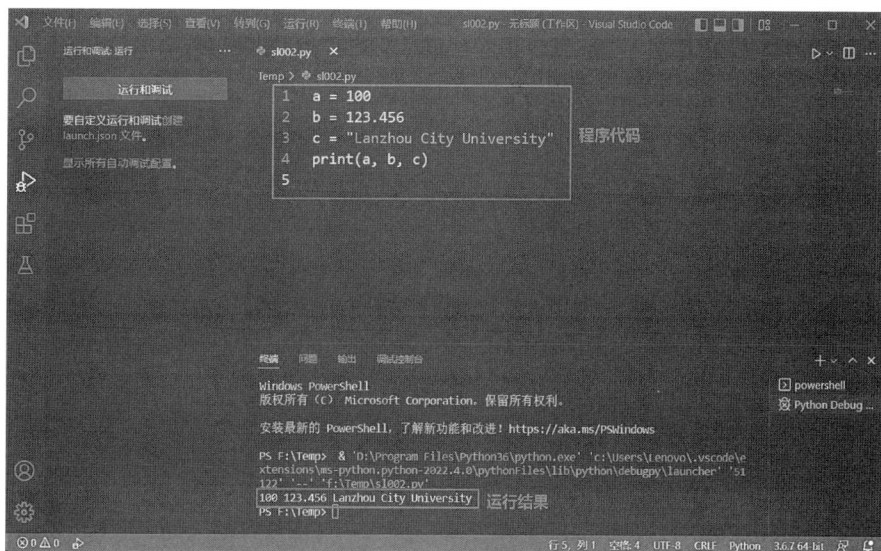

图 2-50　程序代码和运行结果

2.4　Python 基本语法规则

每个计算机程序设计语言都有自己的语法规则,下面简单介绍一下 Python 语言中最基本的语法规则。

(1) Python 严格区分大小写,即大小写不等价。

(2) 注释:用来对程序中的元素进行必要的解释和说明,提高程序的可读性,不会被执行。

① 行注释:格式为"♯　注释内容",建议"♯"和注释内容之间间隔至少一个空格。行注释可以单独占一行,也可以放在一行代码之后,与代码的最后一个字符之间间隔至少一个空格。

② 多行注释:用一对 3 个单引号(''')或一对 3 个双引号(""")将多行注释内容首尾引起来,如图 2-51 所示。

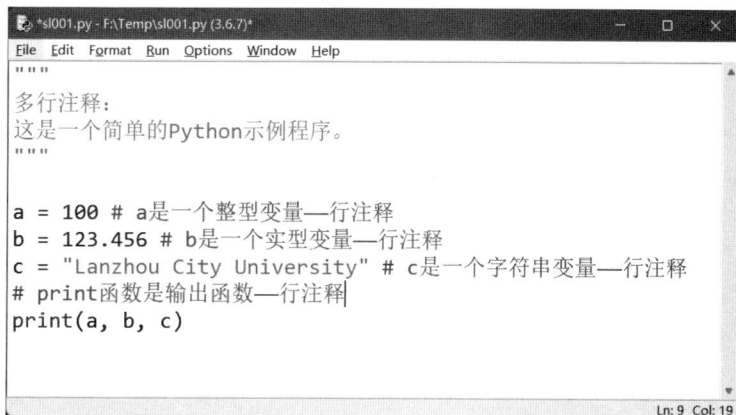

图 2-51　注释

（3）关键字：也叫保留字，是 Python 语言中一些已经被系统赋予特定意义的单词，在程序设计中，不能用这些单词作为标识符的命名。不同的 Python 版本，其关键字不完全相同，Python 3.6.7 中共有 33 个关键字，如表 2-1 所示。

表 2-1　Python 3.6.7 中的关键字及含义

序　号	关　键　字	含　　义
1	and	逻辑与操作
2	as	给对象起一个简单易记的别名
3	assert	在调试代码时使用，如果给定的条件为 True 则继续执行，如果为 False 则引起 AssertionError 异常
4	break	中断当前循环的执行
5	class	定义类
6	continue	退出本次循环，继续执行下一次循环
7	def	定义函数或方法
8	del	删除元素
9	elif	条件语句，与 if、else 配合使用
10	else	条件语句，与 if、elif 配合使用，也可用于异常或循环
11	except	异常语句，与 try、finally 配合使用，捕获异常后的处理代码
12	False	逻辑值"假"
13	finally	异常语句，与 try、except 配合使用，捕获异常后始终要执行代码
14	for	循环语句
15	from	与 import 配合使用，用于导入库
16	global	在函数或其他局部作用域中使用全局变量
17	if	条件语句，与 else、elif 配合使用
18	import	导入库
19	in	判断元素是否在对象中
20	is	判断两个变量是否引用同一个对象
21	lambda	定义匿名函数
22	None	空值
23	nonlocal	在函数或其他作用域中使用外层的局部变量
24	not	逻辑非
25	or	逻辑或
26	pass	空的类、方法或函数的占位符
27	raise	抛出异常，引发一个错误
28	return	从函数返回值

序　号	关　键　字	含　　义
29	True	逻辑值"真"
30	try	异常语句,测试可能出现异常的代码,与 except、finally 配合使用
31	while	循环语句
32	with	简化 Python 的语句
33	yield	从函数依次返回值

（4）标识符的命名。

① 首字符：以汉字、字母、下画线开头（不建议使用汉字）。

② 其他字符：除了首字符,其他字符可以使用汉字、字母、数字、下画线（不建议使用汉字）。

③ 不能使用 Python 的关键字。

④ 首尾不能为双下画线：Python 中首部是双下画线或者首尾均是双下画线的变量一般为系统变量。

（5）缩进：Python 中使用缩进（一般为四个空格）表示一个程序块,类似于 C 语言中的"{ }",用在程序的分支、循环、函数、类、方法等结构中,表示程序之间的所属关系。

（6）续行符：如果一行代码太长,不方便阅读,则可以使用续行符"\"将其拆分为多行。拆分时在非最后一行的行尾加上续行符"\"即可。

（7）分隔符：如果想将几行相对简短的代码放在同一行,则可以使用分隔符";",在每一条命令的后面加上分隔符";"即可（最后一条命令的末尾可以不加）,如图 2-52 所示。

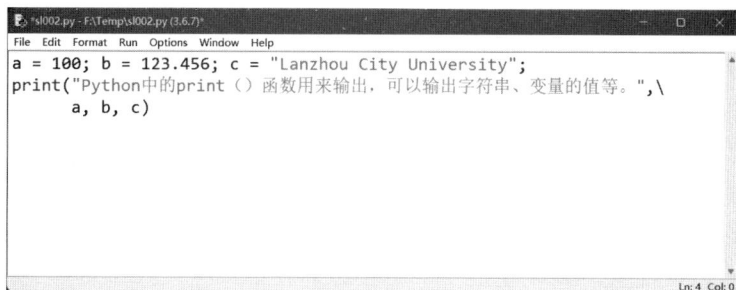

```
a = 100; b = 123.456; c = "Lanzhou City University";
print("Python中的print（）函数用来输出, 可以输出字符串、变量的值等。",\
    a, b, c)
```

图 2-52　分隔符和续行符

（8）标点符号：在程序设计中,除了字符串中的标点符号外,其他均为英文半角状态下的标点符号。

2.5　单元拓展：Python 计算生态

2.5.1　计算生态概述

计算生态是指以开源项目为组织形式,充分利用"共识原则"和"社会利他主义"组织人员,在竞争发展、相互依存和迅速更迭中完成信息技术的更新换代,形成了技术的自我演化路径。计算生态没有顶层设计,以功能为单位,有 3 个特点,即竞争发展、相互依存和迅速更迭。

Python 计算生态在全世界程序员的不断贡献中发展壮大,没有顶层设计,任凭野蛮生长,覆盖信息技术全领域,为信息技术与人类深度整合奠定了坚实的生态基础。"刀耕火种的编程方式必然消逝,利用生态才是王道"。

2.5.2 Python 计算生态分类

Python 具有一个庞大的计算生态,并且还在不断地扩充和升级。Python 专门有一个网站 PYPI(https://pypi.org/),用来展示、组织、管理其计算生态,如图 2-53 所示。

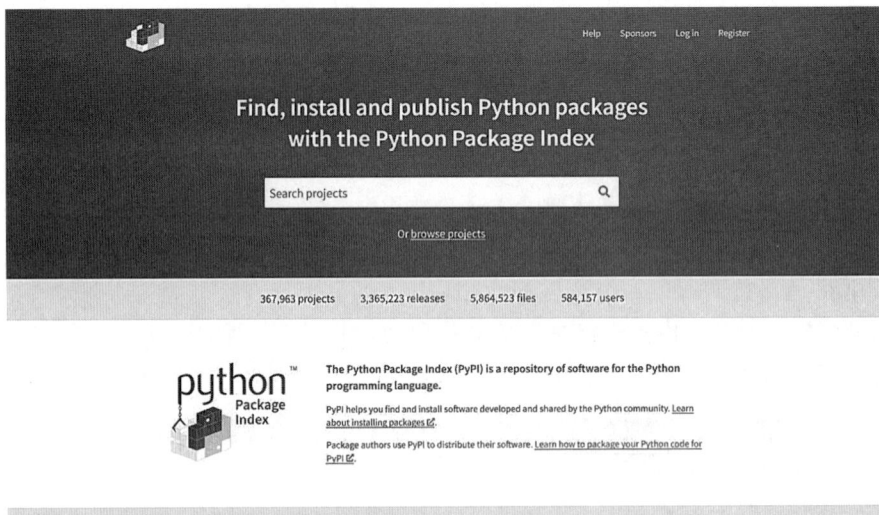

图 2-53　Python 计算生态网站

Python 计算生态可分为标准库和第三方库两大类,库(library)也称为包(package)、模块(module)。

1. 标准库

Python 将一些最基本、最常用的库直接集成在 Python 安装包中,随着 Python 安装包的安装而自动安装,不需要手动安装,称之为标准库。标准库在使用时,只需要使用 import 语句导入,就可以直接使用,图 2-54 列举了常用标准库。

2. 第三方库

Python 计算生态中有几十万个库,除了标准库,其他的都称为第三方库。第三方库在使用前需要手动进行下载和安装,然后通过 import 语句导入后,才能正常使用,图 2-55 列举了常用的第三方库。

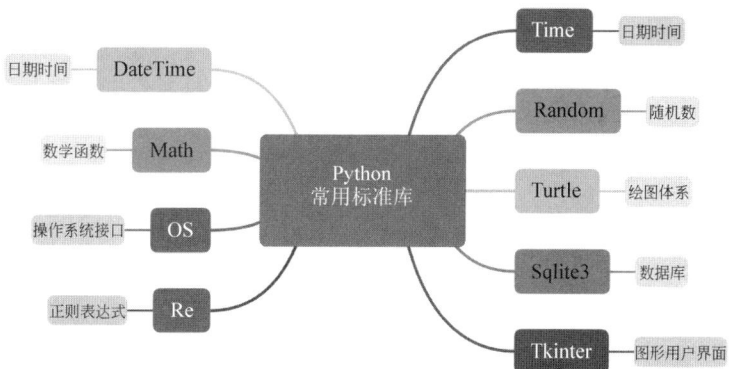

图 2-54　Python 常用标准库

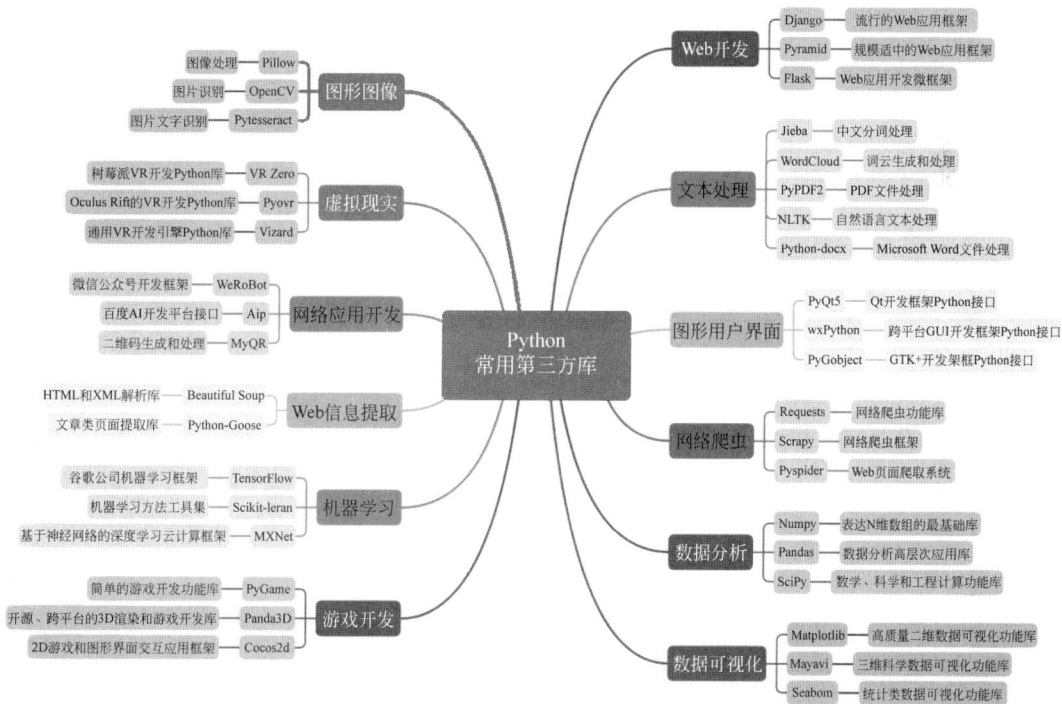

图 2-55　Python 常用第三方库

2.5.3　Python 库管理

Python 标准库捆绑在 Python 安装包中，随着 Python 的安装而自动安装，而 Python 第三方库则需要手动进行检索、安装、删除等管理操作。Python 第三方库的管理方法较多，推荐使用 Python 自带的 PIP 管理工具。

PIP 管理工具内置在 Python 安装包中，是一个通用的 Python 第三方库管理工具，提供查找、下载、安装、卸载等功能。PIP 是一个操作命令，在"Windows 命令提示符"模式下运行,其格式如下,其中命令对应的功能如表 2-2 所示。

```
pip  <command> [options]
```

注意:在格式表示中,"< >"表示必选项,"[ ]"表示可选项,全文表述一致,不再提示。

表 2-2 PIP 命令功能表

序 号	命 令	功 能 描 述
1	install	安装包
2	download	下载包
3	uninstall	卸载包
4	freeze	以需求的格式输出已安装的包
5	list	列表显示已安装的包
6	show	显示已安装某个包的详细信息
7	check	检查已安装包的兼容性
8	config	管理本地和全局配置
9	search	通过 PYPI 搜索查找包
10	cache	检查和管理 PIP 的缓存
11	index	检查包索引中的可用信息
12	wheel	根据需要自己构建一个包
13	hash	计算包存档的哈希计算值
14	completion	用于命令完成的帮助器命令
15	debug	显示有用的调试信息
16	help	显示帮助信息

下面以实例的形式演示 PIP 最常用的列表显示、安装和卸载功能。

1. 列表显示已经安装的库

(1) 打开"Windows 命令提示符"窗口。

(2) 输入 pip list 命令后按 Enter 键即可列表显示已经安装的库,如图 2-56 所示。

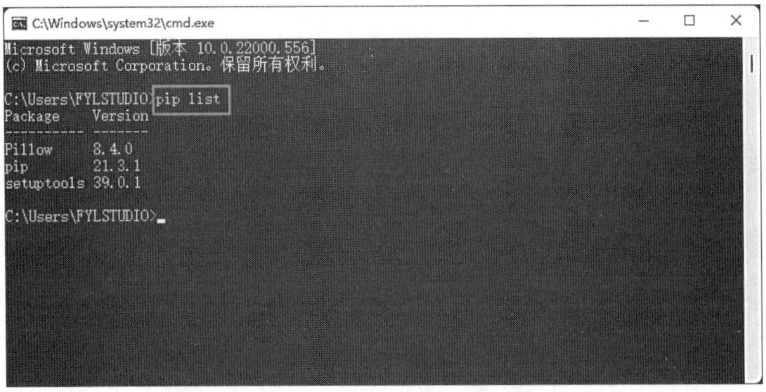

图 2-56 列表显示已经安装的库

2. 安装新的第三方库

（1）打开"Windows 命令提示符"窗口。

（2）以安装 Jupyter Notebook 第三方库为例，输入 pip install jupyter 命令后按 Enter 键开始自动安装，如图 2-57 所示。

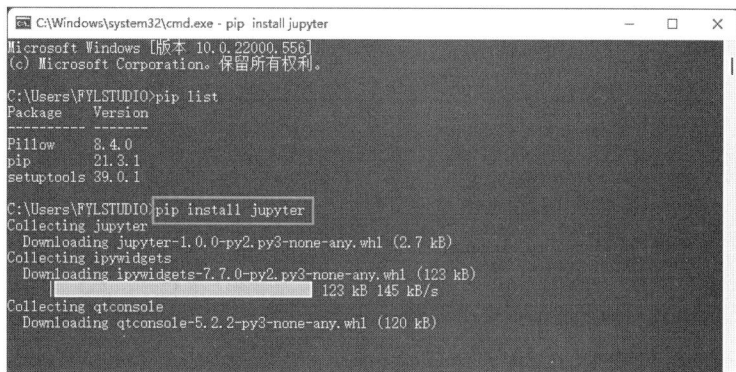

图 2-57　正在安装第三方库

（3）安装完成后的窗口如图 2-58 所示。

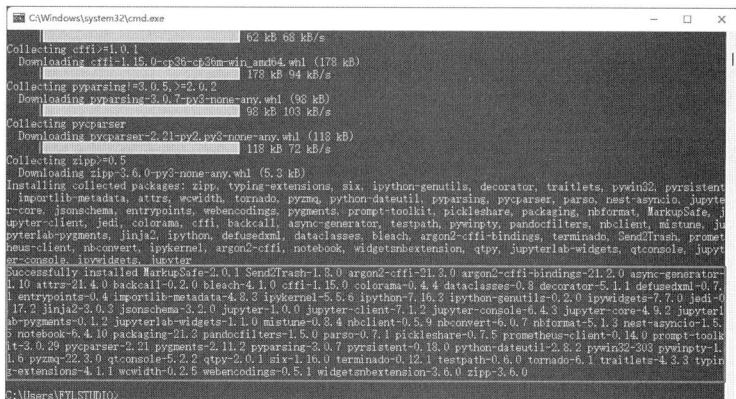

图 2-58　安装完成

注意：

（1）PIP 命令在安装第三方库时，在 PYPI 中进行搜索，自动匹配当前操作系统平台、当前操作系统的字长以及所安装 Python 的版本，自动下载安装最合适的版本；

（2）如果正在安装的库在工作时需要其他库的支持，则会一起自动下载安装。

3. 卸载已经安装的库

（1）打开"Windows 命令提示符"窗口。

（2）以卸载已经安装的 Pillow 第三方库为例，输入 pip uninstall pillow 命令后按 Enter 键。

（3）输入 Y 确认即可完成卸载，如图 2-59 所示。

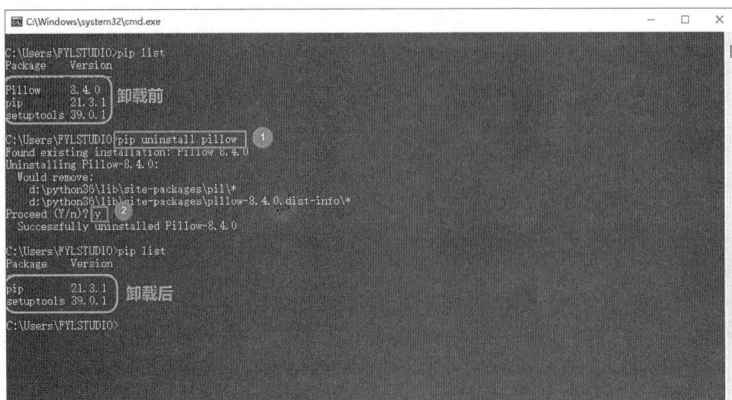

图 2-59　卸载已经安装的第三方库

2.6　项 目 训 练

2.6.1　Hello World

（1）项目编号：XMXL0201。

（2）项目要求：使用 print( )函数输出"Hello World"。

（3）程序源码。

```
1.  # - * - coding:UTF-8 - * -
2.  """
3.  项目编号:XMXL0201
4.  项目要求:使用 print()函数输出"Hello World"
5.  """
6.
7.  print("Hello World")
```

（4）运行结果。

```
Hello World
```

2.6.2　Python 之禅

（1）项目编号：XMXL0202。

（2）项目要求：使用库导入语句 import 显示"Python 之禅"。

（3）程序源码。

```
1.  # - * - coding:UTF-8 - * -
2.  """
```

```
3.  项目编号:XMXL0202
4.  项目要求:使用库导入语句 import 显示"Python 之禅"
5.  """
6.
7.  import this
```

（4）运行结果。

The Zen of Python, by Tim Peters

Beautiful is better than ugly.
Explicit is better than implicit.
Simple is better than complex.
Complex is better than complicated.
Flat is better than nested.
Sparse is better than dense.
Readability counts.
Special cases aren't special enough to break the rules.
Although practicality beats purity.
Errors should never pass silently.
Unless explicitly silenced.
In the face of ambiguity, refuse the temptation to guess.
There should be one-- and preferably only one --obvious way to do it.
Although that way may not be obvious at first unless you're Dutch.
Now is better than never.
Although never is often better than * right * now.
If the implementation is hard to explain, it's a bad idea.
If the implementation is easy to explain, it may be a good idea.
Namespaces are one honking great idea -- let's do more of those!

2.7 习 题

1. 判断题

（1）Python 是一种跨平台、开源、免费的高级动态编程语言。　　　　　（　　）

（2）Python 3.X 完全兼容 Python 2.X。　　　　　（　　）

（3）在 Windows 平台上编写的 Python 程序无法在 Unix 平台上运行。　　（　　）

（4）Python 使用缩进体现代码之间的逻辑关系。　　　　　（　　）

（5）Python 代码的注释只有一种方式,那就是使用♯符号。　　　　　（　　）

（6）为了让代码更加紧凑,编写 Python 程序时应尽量避免加入空格和空行。　（　　）

2. 单选题

（1）在 Python 中,合法的标识符是(　　　)。

  A. _   B. 3c   C. it's   D. for

（2）下列 Python 注释代码中错误的是（　　　）。

A. ♯Python 注释代码

B. ♯Python 注释代码 1♯Python 注释代码 2

C. """Python 注释文档"""

D. //Python 注释代码

（3）（　　　）是 Python 交互运行方式的提示符。

A. : >　　　　　　　B. <<<　　　　　　　C. >>>　　　　　　　D. :/>

（4）Python 3.6X 中总共有（　　　）个关键字。

A. 30　　　　　　　B. 33　　　　　　　C. 43　　　　　　　D. 36

（5）Python 的创始人吉多·范罗苏姆（Guido van Rossum）是（　　　）人。

A. 中国　　　　　　B. 芬兰　　　　　　C. 荷兰　　　　　　D. 波兰

（6）Python 正式发布时间是（　　　）年。

A. 1989　　　　　　B. 1990　　　　　　C. 1991　　　　　　D. 1992

（7）下列（　　　）是 Python 的宣传语。

A. Life is short，use Python. ——人生苦短，我用 Python。

B. Life's pathetic，let's pythonic. ——人生苦短，Python 是岸。

C. Life is short，Python as a song. ——人生苦短，Python 当歌。

D. Life is short，I study Python. ——人生苦短，我学 Python。

第3章

基本数据类型与字符处理

    Python 语言支持两大类数据类型：基本数据类型和组合数据类型。基本数据类型包括整数类型、浮点数类型、复数类型、布尔类型和字符串类型，组合数据类型包括列表类型、元组类型、集合类型和字典类型，共计 9 种数据类型，如图 3-1 所示。

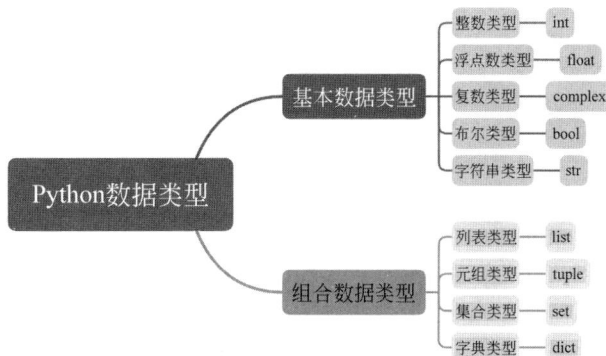

图 3-1 Python 数据类型

3.1 整 数 类 型

    整数类型类似于数学中的整数，不同于其他语言的是该类型无取值范围的限制，有 4 种进制表示方法，即十进制、二进制、八进制和十六进制，如表 3-1 所示。

表 3-1 整数类型的 4 种进制表示

进 制 类 型	引 导 符 号	组 成 数 字	示　　　例
十进制	无	0～9	123，−123
二进制	0b/0B	0，1	0b0111 1011，−0b0111 1011
八进制	0o/0O	0～7	0o173，−0o173
十六进制	0x/0X	0～9，a/A～f/F	0x7b，−0x7b

3.2 浮点数类型

浮点数就是数学中的小数,在 Python 中,浮点数的取值范围是 $-10^{308} \sim 10^{308}$,精度是 10^{-16}。浮点数有两种表示方法,即一般表示法和科学记数法,如表 3-2 所示。

表 3-2 浮点数的两种表示方法

表 示 方 法	符 号	示 例
一般表示法	无	1234.56789,-1234.56789
科学记数法	e/E	1.234568e+03,1.234568E+03 -1.234568e+03,-1.234568E+03

注意:由于浮点数在计算机中存储时的特殊方式,在进行运算时,存在不确定的尾数,如下面示例所示。

【程序源码】(LX0301.py)

```
1.  f1 = 0.1
2.  f2 = 0.2
3.  print(f1 + f2)
4.  print(f1 + f2 == 0.3)
```

【运行结果】

```
0.30000000000000004
False
```

3.3 复 数 类 型

复数类型类似于数学中的复数,由实数部分、虚数部分和虚数单位 j/J 所组成,例如 1+2j、1+2J。复数的运算属于数学中的复变函数部分,主要用于科学计算。

对于一个复数 c,c.real 和 c.imag 可以分别获取这个复数 c 的实数部分和虚数部分。

3.4 布 尔 类 型

布尔类型也叫逻辑类型,用于表示逻辑判断的结果,逻辑真——True,逻辑假——False。常用的布尔运算如表 3-3 所示。

表 3-3　常用的布尔运算

运 算 方 法	运 算 符	示 例
非	not	not True → False,not False → True
与	and	True and True → True,True and False → False False and True → False,False and False → False
或	or	True or True → True,True or False → True False or True → True,False or False → False

True 和 False 也可以参加算术运算,在运算时,True 为 1,False 为 0。

3.5　字符串类型

字符串是指用定界符一对单引号(')或双引号(")括起来的一串字符,如'The Zen of Python，by Tim Peters',"Python 之禅"。

(1) 定界符要成对使用,不能混合使用。

(2) 如果字符串中已经有某一种定界符,则必须使用另一种定界符。

(3) 空串:长度为零的字符串,或者说不包含任何字符的字符串叫作空串。

(4) 子串:如果一个字符串 A 完整包含在另一个字符串 B 中,则可以说 A 是 B 的一个子串。

(5) 多行字符串:一对单引号(')或一对双引号(")只能创建单行字符串,一对三个单引号(''')或一对三个双引号(""")可以创建多行字符串。

(6) 转义字符:以符号(\)开头,用于表示具有特定含义或者无法直接输入的特殊字符的字符,常用的转义字符及含义如表 3-4 所示。

表 3-4　常用的转义字符及含义

序号	转 义 字 符	含 　义
1	\\	\
2	\'	'
3	\"	"
4	\a	响铃
5	\b	退格
6	\f	换页
7	\n	换行
8	\r	回车
9	\t	水平制表位
10	\v	垂直制表位

注意:某些转义字符在不同平台上效果略有不同,甚至没有效果,即不支持。

(7) 字节型字符串：以前缀 b 开头并且只能使用 ASCII(American Standard Code for Information Interchange,美国信息交换标准代码)字符的字符串,如 b'The Zen of Python'。

(8) 中文型字符串：以前缀 u 开头,后面字符以 Unicode 格式进行编码的字符串,一般用在中文字符串中,防止乱码,如 u"计算生态"。

(9) 普通型字符串：以前缀 r 开头的字符串,去掉了转义字符的功能,如 r'\\The Zen of Python\\'。

3.6 字符数据处理

字符数据的处理在程序设计中特别是非数值计算的程序设计中应用非常广泛,相比较于数值计算,字符数据的处理也较为复杂,需要更多的方法和技巧来实现。

3.6.1 字符串索引

在 Python 中,字符串实质上是一种有序的序列类型,对于某一个字符串,字符串中字符的顺序是固定的,并且有正向索引和反向索引两种编号方式,通过任何一种索引都可以对字符串的单个字符或部分字符进行引用。假如有一个字符串 s = "The Zen of Python",其索引如图 3-2 所示。

正向索引→	0	1	2	3	4	5	6	7	8	9	10	11	12	13	14	15	16
字符串→	T	h	e		Z	e	n		o	f		P	y	t	h	o	n
反向索引→	-17	-16	-15	-14	-13	-12	-11	-10	-9	-8	-7	-6	-5	-4	-3	-2	-1

图 3-2 字符串索引

3.6.2 字符串引用

1. 单字符引用

引用字符串中单个字符的格式为

```
< 字符串名 >[< 索引号 >]
```

索引号使用正向索引或反向索引都可以,如 s[4]和 s[−13]均为'Z'。

2. 字符串分片

字符串分片,也叫字符串切片或者取子串,就是从原字符串中按照要求取出一部分字符组成一个新的字符串,字符串分片的格式为

```
< 字符串名 >[[ start [: end [: step ]]]
```

在字符串中,从 start 到 end 的前闭后开的区间内,以 step 为步长,取出字符生成一个

新的字符串,start 默认值为 0,end 默认值为字符串长度,step 默认值为 1。

【程序源码】(LX0302.py)

```
1.  s = "The Zen of Python"
2.  print(s[4], s[-13])
3.  print(s[4:7])
4.  print(s[11:])
5.  print(s[:3])
6.  print(s[11:17:2])
7.  print(s[-13:-10])
8.  print(s[-11:-14:-1])
9.  print(s[: : -1])
```

【运行结果】

```
Z Z
Zen
Python
The
Pto
Zen
neZ
nohtyP fo neZ ehT
```

3.6.3 字符串处理

1. 字符串运算

(1) + : 两个字符串首尾连接生成新的字符串;

(2) s * n 或 n * s : 把字符串重复 n(正整数)次生成新的字符串。

【程序源码】(LX0303.py)

```
1.  s1 = "The Zen of Python, "
2.  s2 = "by Tim Peters. "
3.  print(s1 + s2)
4.  print(s1 * 3)
5.  print(3 * s2)
```

【运行结果】

```
The Zen of Python, by Tim Peters.
The Zen of Python, The Zen of Python, The Zen of Python,
by Tim Peters. by Tim Peters. by Tim Peters.
```

2. 字符串常用函数

(1) str(object):返回一个对象的 string 格式,即转换成一个字符串类型;

（2）len(s)：返回字符串的长度；

（3）chr(i)：返回参数 i 对应的 Unicode 字符，i 的取值范围为 0 到 1,114,111；

（4）ord(c)：返回字符 c 对应的 Unicode 值。

【程序源码】（LX0304.py）

```
1.  a1 = 123
2.  a2 = 1234.56789
3.  a3 = 1 + 2j
4.  a4 = True
5.  s = "The Zen of Python"
6.  print(str(a1))
7.  print(str(a2))
8.  print(str(a3))
9.  print(str(a4))
10. print(len(s))
11. print(chr(65),ord('A'))
```

【运行结果】

```
123
1234.56789
(1+2j)
True
17
A 65
```

3. 字符串常用方法

字符串的常用方法如表 3-5 所示。

表 3-5　字符串常用方法

序号	方　　法	功 能 描 述	备注
1	s.capitalize()	字符串 s 的首字母大写，其余小写	
2	s.title()	字符串 s 中每个单词的首字母大写，其余小写	单词由空格分隔
3	s.swapcase()	字符串 s 中字母大小写转换	
4	s.upper()	字符串 s 中的所有字母转换成大写	
5	s.lower()	字符串 s 中的所有字母转换成小写	
6	s.index(x[, m[, n]])	从左向右查找，返回子串 x 在字符串 s 中指定范围内（前闭后开）第一次出现的位置；范围默认为整个字符串；没有找到则抛出异常	
7	s.rindex(x[, m[, n]])	从右向左查找，返回子串 x 在字符串 s 中指定范围内（前闭后开）第一次出现的位置；范围默认为整个字符串；没有找到则抛出异常	

序号	方　法	功　能　描　述	备注
8	s.find(x[，m[，n]])	从左向右查找,返回子串 x 在字符串 s 中指定范围内(前闭后开)第一次出现的位置;范围默认为整个字符串;没有找到则返回－1	
9	s.rfind(x[，m[，n]])	从右向左查找,返回子串 x 在字符串 s 中指定范围内(前闭后开)第一次出现的位置;范围默认为整个字符串;没有找到则返回－1	
10	s.count(x[，m[，n]])	返回子串 x 在字符串 s 中指定范围内(前闭后开)出现的次数;范围默认为整个字符串	
11	s.startswith(x[，m[，n]])	判断一个字符串 s 中指定范围(前闭后开)是否以子串 x 开头;范围默认为整个字符串	
12	s.endswith(x[，m[，n]])	判断一个字符串 s 中指定范围(前闭后开)是否以子串 x 结尾;范围默认为整个字符串	
13	s.replaces(u，v[，n])	在字符串 s 中用子串 v 替换子串 u 共计 n 次;默认为全部替换	
14	s.expandtabs([n])	在字符串 s 中,用 n 个空格替换制表位字符;默认为 8 个空格	
15	s.strip([x])	去掉字符串 s 中前后的子串 x;默认为空格	
16	s.lstrip([x])	去掉字符串 s 中前面的子串 x;默认为空格	
17	s.rstrip([x])	去掉字符串 s 中后面的子串 x;默认为空格	
18	s.join(l)	l 是一个字符串列表,s 是一个字符串,用 s 把 l 中所有字符串连接起来,生成一个新的字符串	
19	s.split(c[，n])	把字符串 s 以字符串 c 拆分 n 次,返回一个由拆分项所组成的字符串列表;无参数 n 则全部拆分	
20	s.splitlines(y)	如果 s 是一个多行字符串,把 s 的每一行作为一个元素,返回一个字符串列表;如果 s 是单选字符串,则返回的列表中只有一个元素;y 为 True,则保留换行符,为 False 则去掉换行符	
21	s.isspace()	判断一个字符串 s 中的字符是否全为空格,返回 True 或 False	
22	s.isdigit()	判断一个字符串 s 中的字符是否全为数字,返回 True 或 False	
23	s.isalpha()	判断一个字符串 s 中的字符是否全为字母,返回 True 或 False	
24	s.isalnum()	判断一个字符串 s 中的字符是否全为字母或数字,返回 True 或 False	

序号	方　法	功 能 描 述	备注
25	s.istitle()	判断一个字符串 s 中的每个单词是否首字母大写,其余为小写,返回 True 或 False	单词由空格分隔
26	s.isupper()	判断一个字符串 s 中的字符是否全为大写,返回 True 或 False	
27	s.islower()	判断一个字符串 s 中的字符是否全为小写,返回 True 或 False	
28	s.center(w[, c])	以 w 为总宽度,字符串 s 居中,两边填充字符 c,返回一个新的字符串; 无参数 c,则以空格进行填充	
29	s.ljust(w[, c])	以 w 为总宽度,字符串 s 左对齐,右边填充字符 c,返回一个新的字符串; 无参数 c,则以空格进行填充	
30	s.rjust(w[, c])	以 w 为总宽度,字符串 s 右对齐,左边填充字符 c,返回一个新的字符串; 无参数 c,则以空格进行填充	
31	s.zfill(w)	以 w 为总宽度,字符串 s 右对齐,左边填充字符 0,返回一个新的字符串	

3.7　常量与变量

3.7.1　常量

常量是指在程序运行过程中其值不会发生改变的数据,例如 123、1234.56789、1+2j、True、'The Zen of Python'分别是一个整数常量、浮点数常量、复数常量、布尔常量和字符串常量。

3.7.2　变量

变量是一个标识符(变量名),用来指向一个常量(即变量的值),在程序运行过程中,其数据类型和值可以根据需要发生改变。Python 中的变量在程序中不必提前定义,在使用的同时进行定义即可。

1. 变量赋值

变量赋值就是通过赋值语句让变量名指向一个常量,从而获得一个数据类型和值。Python 中赋值符号为等号"=",有 3 种赋值格式。

(1) 单个变量赋值:<变量> = <表达式>。

例如:"a = 123",就是让变量名为 a 的变量指向一个值为 123 的整数类型常量,如图 3-3 所示。此时变量 a 的类型为整数类型,值

a ⟶ 123

图 3-3　单个变量赋值

为 123。

（2）多个变量赋同一个值：<变量 1 = … = 变量 n> = <表达式>。

例如："a1 = a2 = a3 = 123"，就是让变量 a1、a2、a3 均指向一个值为 123 的整数类型常量，如图 3-4 所示。此时，这 3 个变量的类型均为整数类型，值都为 123。

（3）多个变量依次赋不同的值：<变量 1,…,变量 n> = <表达式 1,…,表达式 n>。

例如："a1,a2,a3 = 123,456,789"，就是让变量 a1 指向一个值为 123 的整数类型常量，变量 a2 指向一个值为 456 的整数类型常量，变量 a3 指向一个值为 789 的整数类型常量，如图 3-5 所示。

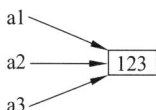

图 3-4　多个变量赋同一个值

图 3-5　多个变量依次赋不同的值

2. 函数 id() 和 type()

在 Python 中，系统会为每一个常量分配一个内存单元，内存单元的地址是这个内存单元在物理内存中的具体位置，内存单元的内容是存放在这个内存单元中的常量。

变量赋值就是让变量指向一个常量的内存地址。

（1）id(对象)：获取变量所指向常量的内存单元地址，其返回值是一个整数类型的数据。为了方便理解，也可以称为变量的地址。

（2）type(对象)：获取变量所指向常量的数据类型，其返回值是一个对象类型的数据。为了方便理解，也可以称为变量的数据类型。

【程序源码】(LX0305.py)

```
1.  a = 123
2.  b1 = b2 = b3 = 1234.56789
3.  c1, c2, c3 = 1 + 2j, True, 'The Zen of Python'
4.  print(a, b1, b2, b3, c1, c2, c3)
5.  print(id(a), id(b1), id(b2), id(b3), id(c1), id(c2), id(c3))
```

【运行结果】

```
123 1234.56789 1234.56789 1234.56789 (1+2j) True The Zen of Python
1842248256 2841503996160 2841503996160 2841503996160 2841526797008
1841754272 2841526943224
```

注意：

（1）Python 在程序运行时会实时为每个常量分配一个内存单元，不再使用的常量系统会自动回收这个内存单元。同一个源程序，每次运行时 id() 的返回值不尽相同；在不同的计算机上运行，id() 的返回值也不尽相同；

（2）Python 为了提高程序的运行效率，将整数类型的常量 −5～256 和布尔类型的常量 True、False 常驻内存，不必每次再进行内存单元的分配和回收；

（3）Python 支持变量的内存自动管理机制，也可以通过语句"del＜变量1，变量2，…，变量 n＞"人工删除变量。

3. 动态数据类型

变量的数据类型和值由赋值时表达式的数据类型和值所决定，Python 语言中的变量，不仅其值可以发生改变，其数据类型也可以随之发生改变，称之为动态数据类型的变量，这也是 Python 语言的一个特色。

【程序源码】(LX0306.py)

```
1.  a = 123
2.  print(a, type(a), id(a))
3.  a = 456
4.  print(a, type(a), id(a))
5.  a = 1234.56789
6.  print(a, type(a), id(a))
7.  a = 1 + 2j
8.  print(a, type(a), id(a))
9.  a = True
10. print(a, type(a), id(a))
11. a = 'The Zen of Python'
12. print(a, type(a), id(a))
```

【运行结果】

```
123 <class 'int'> 1842248256
456 <class 'int'> 2153907313808
1234.56789 <class 'float'> 2153903893168
(1+2j) <class 'complex'> 2153908471440
True <class 'bool'> 1841754272
The Zen of Python <class 'str'> 2153908488424
```

3.8　运算符与表达式

3.8.1　运算符及优先级

Python 语言的运算符及优先级如表 3-6 所示。

表 3-6　运算符及优先级

优先级	运　算　符	功　　能	说　　　明
1	( )	括号	提高优先级
2	**	幂/乘方	
3	～	按位取反	二进制且补码运算规则

优先级	运 算 符	功 能	说 明
4	+、-	正号、负号	正号可以省略
5	*、/、%、//	乘、除、取模、整除	除运算结果为浮点数
6	+、-	加、减	
7	>>、<<	右移、左移	二进制且补码运算规则；左移时低位补0,右移时正数高位补0,负数高位补1
8	&	按位与	二进制且补码运算规则
9	^、|	按位异或,按位或	二进制且补码运算规则
10	<=、<、>、>=	比较运算：小于或等于、小于、大于、大于或等于	
11	==、!=	等于、不等于	只比较值
12	=、% =、/=、//=、- =、+=、* =、**=	赋值运算	
13	is、is not	身份运算：是、不是	既比较值,又比较内存地址
14	in、not in	成员运算：在、不在	
15	and or not	逻辑运算：与、或、非	

3.8.2 表达式

表达式就是用运算符将常量、变量、函数等按照 Python 语言的语法规则连接起来的一个有意义的式子。根据运算符和运算对象的不同,表达式可分为算术表达式、字符串表达式、关系表达式和逻辑表达式。

3.9 单元拓展：内置函数

3.9.1 函数简介

函数是一个具有独立功能的程序段,可以反复调用,提高程序设计的效率和简洁性。函数的三个基本要素是功能、参数和返回值,当然有个别函数没有参数,也有个别函数没有返回值。一个函数有没有参数,其圆括号都不可省略。

Python 的函数分为三大类：系统函数、内置函数和用户函数。

1. 系统函数

系统函数是 Python 自带的函数,它的调用者不是用户,而是 Python 系统本身,如构造函数等。

2. 内置函数

内置函数也是 Python 自带的函数，不需要用户去定义，可以直接调用。

3. 自定义函数

自定义函数是用户根据实际需要通过 def 关键字自己创建的实现某种特定功能的函数。

3.9.2　内置函数

Python 的内置函数丰富且强大，如表 3-7 所示，熟练掌握内置函数并且灵活应用于程序设计中，可以简化算法和程序的设计，提高程序设计的效率。

表 3-7　内置函数一览表

类别	编号	函数名	功能描述	示例
运算函数	1	abs(x)	返回一个数的绝对值。 参数可以是一个整数或浮点数，如果参数是一个复数，则返回它的模	abs(−123) → 123 abs(3+4j) → 5.0
	2	divmod(a, b)	接收两个数字类型（非复数）的参数，返回一个包含商和余数的元组(a // b, a % b)	divmod(9,2) → (4, 1)
	3	max(x, key=None)	返回可迭代对象中最大的元素，或者返回两个及以上实参中的最大值； 如果有多个最大值，则返回第一个值； 可以通过 key 返回最大值	max([1,2,3,4]) → 4 max(1,2,3,4) → 4 max(−1,−2,0,1],key=abs) → −2
	4	min(x, key=None)	返回可迭代对象中最小的元素，或者返回两个及以上实参中的最小值； 如果有多个最小值，则返回第一个值； 可以通过 key 返回最小值	min([1,2,3,4]) → 1 min(1,2,3,4) → 1 max([−1,−2,0,1],key=abs) → 0
	5	pow(x, y[, mod])	返回 x 的 y 次方，如果 mod 存在，则再对结果进行取模	pow(3,2) → 9 pow(3,2,2) → 1
	6	round(x[,n])	返回浮点数 x 的四舍五入值，n 为小数的位数，无 n 则取整	round(123.456789, 3) → 123.457 round(123.456789) → 123
	7	sum(iterable[, start])	对 iterable 中的所有项进行求和，返回再与 start 相加的值； start 默认为 0	sum([1,2,3,4],10) → 20 sum([1,2,3,4]) → 10
类型转换函数	1	bool()	将一个整数 0、浮点数 0.0，复数 0+0j 和空字符串转换为 False，其他的值转换为 True	bool(123) →True bool(0.0) →False
	2	complex([real[, imag]])	返回值为 real ＋ imag * 1j 的复数，或将字符串或数字转换为复数； 如果第一个参数是字符串，则它被解释为一个复数，并且不能有第二个参数； 无参数则返回 0j	complex(1,2) → (1+2j) complex('123') → (123+0j) complex() → 0j

类别	编号	函 数 名	功 能 描 述	示 例
类型转换函数	3	float([x])	将整数和字符串转换为浮点数； 无参数则返回 0.0	float(123) → 123.0 float('123.456') 123.456 float() → 0.0
	4	int([x])	将一个字符串或数字转换为整型； 没有参数则返回 0	int('123') → 123 int(123.456) → 123 int() → 0
	5	str(object)	返回一个对象的 string 格式	str(123) → '123'
	6	bytearray([source[, encoding[，errors]]])	如果 source 为整数，则返回一个长度为 source 的初始化数组； 如果 source 为字符串，则必须提供 encoding 参数，并按照指定的 encoding 将字符串转换为字节序列； 如果 source 为可迭代类型，则元素必须为 [0,255] 中的整数； 如果没有任何参数，则创建大小为 0 的数组	
	7	bytes([source[，encoding[，errors]]])	返回一个新的 bytes 对象，它是 bytearray() 的不可变版本	
	8	memoryview(object)	返回对象的内存查看对象，简单理解为对内存地址的直接访问	
进制转换函数	1	bin()	将一个整数转变为一个前缀为"0b"的二进制字符串	bin(123) → '0b1111011'
	2	hex(x)	将整数转换为以"0x"为前缀的小写十六进制字符串	hex(123) → '0x7b'
	3	oct(x)	将整数转换成八进制的字符串	oct(123) → '0o173'
	4	ord(c)	返回 c 对应的 Unicode 值	ord('A') → 65
	5	chr(i)	返回参数 i 对应的 Unicode 字符。 i 的取值范围为 0 到 1,114,111	chr(65) → 'A'
序列操作函数	1	tuple(seq)	将可迭代系列转换为元组； 无参数则返回一个空元组	tuple([1,2,3,4])→ (1, 2, 3, 4) tuple()→ ()
	2	list()	将元组或字符串转换为列表； 无参数则返回一个空列表	list((1,2,3))→ [1, 2, 3] list('China') → ['C', 'h', 'i', 'n', 'a'] list()→ []
	3	set([iterable])	创建一个集合； 无参数则创建一个空集合	set([1,2,3,4]) → {1, 2, 3, 4} set()→ set()
	4	frozenset([iterable])	返回一个冻结的集合，冻结后集合不能再添加或删除任何元素，也叫不可变集合	frozenset([1, 2, 3]) → frozenset({1, 2, 3})

类别	编号	函 数 名	功 能 描 述	示 例
序列操作函数	5	dict()	创建一个字典; 无参数则返回一个空字典	dict(sid="1001",sname= "胡凡林",sage=20)→{'sid': '1001', 'sname': '胡凡林', 'sage': 20} dict()→ dict()
	6	range([start,] stop[, step])	返回一个从 start 到 stop 之间,步长为 step,前闭后开的可迭代对象; 无 start 则从 0 开始,无 step 则步长为 1	list(range(5))→ [0, 1, 2, 3, 4]
	7	enumerate(sequence, [start=0])	将一个可遍历的数据对象(如列表、元组或字符串)组合为一个索引序列,同时列出下标和数据	list(enumerate(['red','green', 'blue'],start = 1))→[(1, 'red'), (2, 'green'), (3, 'blue')]
	8	iter(object[, sentinel])	返回一个 iterator 对象	
	9	slice(start, stop[, step])	返回一个切片对象,主要用在切片操作函数里的参数传递	
	10	object()	返回一个没有特征的新对象	
	11	super(type[, object-or-type])	调用超类,用来解决多重继承问题	
排序函数	1	sorted(iterable, key=None, reverse=False)	对所有可迭代的对象进行排序,默认为升序,返回一个列表	sorted([2,1,4,3])→[1, 2, 3, 4]
	2	reversed(seq)	返回给定序列的反向迭代器	list(reversed([1,2,3,4])) →[4, 3, 2, 1]
迭代对象函数	1	all(iterable)	如果一个可迭代对象 iterable 的所有元素均为 True 或者 iterable 为空,则返回 True,否则返回 False	all([ ])→True all([1,2,3,4,5])→True all([0,1,2,3,4])→False
	2	any(iterable)	如果一个可迭代对象 iterable 的任一元素为 True,则返回 True,否则返回 False,如果 iterable 为空也返回 False	any([ ])→False any([0,1,2,3,4])→True any([0,0,0,0,0])→False
	3	map(function, iterable, ···)	返回一个将 function 应用于 iterable 中每个元素并输出其结果的迭代器	list(map(lambda x: x * x, [1,2,3,4]))→[1, 4, 9, 16]
	4	filter(function, iterable)	用于过滤序列,过滤掉不符合条件的元素,返回一个迭代器对象	list(filter(lambda x: x%2= =0,[1,2,3,4]))→[2, 4]
	5	next(iter[,default])	返回迭代器的下一个元素。 如果迭代器耗尽,则返回给定的 default,否则触发异常	
	6	zip([iterable,···])	将对象中对应的元素打包成一个个元组,返回由这些元组构成的一个可迭代对象	list(zip([1,2,3],['a','b','c'], [1.1,2.2,3.3,4.4]))→ [(1, 'a', 1.1), (2, 'b', 2.2), (3, 'c', 3.3)]

类别	编号	函 数 名	功 能 描 述	示 例
对象元素操作函数	1	help([object])	查看对象的帮助信息	help(print)
	2	id([object])	返回对象的内存地址	id(123) → 1842248256
	3	type(object)	返回对象的类型; type(name, bases, dict)返回一个新的类型对象	type(123) → <class 'int'>
	4	dir([object])	如果没有参数,则返回当前范围中的名称;带参数时,返回对象的属性、方法列表	dir(print)
	5	len(object)	返回对象的长度	len('China') → 5
	6	hash(object)	返回对象的哈希值	
	7	ascii(object)	返回对象的纯 ASCII 表示形式	ascii('China') → "'China'" ascii('China-中国') → "'China-\\u4e2d\\u56fd'"
	8	repr(object)	返回包含一个对象的可打印表示形式的字符串	repr(123) → '123'
	9	vars([object])	返回对象的属性和属性值的字典对象	
	10	format(value[, format_spec])	格式化字符串	
属性操作函数	1	isinstance(object, classinfo)	判断一个对象是否是一个已知的类型	isinstance(123,int) → True isinstance(123,str) → False
	2	issubclass(class, classinfo)	判断参数 class 是否是类型参数 classinfo 的子类	
	3	getattr(object, name[, default])	返回 object 对象的 name 属性的值;如果指定的属性不存在,但是提供了 default 值,则返回它,否则触发异常	
	4	hasattr(object, name)	如果 name 是对象 object 的属性名之一,则返回 True,否则返回 False	
	5	setattr(object, name, value)	给对象的属性设置属性值	
	6	delattr(object,name)	删除对象 object 的名为 name 的属性	
	7	callable(object)	检查一个对象是否可调用,可调用则返回 True,否则返回 False	
	8	__import__(name[, globals[, locals[, fromlist[, level]]]])	动态加载类和函数	
变量函数	1	globals()	返回包含当前作用域的全局变量的字典	
	2	locals()	以字典类型返回当前位置的全部局部变量	

类别	编号	函 数 名	功 能 描 述	示 例
人机交互函数	1	print(* objects, sep= '', end='\n', file= sys.stdout, flush=False)	将 objects 打印到 file 指定的文本流, 默认为 sys.stdout	print（" Hello World"）→ Hello World
	2	input([prompt information])	接受一个标准输入数据, 返回为 string 类型	
	3	open(file, mode = 'r', buffering＝－1, encoding=None, errors=None, newline= None, closefd = True, opener=None)	打开一个文件, 并返回文件对象	
编译函数	1	compile(source,filename, mode, flags＝0, dont _ inherit = False, optimize＝－1)	将 source 编译成代码或 AST 对象。代码对象可以被 exec() 或 eval() 执行	
	2	eval （ expression ［, globals［, locals]])	执行一个字符串表达式, 并返回表达式的值	eval("1＋2 * 3") → 7
	3	exec （ object ［, globals ［, locals]])	执行存储在字符串或文件中的 Python 语句	exec （" print（'Hello World'）"）→ Hello World
装饰器函数	1	breakpoint(* args, ** kws)	调用 sys.breakpointhook(), 直接传递 args 和 kws, 进入 pdb 调试器	
	2	classmethod()	将一个方法封装成类方法, 该方法不需要实例化, 也不需要 self 参数, 第一个参数是表示自身类的 cls 参数, 可以用来调用类的属性和方法	
	3	property ([fget [, fset [, fdel [, doc]]]])	在新式类中返回属性值	
	4	staticmethod()	将方法转换为静态方法	

3.10 项 目 训 练

3.10.1 变量交换

（1）项目编号：XMXL0301。
（2）项目要求：交换两个变量的值,打印输出原值、类型、地址和交换后的值、类型和地址。
（3）程序源码。

```
1.  #-*-coding:UTF-8-*-
```

```
 2.   """
 3.   项目编号:XMXL0301
 4.   交换两个变量的值,打印输出原值、类型、地址和交换后的值、类型和地址
 5.   """
 6.
 7.   a = 123
 8.   b = "China"
 9.  print(a, b)
10.  print(type(a), type(b))
11.  print(id(a), id(b))
12.  a, b = b, a
13.  print(a, b)
14.  print(type(a), type(b))
15.  print(id(a), id(b))
```

（4）运行结果。

```
123 China
<class 'int'> <class 'str'>
1437039168 1325127422728
China 123
<class 'str'> <class 'int'>
1325127422728 1437039168
```

3.10.2　计算 BMI

（1）项目编号：XMXL0302。

（2）项目要求：BMI（Body Mass Index，身体质量指数、身体体质指数、身体体重指数），用身体体重千克数除以身高米数的平方所得出的一个数字，是国际上常用的衡量人体胖瘦程度以及是否健康的一个标准，如图 3-6 所示。

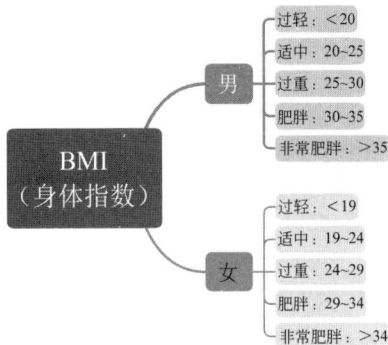

图 3-6　BMI 标准

（3）程序源码。

```
 1.  #- * - coding:UTF-8 - * -
 2.  """
 3.  项目编号:XMXL0302
 4.  项目要求:已知一个人的身高 h(m) 和体重 g(kg),计算其 BMI 并且输出
 5.  """
 6.
 7.  h = 1.78
 8.  g = 73.5
 9.  BMI = g / (h * h)
10.  print(BMI)
```

（4）运行结果。

23.197828557000378

3.10.3　查看关键字

（1）项目编号：XMXL0303。

（2）项目要求：调用 Python 标准库 keyword，显示当前 Python 版本的所有关键字，并且统计个数。

（3）程序源码。

```
 1.  #- * - coding:UTF-8 - * -
 2.  """
 3.  项目编号:XMXL0303
 4.  项目要求:调用 Python 标准库 keyword,显示当前 Python 版本的所有关键字,并且统计
          个数
 5.  """
 6.
 7.  import keyword
 8.  python_kw = keyword.kwlist
 9.  print(python_kw)
10.  print(len(python_kw))
```

（4）运行结果。

['False', 'None', 'True', 'and', 'as', 'assert', 'break', 'class', 'continue',
'def', 'del', 'elif', 'else', 'except', 'finally', 'for', 'from', 'global', 'if',
'import', 'in', 'is', 'lambda', 'nonlocal', 'not', 'or', 'pass', 'raise', 'return',
'try', 'while', 'with', 'yield']
33

注意：keyword.kwlist 返回的是一个字符串列表类型的数据。

3.11 习 题

1. 判断题

(1) Python 变量使用前必须先声明,并且一旦声明就不能在当前作用域内改变其类型。
（　　）

(2) Python 不允许使用关键字作为变量名,允许使用内置函数名作为变量名,但是这会改变原函数名的含义。
（　　）

(3) Python 变量名必须以字母或下画线开头,并且字母区分大小写。
（　　）

(4) 只有 Python 第三方库需要导入以后才能使用其中的对象和方法,标准库不需要导入就可以使用所有的对象和方法。
（　　）

(5) 使用 import 语句可以一次导入任意多个标准库或第三方库。
（　　）

(6) ceil(x)返回大于或等于 x 的最小整数(向上取整)。
（　　）

(7) floor(x)返回小于或等于 x 的最大整数(向下取整)。
（　　）

(8) 字符串函数 s.capitalize()返回的单词仅首字母大写,其余字母小写;s.title()返回的单词首字母大写,其余字母小写。
（　　）

(9) 字符串函数 s.find(t[m[n]])返回 t 在 s 中首次出现的位置,否则返回-1。（　　）

(10) 字符串函数 s.index(t[m[n]])返回 t 在 s 中首次出现的位置,否则返回-1。
（　　）

2. 单选题

函数 bin()、oct()和 hex()把十进制整数转换为二进制、八进制和十六进制,转换之后的数据是(　　)。

A. 整数类型

B. 浮点型类型

C. 字符串类型

D. 对应的二进制型、八进制型和十六进制型

第4章

控制结构与异常处理

Python 语言既支持结构化程序设计方法,也支持面向对象程序设计方法。在结构化程序设计方法中,程序由顺序结构、分支结构和循环结构三种基本结构有机构成。

4.1　三种基本结构

4.1.1　顺序结构

在结构化程序设计中,顺序结构是最基本,也是使用最多的结构,程序从上到下依次执行,其执行流程如图 4-1 所示。

4.1.2　分支结构

分支结构是首先判断一个表达式的值,然后根据表达式值的真假选择性执行某一分支。

1. 单分支结构

单分支结构是如果表达式的值为真则执行相应的分支语句或语句块,如果表达式的值为假则直接退出分支结构,其流程图如图 4-2 所示。

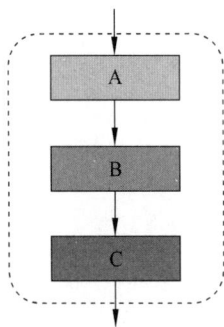

图 4-1　顺序结构

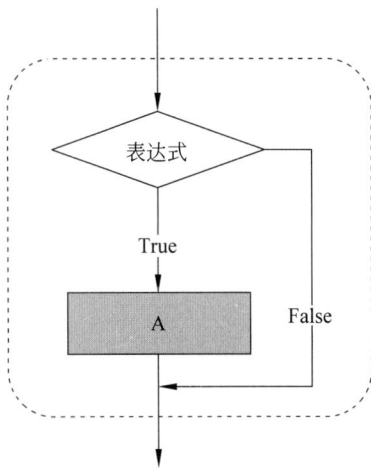

图 4-2　单分支结构

单分支结构有以下两种实现格式。

(1)if 表达式:语句;
(2)if 表达式:
　　　语句块

注意：分支结构中的语句块要整体缩进四个空格。

【程序源码】(LX0401.py)

```
1.  s = ""
2.  if len(s) <= 0 : print('这是一个空字符串')
```

【运行结果】

这是一个空字符串

【程序源码】(LX0402.py)

```
1.  s = "The Zen of Python"
2.  if len(s) > 0 :
3.      print("这是一个非空字符串")
4.      print(s.upper())
```

【运行结果】

这是一个非空字符串
THE ZEN OF PYTHON

2. 双分支结构

双分支结构是首先判断表达式的值,如果值为真则执行一个分支,值为假则执行另一个分支,其流程图如图 4-3 所示。

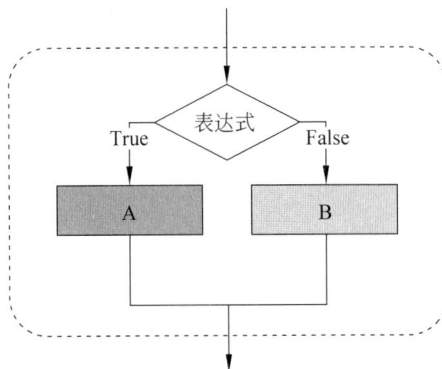

图 4-3　双分支结构

双分支结构也有以下两种实现格式。

(1) v = 表达式 1 if 表达式 else 表达式 2;

(2) if 表达式:

　　　语句块 A

　else:

　　　语句块 B

【程序源码】(LX0403.py)

```
1.  a1 = 10
2.  a2 = 11
3.  s1 = "偶数" if a1 % 2 ==0 else "奇数"
4.  s2 = "偶数" if a2 % 2 ==0 else "奇数"
5.  print(a1, "是一个", s1)
6.  print(a2, "是一个", s2)
```

【运行结果】

10 是一个偶数

11 是一个奇数

【程序源码】(LX0404.py)

```
1.  s = "The Zen of Python"
2.  if len(s) <= 0 :
3.      print("这是一个空字符串")
4.  else:
5.      print("这是一个非空字符串")
6.      print(s.upper())
```

【运行结果】

这是一个非空字符串

THE ZEN OF PYTHON

3. 多分支结构

多分支结构就是有两个以上的分支,有以下两种实现格式。

(1) if 语句的嵌套,一个五分支的流程图类似于图 4-4 所示。

(2) if 表达式 1:

　　　语句块 1

　elif 表达式 2:

　　　语句块 2

　……

　elif 表达式 n:

　　　语句块 n

　[else:

　　　语句块 n+1]

一个四分支的流程图如图 4-5 所示。

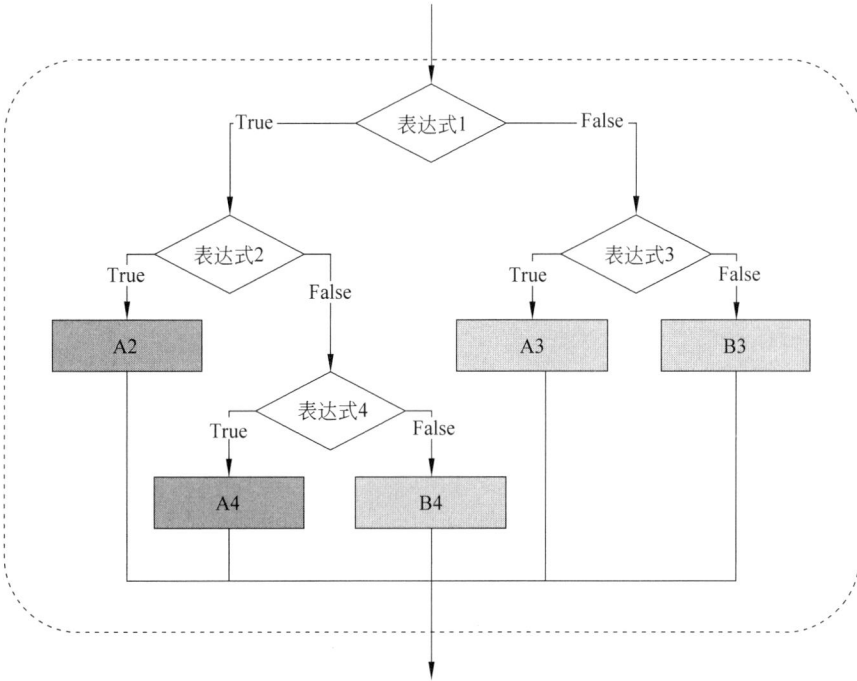

图 4-4 if 语句的嵌套

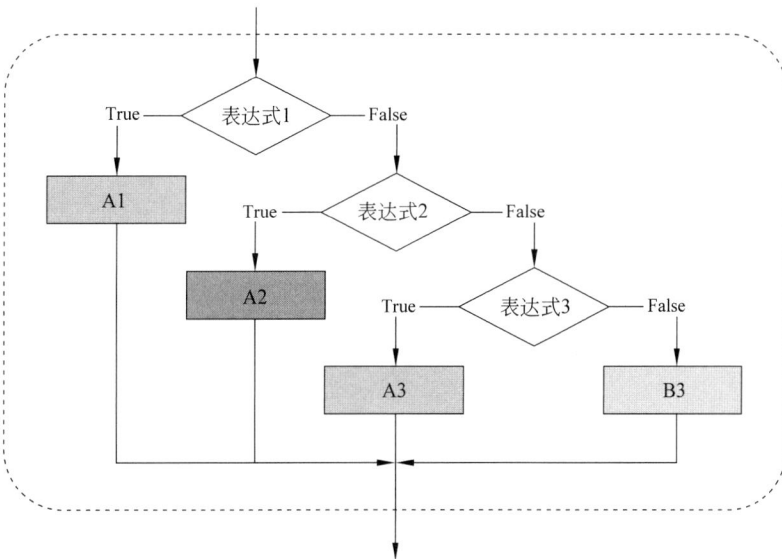

图 4-5 if-elif-else 结构

【程序源码】(LX0405.py)

```
1.  import time
```

```
2.
3.  t1 = time.time()                    #获取系统时间
4.  t2 = time.localtime()               #获取系统时间的结构化数据
5.
6.  hour = t2.tm_hour                   #获取系统时间的小时数
7.
8.  if hour >= 0 and hour < 6:
9.      print("信息工程学院欢迎您,凌晨好!")
10. elif hour >= 6 and hour < 12:
11.     print("信息工程学院欢迎您,上午好!")
12. elif hour >= 12 and hour < 18:
13.     print("信息工程学院欢迎您,下午好!")
14. elif hour >=18 and hour < 24:
15.     print("信息工程学院欢迎您,晚上好!")
16. else:
17.     print("有错误发生!")
```

【运行结果】

信息工程学院欢迎您,上午好!

4.1.3　循环结构

循环结构是通过判断一个表达式的值,根据表达式值的真假选择性重复执行一个语句块,或者是在某个序列类型的数据中进行逐个元素的遍历。

1. while 循环

while 循环是首先判断表达式的值,如果值为真则执行循环体,执行完循环体后返回去继续判断表达式的值,依次重复;如果表达式的值为假,则退出循环体选择性地执行 else 中的语句块,其流程图如图 4-6 所示。

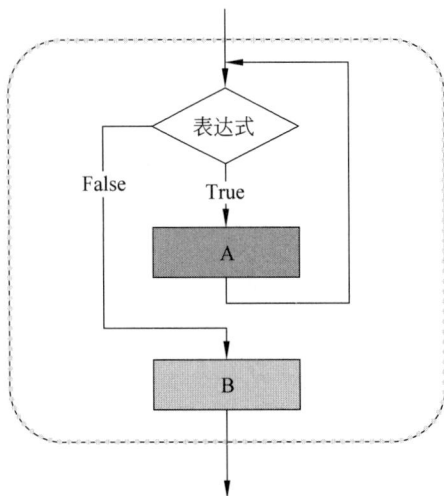

图 4-6　while 循环

while 循环的实现格式如下。

```
while 表达式:
    语句块 A
[else:
    语句块 B]
```

【程序源码】(LX0406.py)

```
1.  #输出 1~n 的所有偶数,并且统计其个数
2.  n = 50
3.  i = 1
4.  sum = 0
5.  while i <= n:
6.      if i % 2 == 0:
7.          sum = sum + 1
8.          print(i, end = ' ') #print()函数在默认情况下,输出结束后会自动回车换行,
        end 参数可以对其进行修改
9.      i = i + 1
10. else:
11.     print()
12.     print(sum)
```

【运行结果】

```
2 4 6 8 10 12 14 16 18 20 22 24 26 28 30 32 34 36 38 40 42 44 46 48 50
25
```

2. for 循环

for 循环主要用来对序列类型数据元素执行遍历,即对序列类型数据中的每个元素进行一次顺序访问。Python 中的序列类型数据有 range()、字符串、列表、元组、集合、字典等,其实现格式如下。

```
for 变量 in 序列类型数据:
    循环体
[else:
    语句块]
```

【程序源码】(LX0407.py)

```
1.  #统计字符串中有多少个空格
2.  s = "The Zen of Python"
3.  sum = 0
4.  for c in s:
5.      if c == ' ':
6.          sum = sum + 1
7.  else:
8.      print("这个字符串中共有", sum ,"个空格。")
```

【运行结果】

这个字符串中共有 3 个空格。

4.1.4 循环结构特殊语句

1. break 语句

break 语句用在循环体中,用来结束本层循环,直接执行本层循环后面的语句,其流程图如图 4-7 所示。

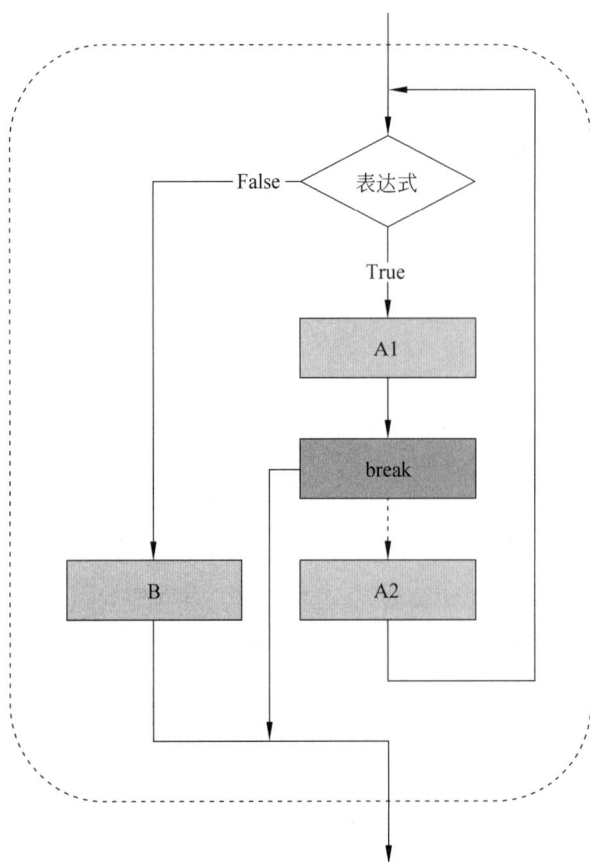

图 4-7　break 语句流程图

【程序源码】(LX0408.py)

```
1. n = 50
2. i = 0
3. while i < 50:
4.     i = i + 1
5.     if i % 5 == 0:
```

```
6.          break
7.      print(i, end = ',')
```

【运行结果】

```
1,2,3,4,
```

2. continue 语句

continue 语句用在循环体中,用来结束本次循环,直接跳转到下一次循环的条件判断上,其流程图如图 4-8 所示。由于 break 语句"破坏"了循环的正常结束,因此如果循环结构中有 else 部分也不会被执行。

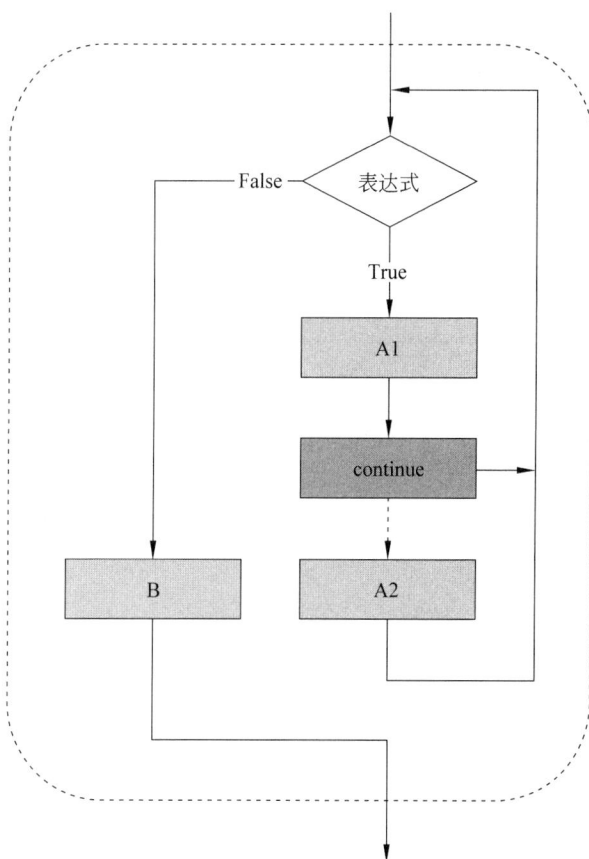

图 4-8　continue 语句流程图

【程序源码】(LX0409.py)

```
1.  n = 50
2.  i = 0
3.  while i < 50:
```

```
4.    i = i + 1
5.    if i % 5 == 0:
6.        break
7.    print(i, end = ',')
```

【运行结果】

1, 2, 3, 4, 6, 7, 8, 9, 11, 12, 13, 14, 16, 17, 18, 19, 21, 22, 23, 24, 26, 27, 28, 29, 31, 32, 33, 34, 36, 37, 38, 39, 41, 42, 43, 44, 46, 47, 48, 49,

4.2 函数 range()

range()函数是 Python 的一个内置函数,用来自动生成一个 range 类型的序列,其格式为

range([start,] stop[, step])

其中,start、stop、step 是整数类型,功能是返回一个从 start 到 stop 之间,步长为 step,前闭后开的 range 类型的序列,无 start 则默认从 0 开始,无 step 则默认步长为 1。

【程序源码】(LX0410.py)

```
1.  r1 = range(11)
2.  print(r1, type(r1))
3.  for i in r1:
4.      print(i, end = ' ')
5.  print()
6.
7.  r2 = range(1, 11)
8.  for i in r2:
9.      print(i, end = ' ')
10. print()
11.
12. r3 = range(1, 11, 2)
13. for i in r3:
14.     print(i, end = ' ')
15. print()
```

【运行结果】

```
range(0, 11) <class 'range'>
0 1 2 3 4 5 6 7 8 9 10
1 2 3 4 5 6 7 8 9 10
1 3 5 7 9
```

4.3 异常处理

异常是指在程序运行过程中,由于各种原因引发错误的现象。

异常处理是指根据出现异常的原因,确定异常的种类,设计相应处理程序的过程,异常处理包括捕捉异常和处理异常两部分。

4.3.1 程序设计中的错误类型

在程序设计和调试过程中,会遇到各种各样的错误,导致程序无法正常编译、无法运行、得不到正确的结果等现象,常见的错误类型有 4 种:语法错误、运行错误、逻辑错误、开发错误。

1. 语法错误

语法错误是指在程序设计过程中,在输入编辑程序时,输入的内容不符合程序设计语言的语法规则而导致的错误,例如关键字拼写错误、大小错误、标点符号错误等。在编译时,IDE 会自动指出语法错误并给出提示,容易发现和修改。

2. 运行错误

运行错误是指程序编译无问题,但是程序运行时会中断或无法正常结束,得不到结果,例如下标越界、数据类型不匹配、零作为除数、死循环等导致的错误。

3. 逻辑错误

逻辑错误是指虽然整体程序符合语法规范,也能够正常编译和运行,但是运行后结果不正确,得不到预期的结果,例如算法设计中使用的公式不对、语句顺序不对、算法逻辑结构不对等。这种错误主要是算法设计有问题,比较难发现。

4. 开发错误

开发错误是指程序能够正常运行,也有正确的结果,但是在开发的时候,偏离了客户的要求,达不到客户的满意度。

4.3.2 Python 标准异常

Python 语言的标准异常如表 4-1 所示。

表 4-1　Python 标准异常

序　号	异　常　类　型	描　　　　　述
1	BaseException	所有异常的基类
2	SystemExit	解释器请求退出

序号	异 常 类 型	描 述
3	KeyboardInterrupt	用户中断执行(通常是输入^C)
4	Exception	常规错误的基类
5	StopIteration	迭代器没有更多的值
6	GeneratorExit	生成器发生异常通知退出
7	StandardError	所有的内建标准异常的基类
8	ArithmeticError	所有数值计算错误的基类
9	FloatingPointError	浮点计算错误
10	OverflowError	数值运算超出最大限制
11	ZeroDivisionError	除零
12	AssertionError	断言语句失败,即条件不成立
13	AttributeError	对象没有这个属性
14	EOFError	文件读写 EOF 错误
15	EnvironmentError	操作系统错误的基类
16	IOError	输入/输出操作失败
17	OSError	操作系统错误
18	WindowsError	系统调用失败
19	ImportError	导入模块/对象失败
20	LookupError	无效数据查询的基类
21	IndexError	序列中没有此索引
22	KeyError	映射中没有这个键
23	MemoryError	内存溢出错误
24	NameError	未声明/初始化对象没有属性
25	UnboundLocalError	访问未初始化的本地变量
26	ReferenceError	弱引用试图访问已经回收了的对象
27	RuntimeError	一般运行错误
28	NotImplementedError	尚未实现的方法
29	SyntaxError	Python 语法错误
30	IndentationError	缩进错误
31	TabError	Tab 和空格混用错误
32	SystemError	一般的解释器系统错误
33	TypeError	对类型无效的操作
34	ValueError	传入无效的参数
35	UnicodeError	Unicode 相关的错误

序 号	异 常 类 型	描　　述
36	UnicodeDecodeError	Unicode 解码时错误
37	UnicodeEncodeError	Unicode 编码时错误
38	UnicodeTranslateError	Unicode 转换时错误
39	Warning	警告的基类
40	DeprecationWarning	关于被弃用特征的警告
41	FutureWarning	关于构造将来语义会有改变的警告
42	OverflowWarning	旧的关于自动提升为长整型的警告
43	PendingDeprecationWarning	关于特性将会被废弃的警告
44	RuntimeWarning	可疑的运行时行为的警告
45	SyntaxWarning	可疑的语法的警告
46	UserWarning	用户代码生成的警告

4.3.3　捕捉异常

Python 语言捕捉异常的格式如下。

```
try:
    可能异常块
except 异常名称 1[,异常名称,…][as ex1]:
    异常信息块
……
[except 异常名称 n[,异常名称,…][as exn]:
    异常信息块]
[except:
    默认异常块]
[else:
    正常信息块]
[finally:
    永久执行块]
```

1. 正常程序

下面首先看一个正常运行的程序。

【程序源码】(LX0411.py)

```
1. x = 10
2. y = 3
3. try:
4.     z = x / y
```

```
5.  except Exception as ex:
6.      print("出现异常!")
7.      print("异常类型:",ex.__class__.__name__)
8.      print("异常信息:",ex)
9.  else:
10.     print("x / y = ", z)
11. finally:
12.     print("程序运行结束!")
```

【运行结果】

x / y = 3.3333333333333335
程序运行结束!

2. 常规捕捉异常

常规捕捉就是只知道可能会出现异常,但是不知道异常的具体类型和名称,则可以使用Exception进行常规异常的捕捉。

【程序源码】(LX0412.py)

```
1.  x = 10
2.  y = 0
3.  try:
4.      z = x / y
5.  except Exception as ex:
6.      print("出现异常!")
7.      print("异常类型:",ex.__class__.__name__)
8.      print("异常信息:",ex)
9.  else:
10.     print("x / y = ", z)
11. finally:
12.     print("程序运行结束!")
```

【运行结果】

出现异常!
异常类型: ZeroDivisionError
异常信息: division by zero
程序运行结束!

3. 精准捕捉异常

精准捕捉就是在程序设计时已经清楚地知道了可能会出现哪种类型的异常,也知道异常的具体名称,则可以采用精准异常的捕捉。

【程序源码】(LX0413.py)

```
1.  x = 10
```

```
2.   y = 0
3.   try:
4.       z = x / y
5.   except ZeroDivisionError:
6.       print("出现了除数为零的异常!")
7.   else:
8.       print("x / y = ", z)
9.   finally:
10.      print("程序运行结束!")
```

【运行结果】

出现了除数为零的异常!
程序运行结束!

通过上述实例可以发现,使用了异常处理机制之后,即使程序运行中出现了错误,也不会中断程序的运行,程序仍能正常结束,从而提高了程序的健壮性,这也是一个好的程序员必须具备的编程能力和素质。

4.3.4 异常处理

在程序设计中,不但要进行捕捉异常,而且要针对出现的异常给出相应的具体处理方法,保证程序的正确运行。

【程序源码】(LX0414.py)

```
1.   """输入一个整数,输出它的位数"""
2.   while True:
3.       try:
4.           n = input("请输入一个整数 n:")
5.           n = int(n)
6.           print(n)
7.       except Exception as ex:
8.           print("输入的数据有误!")
9.           print(ex.__class__.__name__)
10.          print(ex)
11.      else:
12.          n = abs(n)
13.          s = str(n)
14.          print(len(s))
15.          break
```

【运行结果】

请输入一个整数 n:123.456
输入的数据有误!
ValueError
invalid literal for int() with base 10: '123.456'

```
请输入一个整数 n:china
输入的数据有误！
ValueError
invalid literal for int() with base 10: 'china'
请输入一个整数 n:1+2j
输入的数据有误！
ValueError
invalid literal for int() with base 10: '1+2j'
请输入一个整数 n:True
输入的数据有误！
ValueError
invalid literal for int() with base 10: 'True'
请输入一个整数 n:123456
123456
6
```

4.4 单元拓展：标准库 Turtle

Turtle(海龟)是 Python 的标准库之一,是一个简单易用的入门级图形绘制函数库。其绘图的基本原理是有一只海龟在窗体正中心,海龟通过在画布上移动,走过的轨迹形成了绘制的图形,海龟的移动由程序控制,可以改变颜色、宽度和方向等。

4.4.1 窗体与画布

用 Turtle 进行绘图时,首先要建立一个绘图窗体,就是一个活动窗口,然后在窗体中设置一个画布,所有绘制操作都在画布上进行。

1. 窗体

```
turtle.setup(width=x, height=y, startx=None, starty=None)
```

功能：设置窗体的大小和位置。

参数 width 和 height 分别表示窗体的宽度和高度,取值为整数时表示像素,取值为小数时表示所占电脑屏幕的比例,无参数时窗体占电脑屏幕一半的大小。

参数 startx 和 starty 表示生成窗体的左上角在电脑屏幕上的坐标位置,无参数则生成的窗体位于电脑屏幕的中心。

此语句在生成窗体的同时隐含定义一个画布。

2. 画布

```
turtle.screensize(canvwidth=None, canvheight=None, bg=None)
```

功能：设置画布的大小和颜色。

参数分别为画布的宽度(单位：像素)、高度(单位：像素)、背景颜色。无参数则生成一个 400×300 大小、白色背景的画布。

3. 窗体与画布之间的大小关系

如果设置的画布大于窗体,则会在窗体中出现滚动条;如果设置的画布小于窗体,则画布自动填充占满整个窗体。

4.4.2 坐标与角度

1. 坐标体系

Turtle 生成一个窗体后,其坐标体系如图 4-9 所示,中心点的坐标是(0,0),向右为 X 轴正方向,向上为 Y 轴正方向。

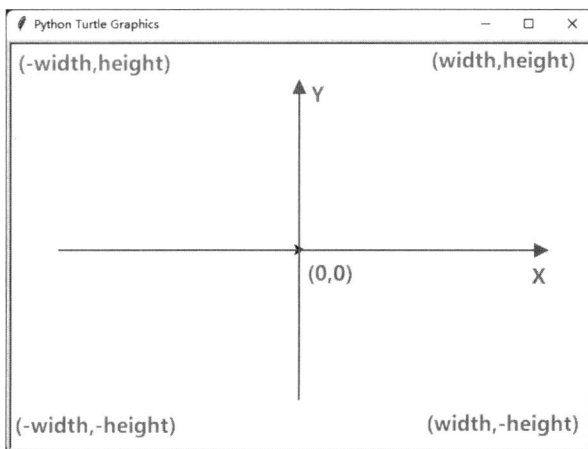

图 4-9　Turtle 坐标体系

2. 角度体系

Turtle 的角度体系如图 4-10 所示。

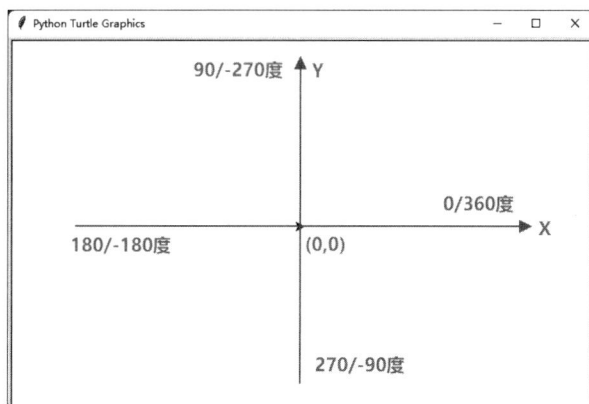

图 4-10　Turtle 角度体系

4.4.3 颜色体系

Turtle 在绘图时有 4 种颜色表示方式,分别是颜色的英文名称、RGB 整数值、RGB 小数值和以"♯"开头的 6 位十六进制值,例如 red、(255,0,0)、(1,0,0)、♯FF0000 均表示红色。

4.4.4 绘制图形

1. 画笔的状态

画笔就是海龟,有两种基本状态,即位置坐标和方向。默认位置坐标为(0,0),默认方向为 X 轴正方向。

2. 画笔移动命令

画笔的移动命令及含义如表 4-2 所示。

表 4-2 画笔移动命令及含义

序号	属　性	含　义
1	turtle.home()	将海龟移动到起点(0,0)和 X 正方向
2	turtle.speed(speed)	设置画笔的移动速度,取值范围为 0~10 的整数,值越大移动速度越快
3	turtle.forward(distance)	向当前画笔方向移动 distance 像素长度
4	turtle.backward(distance)	向当前画笔相反方向移动 distance 像素长度
5	turtle.right(degree)	顺时针旋转 degree 度
6	turtle.left(degree)	逆时针旋转 degree 度
7	turtle.pendown()	放下笔,移动时绘制图形,默认状态
8	turtle.penup()	提起笔,移动时不绘制图形
9	turtle.circle(r, extent, step)	绘制一个指定半径、弧度范围、阶数的圆
10	turtle.dot(diameter, color)	绘制一个指定直径和颜色的圆
11	turtle.goto(x, y)	将画笔移动到(x, y)坐标处

3. 画笔控制命令

画笔控制命令及含义如表 4-3 所示。

表 4-3 画笔控制命令及含义

序号	属　性	含　义
1	turtle.pencolor()	返回画笔的颜色(无参数)或设置画笔的颜色(有参数)
2	turtle.pensize(width)	设置画笔宽度

序号	属　　性	含　　义
3	turtle.color(color1，color2)	同时设置 pencolor＝color1，fillcolor＝color2
4	turtle.filling()	返回当前是否在填充状态
5	turtle.begin_fill()	准备开始填充图形
6	turtle.end_fill()	填充完成
7	turtle.hideturtle()	隐藏画笔的 turtle 形状
8	turtle.showturtle()	显示画笔的 turtle 形状

4. 画笔全局控制命令

画笔的全局控制命令及含义如表 4-4 所示。

表 4-4　画笔全局控制命令及含义

序号	属　　性	含　　义
1	turtle.clear()	清空窗口,但是 turtle 的位置和状态不会改变
2	turtle.reset()	清空窗口,重置 turtle 状态为初始状态
3	turtle.undo()	取消最后一个图的操作
4	turtle.isvisible()	返回当前 turtle 是否可见
5	turtle.stamp()	复制当前图形
6	turtle.write（s，［font＝（"font-name"，font_size,"font_type"）]）	写文本,s 为文本内容,font 是字体参数,参数内容分别为字体名称、大小和类型

5. 其他命令

画笔的其他命令及含义如表 4-5 所示。

表 4-5　画笔其他命令及含义

序号	属　　性	含　　义
1	turtle.mainloop()/turtle.done()	启动事件循环,绘制完毕不会自动关闭绘图窗体,需要手动关闭,此语句放在程序的最后一行
2	turtle.mode(mode＝None)	设置乌龟模式（"standard"，"logo(向北或向上)"或"world()"）并执行重置,无参数则返回当前模式

4.5　项 目 训 练

4.5.1　计算 BMI(高级版)

(1) 项目编号：XMXL0401。

（2）项目要求：请根据提示依次输入体重（千克）、身高（米）和性别（男/女），计算其BMI，并且给出过轻、适中、过重、肥胖和非常肥胖的提示信息。

（3）程序源码。

```python
1.  #-*- coding:UTF-8 -*-
2.  """
3.  项目编号:XMXL0401
4.  项目要求:请根据提示依次输入体重(千克),身高(米)和性别(男/女),计算其BMI,并且给出
    过轻、适中、过重、肥胖和非常肥胖的提示信息
5.  """
6.  while True:
7.      try:
8.          h = float(input("请输入您的身高(单位:米):"))
9.          g = float(input("请输入您的体重(单位:千克):"))
10.         sex = str(input("请输入您的性别(男/女):"))
11.     except:
12.         print("输入的数据有误,请您重新输入!")
13.     else:
14.         bmi = g / (h * h)
15.         print("您的BMI为:", bmi)
16.         if sex == '男':
17.             if bmi < 20:
18.                 print("过轻!")
19.             elif bmi >=20 and bmi < 25:
20.                 print("适中!")
21.             elif bmi >= 25 and bmi < 30:
22.                 print("过重!")
23.             elif bmi >= 30 and bmi < 35:
24.                 print("肥胖!")
25.             else:
26.                 print("非常肥胖!")
27.         elif sex == '女':
28.             if bmi < 19:
29.                 print("过轻!")
30.             elif bmi >= 19 and bmi < 24:
31.                 print("适中!")
32.             elif bmi >= 24 and bmi < 29:
33.                 print("过重!")
34.             elif bmi >= 29 and bmi < 34:
35.                 print("肥胖!")
36.             else:
37.                 print("非常肥胖!")
38.         else:
39.             print("输入的性别有误!")
40.         break
```

（4）运行结果。

请输入您的身高(单位:米):1.78

请输入您的体重(单位:千克):73
请输入您的性别(男/女):男
您的 BMI 为: 23.04002019946976
适中!

请输入您的身高(单位:米):1.70
请输入您的体重(单位:千克):50
请输入您的性别(男/女):女
您的 BMI 为: 17.301038062283737
过轻!

4.5.2 统计浮点数的位数

（1）项目编号：XMXL0402。

（2）项目要求：输入一个浮点数,输出这个浮点数总共有多少位(不包括小数点和正负号)。

（3）程序源码。

```
1.  #- * - coding:UTF-8 - * -
2.  """
3.  项目编号:XMXL0402
4.  项目要求:输入一个浮点数,输出这个浮点数总共有多少位(不包括小数点和正负号)
5.  """
6.  while True:
7.      try:
8.          f = input("请输入一个浮点数:")
9.          f = float(f)
10.     except ValueError as VE:
11.         print("输入的数据有误!")
12.         print(VE)
13.         print(VE.__class__.__name__)
14.     else:
15.         f1 = abs(f)
16.         s = str(f1)
17.         s = s.replace('.','')
18.         print(f, len(s))
19.         break
```

（4）运行结果。

请输入一个浮点数:China
输入的数据有误!
could not convert string to float: 'China'
ValueError
请输入一个浮点数:1+2j
输入的数据有误!
could not convert string to float: '1+2j'
ValueError
请输入一个浮点数:True

输入的数据有误！
could not convert string to float: 'True'
ValueError
请输入一个浮点数:-123.456
-123.456 6

4.5.3　绘制五角星

（1）项目编号：XMXL0403。

（2）项目要求：应用 turtle 生成一个 500×400 像素大小的窗体，设置一个红色的画布，在画布正上方绘制一个黄色的五角星，画布的正下方书写"我爱你，中国！"，如图 4-11 所示。

图 4-11　绘制五角星

（3）程序源码。

```
1.  #-*-coding:UTF-8-*-
2.  """
3.  项目编号:XMXL0403
4.  项目要求:应用 turtle 生成一个 500×400 像素大小的窗体,设置一个红色的画布,在画布
    正上方绘制一个黄色的五角星,画布的正下方写"我爱你,中国!"
5.  """
6.
7.  import turtle
8.  turtle.setup(500,400)
9.  turtle.screensize(400,300,'red')
10. turtle.color('yellow','yellow')
11. turtle.penup()
12. turtle.backward(100)
13. turtle.left(90)
14. turtle.forward(100)
15. turtle.right(90)
16. turtle.pendown()
17. turtle.begin_fill()
18. for i in range(5):
19.     turtle.forward(200)
20.     turtle.right(144)
21. turtle.end_fill()
```

```
22. turtle.penup()
23. turtle.goto(-120,-100)
24. turtle.pendown()
25. turtle.write("我爱你,中国!",font=("微软雅黑",30))
26. turtle.done()
```

（4）运行结果。

运行结果如图 4-11 所示。

4.6　习　　题

1. 判断题

带有 else 子句的循环结构中,如果执行了 break 语句而退出,则会执行 else 子句中的代码。　　　　　　　　　　　　　　　　　　　　　　　　　　　　　　（　　）

2. 单选题

（1）执行下列 Python 语句,结果是（　　）。

```
x=2
y=2.0
if(x==y):
    print("Equal")
else:
    print("Not Equal")
```

　　A. Equal　　　　　　B. Not Equal　　　　C. 编译错误　　　　D. 运行错误

（2）执行下列 Python 语句,结果是（　　）。

```
i=1
if(i):
    print(True)
else:
    print(False)
```

　　A. 1　　　　　　　B. True　　　　　　C. False　　　　　D. 编译错误

（3）下列 for 循环结构中,（　　）不能完成 1～10 的累加功能。

　　A. for i in range(10,0)：total+=i

　　B. for i in range(1,11)：total+=i

　　C. for i in range(10,0,-1)：total+=i

　　D. for i in range(10,9,8,7,6,5,4,3,2,1)：total+=i

（4）下列的 if 语句,（　　）可以正确统计满足"性别(gender)为男、职称(rank)为教授、年龄(age)小于 40 岁"条件的人数。

　　A. if(gender=="男" or age<40 and rank=="教授")：n+=1

B. if(gender=="男" and age<40 and rank=="教授")：n+=1

C. if(gender=="男" and age<40 or rank=="教授")：n+=1

D. if(gender=="男" or age<40 or rank=="教授")：n+=1

(5) 关于 Python 循环结构的描述，(   )是错误的描述。

A. Python 通过 for、while 等保留字构建循环结构

B. 遍历循环中的对象可以是字符串、文件、组合数据类型和 range()函数等

C. continue 语句结束整个循环过程，不再判断循环的执行条件

D. continue 语句结束当前当次循环，但不跳出当前的循环体

(6) 下列 if 语句，(   )可以正确统计"成绩(score)优秀的男生以及不及格的男生"的人数。

A. if(gender=="男" and score<60 or score>=90)：n+=1

B. if(gender=="男" and score<60 and score>=90)：n+=1

C. if(gender=="男" and（score<60 or score>=90)）：n+=1

D. if(gender=="男" or score<60 or score>=90)：n+=1

(7) 关于 Python 的无限循环，(   )是错误的描述。

A. 无限循环通过 while 保留字构建

B. 无限循环一直保持循环操作，直到循环条件不满足才结束

C. 无限循环需要提前确定循环次数

D. 无限循环也称为条件循环

(8) 关于 Python 的遍历循环，(   )是错误的描述。

A. 无限循环无法实现遍历循环功能

B. 遍历循环可以理解为从对象中逐一提取元素，放在循环变量中，对于所提取的每个元素只执行一次语句块

C. 遍历循环可以通过 for 实现

D. 遍历循环中的对象可以是字符串、文件、组合数据类型和 range()函数等

(9) 下列 Python 关键字中，异常处理结构中用来捕获特定类型异常的关键字是(   )。

A. while   B. def   C. except   D. pass

3. 程序设计题

(1) 输入月份，输出这个月有多少天(不考虑闰月)。

(2) 输入 3 个数，按从大到小的顺序输出。

(3) 输出 Fibonacci 数列：1，1，2，3，5，8，13，21……的前 20 项，要求每行输出 4 项。

$$F(1)=1 \qquad\qquad n=1$$
$$F(2)=1 \qquad\qquad n=2$$
$$F(n)=F(n-1)+F(n-2) \quad n\geqslant3$$

(4) 百鸡百钱问题：假设公鸡价格为 5 元 1 只，母鸡价格为 3 元 1 只，小鸡价格为 1 元 3 只，现有 100 元，想买 100 只鸡，输出所有可能的购买方案。

第5章

输入输出与文件处理

在程序设计中,经常需要从键盘或者文件中获取数据,处理结束后又需要将运行结果输出到显示器或者文件中去。

5.1　标　准　输　入

Python 语言为标准输入提供了一个系统函数 input(),专门用来从键盘获取数据。

5.1.1　默认格式

变量 = input([提示信息])

功能:用来从键盘一次性读入一行数据,输入的数据以 Enter 键结束,但是不包括 Enter 键本身,读入的数据是字符串类型,然后赋值给变量。

提示信息是一个字符串,用来对用户进行输入前的必要提示,是一个可选项。

【程序源码】(LX0501.py)

```
1.  #不断地从键盘给变量输入数据,然后输出变量的值和类型,直到直接按回车键结束
2.
3.  a = input("请输入一个数据:")
4.  while a != '':
5.      print(a, type(a))
6.      a = input("请输入一个数据:")
```

【运行结果】

请输入一个数据:123
123 <class 'str'>
请输入一个数据:1234.56789
1234.56789 <class 'str'>
请输入一个数据:China
China <class 'str'>
请输入一个数据:1+2j

```
1+2j <class 'str'>
请输入一个数据:True
True <class 'str'>
请输入一个数据:
```

5.1.2　具体类型格式

（1）整数类型。

变量 = int(input([提示信息]))

功能：为变量从键盘读入一个整数类型的数据，如果输入的数据格式有误，则抛出异常。

（2）浮点数类型。

变量 = float(input([提示信息]))

功能：为变量从键盘读入一个浮点数类型的数据，如果输入的数据格式有误，则抛出异常。

（3）复数类型。

变量 = complex(input([提示信息]))

功能：为变量从键盘读入一个复数类型的数据，如果输入的数据格式有误，则抛出异常。

（4）布尔类型。

变量 = bool(input([提示信息]))

功能：为变量从键盘读入一个布尔类型的数据，如果输入的数据格式有误，则抛出异常。

这 4 个输入格式的实质是将输入的字符串通过类型转换函数转换成了相应的类型，再赋值给变量。

【程序源码】（LX0502.py）

```
 1.  a1 = input("请输入一个字符串类型的数据:")
 2.  print(a1, type(a1))
 3.  a2 = int(input("请输入一个整数类型的数据:"))
 4.  print(a2, type(a2))
 5.  a3 = float(input("请输入一个浮点数类型的数据:"))
 6.  print(a3, type(a3))
 7.  a4 = complex(input("请输入一个复数类型的数据:"))
 8.  print(a4, type(a4))
 9.  a5 = bool(input("请输入一个布尔类型的数据:"))
10.  print(a5, type(a5))
11.  a6 = int(input("请输入一个整数类型的数据:"))
12.  print(a6, type(a6))
```

【运行结果】

请输入一个字符串类型的数据:China
China <class 'str'>
请输入一个整数类型的数据:123
123 <class 'int'>
请输入一个浮点数类型的数据:1234.56789
1234.56789 <class 'float'>
请输入一个复数类型的数据:1+2j
(1+2j) <class 'complex'>
请输入一个布尔类型的数据:True
True <class 'bool'>
请输入一个整数类型的数据:1234.56789

当程序运行至第 11 行时,输入 1234.56789,不符合整数类型的格式要求,出现了错误,抛出了如下异常信息。

发生异常: ValueError   (note: full exception trace is shown but execution is paused at: <module>)
invalid literal for int() with base 10: '1234.56789'

5.1.3 自动类型格式

变量 1, 变量 2, ⋯ , 变量 n = eval(input([提示信息]))

功能:

(1) 自动把从键盘读入的数据转换成合适的数据类型,并赋值给变量;

(2) 如果要给字符串变量输入数据,则需要在输入时给字符串加上定界符;

(3) 可以一次性给多个变量读入数据,在输入时数据之间默认用逗号分隔,也可用其他符号分隔,但是需要用字符串的 split() 方法进行处理;

(4) 如果用逗号分隔,一次输入多个数据只赋值给一个变量,则这个变量是元组类型。

【程序源码】(LX0503.py)

```
1.   #不断地从键盘给变量输入数据,然后输出变量的值和类型,直到输入一个空字符串结束
2.
3.   a = eval(input("请输入一个数据:"))
4.   while a != '':
5.       print(a, type(a))
6.       a = eval(input("请输入一个数据:"))
```

【运行结果】

请输入一个数据:123
123 <class 'int'>
请输入一个数据:1234.56789
1234.56789 <class 'float'>
请输入一个数据:1+2j

```
(1+2j) <class 'complex'>
请输入一个数据:True
True <class 'bool'>
请输入一个数据:"China"
China <class 'str'>
请输入一个数据:""
```

【程序源码】(LX0504.py)

```
1.  a1, a2, a3, a4, a5 = eval(input())
2.  print(a1, type(a1))
3.  print(a2, type(a2))
4.  print(a3, type(a3))
5.  print(a4, type(a4))
6.  print(a5, type(a5))
```

【运行结果】

```
123,1234.56789,1+2j,False,"China"
123 <class 'int'>
1234.56789 <class 'float'>
(1+2j) <class 'complex'>
False <class 'bool'>
China <class 'str'>
```

【程序源码】(LX0505.py)

```
1.  #input()函数一次输入多个数据时,数据之间也可以不用逗号分隔
2.
3.  a = eval(input())
4.  print(a, type(a))
5.
6.  a1,b1 = eval(input())
7.  print(a1, b1)
8.  print(type(a1), type(b1))
9.
10. a2,b2 = input().split(' ')
11. print(a2, b2)
12. print(type(a2), type(b2))
13.
14. a3,b3 = input().split('#')
15. print(a3, b3)
16. print(type(a3), type(b3))
```

【运行结果】

```
123,456,789
(123, 456, 789) <class 'tuple'>
123,True
123 True
```

```
<class 'int'> <class 'bool'>
China Shanghai
China Shanghai
<class 'str'> <class 'str'>
China#Shanghai
China Shanghai
<class 'str'> <class 'str'>
```

5.2 标 准 输 出

Python 语言为标准输出提供了一个系统函数 print(),专门用来向终端窗口输出程序的运行结果。

5.2.1 简单输出

print([表达式 1, 表达式 2, …, 表达式 n][, sep = 分隔符][, end = 结束符])

功能:

(1) 在终端窗口中依次输出表达式的值,值与值之间默认用一个空格分隔,输出所有表达式的值后默认输出一个"回车+换行";

(2) sep 参数是一个字符串,用来分隔值与值;

(3) end 参数也是一个字符串,在所有表达式的值输出之后输出;

(4) print()只输出一个空行,即"回车+换行"。

【程序源码】(LX0506.py)

```
1.  a = 10
2.  b = 20
3.  c = 30
4.  print(a, b, c)
5.  print(a, b, c, sep='#')
6.  print(a)
7.  print(b)
8.  print(c)
9.  print(a, end=',')
10. print(b, end=',')
11. print(c)
```

【运行结果】

```
10 20 30
10#20#30
10
20
30
10,20,30
```

5.2.2 格式化输出

print(格式字符串.format(表达式1, 表达式2, …, 表达式n))

格式字符串由两部分组成,即普通字符和控制字符。

1. 普通字符

普通字符会原样输出,用来修饰输出的内容。

2. 控制字符

{ [序号|键][:格式控制字符] }

(1)槽:一组"{ }"叫作一个槽,用来匹配一个或多个表达式;

(2)序号:用序号0,1,2,…,n−1分别对应表达式1,表达式2,…,表达式n,序号可以自定义,从而改变表达式的输出顺序;

(3)键:用"key = 表达式"的形式代替序号让槽匹配后面的表达式;

(4)格式控制字符:以冒号开始引导一个字符串,用来组合控制输出格式,其功能如图5-1所示。

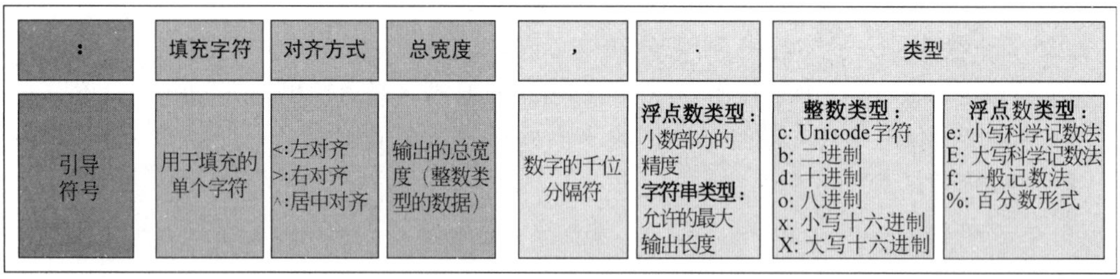

:	填充字符	对齐方式	总宽度	,	.	类型		
引导符号	用于填充的单个字符	<:左对齐 >:右对齐 ^:居中对齐	输出的总宽度(整数类型的数据)	数字的千位分隔符	浮点数类型: 小数部分的精度 字符串类型: 允许的最大输出长度	整数类型: c: Unicode字符 b:二进制 d:十进制 o:八进制 x:小写十六进制 X:大写十六进制	浮点数类型: e: 小写科学记数法 E: 大写科学记数法 f: 一般记数法 %: 百分数形式

图 5-1　格式控制字符的功能

【程序源码】(LX0507.py)

```
1.  s1 = "China"
2.  d1 = 1023
3.  f1 = 1234.56789
4.
5.  print("{}, {}, {}".format(s1, d1, f1))
6.  print("{0}, {1}, {2}".format(s1, d1, f1))
7.  print("{2}, {1}, {0}".format(s1, d1, f1))
8.  print("{key1}, {key2}, {key3}".format(key1 = f1,key2 = d1, key3 = s1))
9.
10. print("{:#<20}, {: * ^20}, {:>20}".format(s1, d1, f1))
```

```
11. print("{:#<20.3}, {: * ^20,}, {:>20.2f}".format(s1, d1, f1))
12.
13. print("{0:^10c},{0:^10b},{0:^10d},{0:^10o},{0:^10x},{0:^10X}".format(d1))
14. print("{0:>10e}, {0:>10E}, {0:>10f}, {0:>10%}".format(f1))
15.
16. print("{:^10b},{:^10c},{:^10d},{:^10o},{:^10x},{:^10X}".format(d1,d1,d1,
    d1,d1,d1))
17. print("{:>10e}, {:>10E}, {:>10f}, {:>10%}".format(f1,f1,f1,f1))
```

【运行结果】

```
China, 1023, 1234.56789
China, 1023, 1234.56789
1234.56789, 1023, China
1234.56789, 1023, China
China##############, ********1023********,          1234.56789
Chi###############, *******1,023********,             1234.57
    ?     ,1111111111,   1023   ,   1777   ,   3ff   ,   3FF
1.234568e+03, 1.234568E+03, 1234.567890, 123456.789000%
1111111111,     ?     ,   1023   ,   1777   ,   3ff   ,   3FF
1.234568e+03, 1.234568E+03, 1234.567890, 123456.789000%
```

5.3 文 件 读 写

在程序设计过程中,变量的值只是在内存中临时保存。当程序运行结束或者计算机断电时,内存中存储的所有数据将被自动清除。如果想永久性保存数据,就要使用文件进行保存。

5.3.1 文件

文件是存储在长期储存设备上(例如硬盘、光盘和 U 盘等)的相关信息的集合,其特点是所存信息可以长期、多次使用,也不会因为断电而消失。存储在计算机上的一个程序、一个文档、一张图片、一首音乐、一部电影等都是一个文件。

在 Python 语言中,支持读写的文件有两类,即文本文件和二进制文件。

1. 文本文件

文本文件是基于字符编码的文件,常用的编码有 ASCII 编码和 Unicode 编码。文本文件是一种典型的顺序文件,其逻辑结构属于流式文件。

2. 二进制文件

二进制文件是基于值编码的文件,用户一般不能直接读懂二进制文件,需要通过相应的软件才能展示。不同类型的文件,其编码格式不同,比如图像文件 JPEG(Joint Photographic Experts Group,联合图像专家组)格式和 PNG(Portable Network Graphics,

便携式网络图形)格式,其实质就是图像文件的编码格式不同。

文本文件和二进制文件的定义只是逻辑上的定义,不是物理的区分,计算机中存储的所有文件最终都是以 0 和 1 的二进制形式存储的。

5.3.2　文件处理流程

在程序设计中,文件的处理(读文件或写文件)都要遵循打开文件、处理文件、关闭文件的流程,如图 5-2 所示。

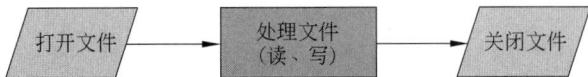

打开文件 → 处理文件(读、写) → 关闭文件

图 5-2　文件处理流程

5.3.3　打开和关闭文件

1. 打开文件

文件对象 = open(文件名[, 打开方式][, encoding="编码方式"])

功能:以指定的打开方式打开一个文件,生成一个文件对象,赋值给变量。

(1) 文件名参数是一个字符串,用来表示文件的路径信息,有两种表示方式,即绝对路径和相对路径。

绝对路径:从分区盘符开始一直到文件名为止的一个完整路径信息,如"D:\\Program Files\\Python36\\Lib\\os.py",需要强调的是使用转义字符"\\"表示"\"。

相对路径:如果打开的文件在当前程序所在文件夹下,或者当前程序所在文件夹的下级文件夹下,则可以使用相对路径,如"os.py"(比如程序文件和读写文件同在 Lib 文件夹下)、"Lib\\os.py"(比如程序文件在 Python36 文件夹下,读写文件在 Lib 文件夹下)。

注意:强烈建议不要使用带中文字符的路径。

(2) 打开方式如表 5-1 所示。

表 5-1　文件的打开方式

序号	打开方式	说　　明
1	w | wb	以只写方式打开一个文本文件(w)或二进制文件(wb)。 如果文件已经存在,则会清空文件,如果文件不存在,则会自动创建新文件,文件指针指向文件头
2	r | rb	以只读方式打开一个文本文件(w)或二进制文件(wb)。 文件必须存在,不存在则抛出异常,文件指针指向文件头
3	a | ab	以追加方式打开一个文本文件(w)或二进制文件(wb)。 如果文件已经存在,则打开文件,文件指针指向文件尾;如果文件不存在,则会自动创建新文件,文件指针指向文件头

序号	打开方式	说　明
4	x|xb	以创建写方式打开 一个文本文件(w)或二进制文件(wb)。 如果文件不存在,则创建文件,文件指针指向文件头;如果文件已经存在,则抛出异常
5	w+|wb+	以读写方式打开 一个文本文件(w)或二进制文件(wb)
6	r+|rb+	以读写方式打开 一个文本文件(w)或二进制文件(wb)
7	a+|ab+	以读写方式打开 一个文本文件(w)或二进制文件(wb)

(3) encoding:文本文件所采用的编码方式。

2. 关闭文件

文件对象.close()

功能:关闭已经打开的文件。

3. 文件对象常用属性

(1) 文件对象.name:获取文件的文件名。
(2) 文件对象.mode:文件的打开方式。
(3) 文件对象.closed:当前文件是否关闭。

4. 文件指针

文件指针是指在打开文件进行读写时,用来指示其文件内容具体位置的一个指针,随着读写文件操作的进行,文件指针也随之自动发生变化,如图 5-3 所示。虽然文件指针指示位置可以发生变化,但是文件指针有且仅有一个。不同的打开方式,文件指针的初始位置也不相同。

图 5-3　文件指针

5.3.4　写文件

1. 写文本文件

文本文件的写入就是把字符串以某种字符编码方式写入文件。

（1）print（［表达式 1，表达式 2，…，表达式 n］［，sep＝分隔符］［，end＝结束符］，file＝文件对象）。

功能：通过 print()函数的方式将表达式的值以字符串的形式写入文本文件中,不会在终端窗口中显示,字符串中的字符支持转义字符。

（2）文件对象.write(字符串)。

功能：通过 write()方法将字符串写入文本文件中,字符串的字符支持转义字符。

（3）文件对象.writelines(字符串类型列表)。

功能：通过 writelines()方法将一个字符串类型列表(列表中的每个元素均是字符串类型)中的每个元素依次写入文本文件中,字符串中的字符支持转义字符。

【程序源码】(LX0508.py)

```
1.  fi = open('data1.txt','w', encoding="utf-8")
2.  print("通过 print 写入新的数据!",file = fi)
3.  fi.write("通过 write 写入新的数据!\n")
4.  l1 = ["通过 writelines","写入新的数据","\n"]
5.  fi.writelines(l1)
6.  fi.close()
7.
8.  fi = open('data1.txt', 'r', encoding="utf-8")
9.  print("文件名称:",fi.name)
10. print("打开方式:",fi.mode)
11. print("是否关闭:",fi.closed)
12. fi.close()
13. print("是否关闭:",fi.closed)
```

【运行结果】

```
文件名称: data1.txt
打开方式: r
是否关闭: False
是否关闭: True
```

直接在操作系统的"资源管理器"中打开"data1.txt"文件,内容如图 5-4 所示。

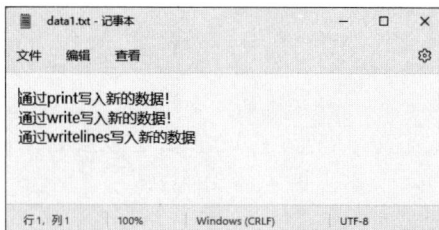

图 5-4　文本文件的内容

2. 写二进制文件

二进制文件以字节型字符串的形式进行读写。

（1）直接写入字节型字符串到二进制文件；

（2）s.encode()：可以将普通字符串转换为字节型字符串，再写入二进制文件；

（3）s.decode()：可以将字节型字符串转换为普通字符串。

【程序源码】（LX0509.py）

```
1.  fi = open('data2.txt','wb')
2.  s1 = b"Shanghai China\n"
3.  fi.write(s1)
4.  s2 = "Beijing China"
5.  bs2 = s2.encode()
6.  fi.write(bs2)
7.  fi.close()
8.
9.  fi = open('data2.txt', 'rb')
10. print("文件名称:",fi.name)
11. print("打开方式:",fi.mode)
12. print("是否关闭:",fi.closed)
13. fi.close()
14. print("是否关闭:",fi.closed)
```

【运行结果】

文件名称: data2.txt
打开方式: rb
是否关闭: False
是否关闭: True

直接在操作系统的"资源管理器"中打开"data2.txt"文件，内容如图 5-5 所示。

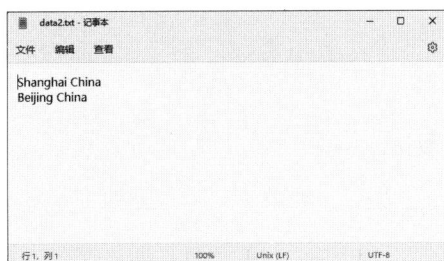

图 5-5　二进制文件的内容

5.3.5　读文件

1. 读文本文件

（1）变量=文件对象.read([n])

功能：从文本文件的当前位置开始连续读取 n 个字符，返回字符串类型。无参数则默认从当前位置开始读取全部内容，如果 n 大于文件长度，则读取实际长度。

（2）变量=文件对象.readline(n)

功能：从文本文件的当前行读取前 n 个字符，返回字符串类型。无参数默认读取整行内容。

（3）变量=文件对象.readlines()

功能：从文本文件当前位置开始读取至文件尾，返回字符串类型列表类型，文本文件的一行就是列表中的一个元素。

【程序源码】（LX0510.py）

```
1.  fi = open('data1.txt','w', encoding="utf-8")
2.  print("通过 print 写入新的数据!",file = fi)
3.  fi.write("通过 write 写入新的数据!\n")
4.  fi.writelines(["通过 writelines","写入新的数据","\n"])
5.  fi.close()
6.
7.  fi = open('data1.txt', 'r', encoding="utf-8")
8.  s1 = fi.read()
9.  print("s1:", s1)
10. fi.close()
11.
12. fi = open('data1.txt', 'r', encoding="utf-8")
13. s2 = fi.readline()
14. print("s2:", s2)
15. fi.close()
16.
17. fi = open('data1.txt', 'r', encoding="utf-8")
18. s3 = fi.readlines()
19. print("s3:", s3)
20. fi.close()
```

【运行结果】

s1: 通过 print 写入新的数据!
通过 write 写入新的数据!
通过 writelines 写入新的数据

s2: 通过 print 写入新的数据!

s3: ['通过 print 写入新的数据!\n', '通过 write 写入新的数据!\n', '通过 writelines 写入新的数据\n']

2. 读二进制文件

变量=文件对象.read(n)

功能：从二进制文件当前位置开始连续读取 n 个字节数据赋值给变量，无参数则默认从当前位置开始读取全部内容。

【程序源码】（LX0511.py）

```
1.  fi = open('data2.txt','wb')
2.  s1 = b"Shanghai China\n"
3.  fi.write(s1)
4.  s2 = "Beijing China"
5.  bs2 = s2.encode()
6.  fi.write(bs2)
7.  fi.close()
8.
9.  fi = open('data2.txt','rb')
10. bs = fi.read()
11. print(bs)
12.
13. print(type(bs))
14. s = bs.decode()
15. print(s)
16. print(type(s))
17. fi.close()
```

【运行结果】

```
b'Shanghai China\nBeijing China'
<class 'bytes'>
Shanghai China
Beijing China
<class 'str'>
```

3. 移动文件指针

（1）文件对象.tell()

功能：返回文件指针的当前位置。

（2）文件对象.seek(偏移量[,参考位置])

功能：从参考位置以字节为单位，向前（正整数）或向后（负整数）移动文件位置指针。
参考位置 0 表示文件头，1 表示当前位置（默认值），2 表示文件尾。

【程序源码】(LX0512.py)

```
1.  fi = open("data3.txt", 'wb+')
2.  s = b"0123456789"
3.  fi.write(s)
4.
5.  print(fi.tell())
6.
7.  fi.seek(0,0)
8.  print(fi.tell())
9.
10. fi.seek(5,1)
11. print(fi.tell())
12.
```

```
13. fi.seek(0,2)
14. print(fi.tell())
15.
16. fi.seek(-2,1)
17. print(fi.tell())
18.
19. fi.close()
```

【运行结果】

```
10
0
5
10
8
```

5.4　单元拓展：标准库 OS

OS 是 Python 的标准库之一，用来完成类似于操作系统的资源管理器中有关目录和文件的相关操作，在输入输出、文件读写和跨平台应用中具有重要的作用。

5.4.1　OS 常用属性

OS 的常用属性及含义如表 5-2 所示。

表 5-2　OS 常用属性及含义

序号	属　　性	含　　义
1	os.name	获取当前正在使用的操作系统平台。 Window 返回'nt'，Linux/Unix 返回'posix'
2	os.sep	获取当前操作系统平台的路径分隔符
3	os.linesep	获取当前操作系统平台的行终止符
4	os.path	获取文件的属性信息

5.4.2　OS 常用方法

OS 的常用方法及含义如表 5-3 所示。

表 5-3　OS 常用方法及含义

序号	方　　法	含　　义
1	os.getcwd()	返回当前工作目录

序号	方　　法	含　　义
2	os.getlogin()	返回当前系统登录用户名
3	os.cpu_count()	返回当前系统中 CPU 的数量
4	os.listdir(path)	返回指定目录下的所有文件名和目录名。 无参数默认为当前工作目录
5	os.remove(path)	删除指定的文件
6	os.rename(filename1, filename2)	指定文件重命名
7	os.chdir(path)	改变当前工作目录
8	os.mkdir(path)	新建目录
9	os.rmdir(path)	删除指定目录
10	os.system(shell 命令)	运行操作系统的 shell 命令
11	os.path.split(filename)	返回一个路径的目录名和文件名
12	os.path.isfile(path)	判断路径是否是一个文件
13	os.path.isdir(path)	判断路径是否是一个目录
14	os.path.exists(path)	判断路径是否存在
15	os.path.abspath(path)	获得绝对路径
16	os.path.normpath(path)	规范路径的字符串形式
17	os.path.getsize(path)	获得文件大小
18	os.path.splitext(filename)	分离文件名与扩展名
19	os.path.join(path, filename)	连接目录与文件名
20	os.path.basename(path)	返回文件名
21	os.path.dirname(path)	返回文件路径

5.5　项　目　训　练

5.5.1　数字数据处理

（1）项目编号：XMXL0501。

（2）项目要求：直接从键盘读入一组（个数不限）数字数据（整数类型或浮点数类型），数据之间用逗号分隔，分别求最大值、最小值、累加和并且输出。

（3）程序源码。

```
1. #-*- coding:UTF-8 -*-
```

```
2.  """
3.  项目编号:XMXL0501
4.  项目要求:直接从键盘读入一组(个数不限)数字数据(整数类型或浮点数类型),数据之间用
    逗号分隔,分别求最大值、最小值、累加和并且输出
5.  """
6.
7.  t = eval(input("请输入一组数字数据,数据之间用逗号分隔:"))
8.  print(t, type(t))
9.  max_t = max(t)
10. min_t = min(t)
11. sum_t = sum(t)
12. print("最大值:{}\n最小值:{}\n和:{} ".format(max_t, min_t, sum_t))
```

(4)运行结果。

请输入一组数字数据,数据之间用逗号分隔:123,5,12.45,-666,-34.88,0.045,78
(123, 5, 12.45, -666, -34.88, 0.045, 78) <class 'tuple'>
最大值:123
最小值:-666
和:-482.385

5.5.2　文件遍历

(1)项目编号：XMXL0502。
(2)项目要求：编程实现文件遍历。
(3)程序源码。

```
1.  #-*- coding:UTF-8 -*-
2.  """
3.  项目编号:XMXL0502
4.  项目要求:编程实现文件遍历
5.  """
6.
7.  fi = open("data1.txt",'r',encoding="utf-8")
8.
9.  #按字符进行遍历
10. print("按字符进行遍历:")
11. s = fi.read()
12. for c in s:
13.     print(c, end=' ')
14.
15. #按需要的字符数量进行遍历
16. print("按需要的字符数量进行遍历:")
17. fi.seek(0,0)
18. s = fi.read(2)
19. while s != '':
20.     print(s, end=' ')
```

```
21.     s = fi.read(2)
22.
23. #按行进行遍历-方法 1
24. print("按行进行遍历-方法 1:")
25. fi.seek(0,0)
26. s = fi.readline()
27. while s != '':
28.     print(s)
29.     s = fi.readline()
30.
31. #按行进行遍历-方法 2
32. print("按行进行遍历-方法 2:")
33. fi.seek(0,0)
34. for line in fi.readlines():
35.     print(line)
36.
37. #按行进行遍历-方法 3
38. print("按行进行遍历-方法 3:")
39. fi.seek(0,0)
40. for line in fi:
41.     print(line)
42.
43. fi.close()
```

（4）运行结果。

按字符进行遍历:
通过 print 写入新的数据！
通过 write 写入新的数据！
通过 writelines 写入新的数据

按需要的字符数量进行遍历:
通过 print 写入新的数据！
通过 write 写入新的数据！
通过 writelines 写入新的数据

按行进行遍历-方法 1:
通过 print 写入新的数据！

通过 write 写入新的数据！

通过 writelines 写入新的数据

按行进行遍历-方法 2:
通过 print 写入新的数据！

通过 write 写入新的数据！

通过 writelines 写入新的数据

按行进行遍历-方法 3:
通过 print 写入新的数据!

通过 write 写入新的数据!

通过 writelines 写入新的数据

5.5.3 目录操作

（1）项目编号：XMXL0503。

（2）项目要求：输出 OS 返回的常用信息，在当前工作目录下创建"dir01，dir02，…，dir08"8 个目录，显示成功后将它们删除。

（3）程序源码。

```
1.  #-*- coding:UTF-8 -*-
2.  """
3.  项目编号:XMXL0503
4.  项目要求:输出OS返回的常用信息,在当前工作目录下创建"dir01,dir02,…,dir08"8个
    目录,显示成功后将它们删除
5.  """
6.
7.  import os
8.
9.  print("操作系统平台标识符:", os.name)
10. print("操作系统平台路径分隔符:", os.sep)
11. print("路径信息:", os.path)
12. print("当前工作路径:", os.getcwd())
13. print("当前操作系统平台登录用户名:", os.getlogin())
14. print("当前系统中CPU的数目:", os.cpu_count())
15.
16. print(os.listdir())
17.
18. for i in range(1, 9):
19.     dirname = 'dir0' + str(i)
20.     os.mkdir(dirname)
21. print(os.listdir())
22.
23. for i in range(1, 9):
24.     dirname = 'dir0' + str(i)
25.     os.rmdir(dirname)
26. print(os.listdir())
```

（4）运行结果。

操作系统平台标识符：nt
操作系统平台路径分隔符：\

路径信息：<module 'ntpath' from 'D:\\Program Files\\Python36\\lib\\ntpath.py'>
当前工作路径：F:\Temp
当前操作系统平台登录用户名：Lenovo
当前系统中 CPU 的数目：8
['data1.txt']
['data1.txt', 'dir01', 'dir02', 'dir03', 'dir04', 'dir05', 'dir06', 'dir07',
'dir08']
['data1.txt']

5.6　习　　题

1. 判断题

（1）使用函数 open()且以"w"模式打开的文件，文件指针默认指向文件尾。　　（　　）

（2）Python 运算符％不仅可以用来求余数，还可以用来格式化字符串。　　（　　）

（3）Python 中 input()接收的数据不包含回车键本身。　　（　　）

（4）input()把输入的数据均作为字符串类型处理。　　（　　）

（5）使用 eval(input())可以一次从键盘接收多个数据，给多个变量赋值，并且会自动把数据转换成相应的数据类型。　　（　　）

（6）eval(input())一次输入多个数据时，多个数据之间只能使用逗号分隔。　　（　　）

（7）print()中的 sep 参数用来设置多个输出项之间的分隔符，默认为逗号。　　（　　）

（8）print()中 end 参数用来设置输出后的结束符，默认为"回车＋换行"。　　（　　）

（9）格式字符串中包括普通字符和格式字符，其中的普通字符会按照原样输出。
　　（　　）

（10）w|wb 以只写方式打开一个文本（二进制）文件，如果文件已存在，则将文件位置指针移动到文件末尾；如果文件不存在，则会创建新文件。　　（　　）

（11）r|rb 以只读方式打开一个文本（二进制）文件，如果文件已经存在，则文件位置指针指向文件头；如果文件不存在，则会创建新文件。　　（　　）

（12）a|ab 以追加方式打开一个文本（二进制）文件，如果文件已经存在，则文件位置指针指向文件尾；如果文件不存在，则会创建新文件。　　（　　）

2. 单选题

（1）print()功能的正确描述是（　　）。

　　A. 输出一个空格　　　　　　　　　B. 输出一个回车

　　C. 输出一个换行　　　　　　　　　D. 输出一个"回车＋换行"

（2）Python 支持的文件写入方式不包括（　　）。

　　A. print()函数　　　　　　　　　　B. 文件对象.write()

　　C. 文件对象.writeline()　　　　　　D. 文件对象.writelines()

（3）在 OS 模块中,可以获取当前目录的是(　　)。

　　A. os.mkdir()　　　　　　　　　　B. os.getcwd()

　　C. os.chdir()　　　　　　　　　　D. os.rmdir()

（4）Python 支持的读文件的方式不包括(　　)。

　　A. 文件对象.read()　　　　　　　　B. read(变量,文件对象)

　　C. 文件对象.readline()　　　　　　D. 文件对象.readlines()

第**6**章

组合数据类型与迭代器处理

Python 语言中的组合数据有列表、元组、集合和字典,是 Python 语言的一大特色,不但给程序设计带来了便利,而且提高了程序运行的效率。

迭代器是一种特殊的、有序的序列类型,不能通过下标的索引来引用,只能通过 next() 函数从前向后索引。

6.1　列　　表

列表是一种有序的序列类型,是用方括号"[]"括起来的一组数据,每个元素的类型可以不同,元素之间用逗号分隔。

类似于字符串,列表也有正向索引和反向索引两种索引方式。

6.1.1　列表创建

(1) 直接输入:如[1,2,3,4,5,6]。

(2) 运算符:如[6] * 5→[6,6,6,6,6],5 * [6]→[6,6,6,6,6]。

(3) list()函数:将字符串、元组、range 类型的数据转换为列表。

(4) 多维列表:列表的嵌套组成多维列表。

【**程序源码**】(LX0601.py)

```
1.  l1 = [1,2,3,4,5,6]
2.  l2 = l1 * 3
3.  l3 = 3 * l1
4.  l4 = list()
5.  l5 = list("China")
6.  l6 = list(('a','b','c','d','e'))
7.  l7 = list(range(10))
8.  l8 = [l1,l5,l6]
9.
10. print(l1)
11. print(l2)
```

```
12. print(13)
13. print(14)
14. print(15)
15. print(16)
16. print(17)
17. print(18)
```

【运行结果】

```
[1, 2, 3, 4, 5, 6]
[1, 2, 3, 4, 5, 6, 1, 2, 3, 4, 5, 6, 1, 2, 3, 4, 5, 6]
[1, 2, 3, 4, 5, 6, 1, 2, 3, 4, 5, 6, 1, 2, 3, 4, 5, 6]
[]
['C', 'h', 'i', 'n', 'a']
['a', 'b', 'c', 'd', 'e']
[0, 1, 2, 3, 4, 5, 6, 7, 8, 9]
[[1, 2, 3, 4, 5, 6], ['C', 'h', 'i', 'n', 'a'], ['a', 'b', 'c', 'd', 'e']]
```

6.1.2 列表编辑

1. 修改元素

l[索引号] = 表达式

用表达式的值修改列表 l 中对应元素的值。

2. 插入元素

（1）l.append(e)
在列表 l 的末尾添加元素 e。

（2）l.insert(i, e)D
在列表 l 中 i 位置插入元素 e，当 i 超过列表的长度时，就在列表的末尾添加元素 e，相当于 l.append(e)。

（3）l1.extend(l2)
把列表 l2 添加到 l1 的末尾。

3. 删除元素

（1）l.remove(e)
删除列表 l 中值为 e 的元素，如果值重复，则只删除第一个。无返回值，值不存在则抛出异常。

（2）l.pop(i)
删除列表 l 中 i 位置上的元素，无参数则通常删除最后一个位置上的元素，返回所删除元素的值，索引号不存在则抛出异常。

（3）l.clear()

Python 语言程序设计

清除列表 l 中的所有元素,l 变成一个空列表,即列表的长度为 0。

（4）del l[i]

删除列表 l 中 i 位置上的元素,无返回值,索引号不存在则抛出异常。无参数则删除整个列表 l,即不再存在。

（5）del l[start[:end[:step]]]

删除列表 l 中从索引号 start 开始到 end 结束的、前闭后开、步长为 step 的元素。

【程序源码】(LX0602.py)

```
1.  l1 = list(range(10))
2.  l2 = list("China")
3.  print(l1)
4.  print(l2)
5.  l1[5] = 100
6.  print(l1)
7.  l1.append(200)
8.  print(l1)
9.  l1.insert(3,300)
10. print(l1)
11. l1.extend(l2)
12. print(l1)
13. l1.remove(100)
14. print(l1)
15. l1.pop()
16. print(l1)
17. l1.pop(5)
18. print(l1)
19. l1.clear()
20. print(l1)
21. del l1
```

【运行结果】

```
[0, 1, 2, 3, 4, 5, 6, 7, 8, 9]
['C', 'h', 'i', 'n', 'a']
[0, 1, 2, 3, 4, 100, 6, 7, 8, 9]
[0, 1, 2, 3, 4, 100, 6, 7, 8, 9, 200]
[0, 1, 2, 300, 3, 4, 100, 6, 7, 8, 9, 200]
[0, 1, 2, 300, 3, 4, 100, 6, 7, 8, 9, 200, 'C', 'h', 'i', 'n', 'a']
[0, 1, 2, 300, 3, 4, 6, 7, 8, 9, 200, 'C', 'h', 'i', 'n', 'a']
[0, 1, 2, 300, 3, 4, 6, 7, 8, 9, 200, 'C', 'h', 'i', 'n']
[0, 1, 2, 300, 3, 6, 7, 8, 9, 200, 'C', 'h', 'i', 'n']
[]
```

6.1.3　列表应用

1. 遍历

用 for 循环遍历列表中的每一个元素。

2. 分片/切片

`l[start[:end[:step]]]`

在列表 l 中从索引号 start 开始到 end 结束,前闭后开,步长为 step,取出满足要求的元素。

3. 索引

`l.index(e[, m[, n]])`

在列表 l 中查找元素 e 第一次出现的位置,e 不在 l 中则抛出异常。

4. 连接

`l3 = l1 + l2`

将列表 l1 中的元素和列表 l2 中的元素首尾相连组成一个新列表,赋值给 l3。

5. 计算

`len(l)`、`sum(l)`、`max(l)`、`min(l)`、`l.count(e)`

分别求列表 l 的长度、对元素求和(元素满足求和要求)、求最大值(元素满足求最大值要求)、求最小值(元素满足求最小值要求)、统计元素 e 在列表 l 中出现的总次数。

6. 关系运算

按照两个列表中第一个不同元素的值的大小进行比较。

7. 包含

`in, not in`

判断一个或一组元素是否在列表中。

8. 排序

(1) `sorted(l,reverse=True|False)`
根据列表 l 进行排序,True 为降序,False 为升序(默认),并不改变列表自身的元素顺序。

(2) `l.sort(reverse=True|False)`
对列表 l 自身进行排序,True 为降序,False 为升序(默认)。
注意:sort()方法只能对列表进行排序,而 sorted 函数可以对字符串、列表、元组、字典进行排序。

9. 逆序

(1) `reversed(l)`
返回一个反转的迭代器对象(内存地址),并不改变列表 l 自身的元素顺序。

（2）l.reverse()

将列表 l 的元素顺序进行逆序。

10. 复制

（1）l2 = l1

列表 l1 和 l2 的内存地址相同。

（2）l2 = l1[:]

列表 l1 和 l2 的内存地址不同。

（3）l2 = l1.copy()

列表 l1 和 l2 的内存地址不同。

【程序源码】（LX0603.py）

```
1.  l1 = list(range(10))
2.  print(l1)
3.
4.  for e in l1:
5.      print(e, end = ' ')
6.  print()
7.
8.  l2 = l1[0::2]
9.  print(l2)
10.
11. print(l1.index(5))
12.
13. l3 = l1 + l2
14. print(l3)
15.
16. print(len(l1), sum(l1), max(l1), min(l1), l1.count(5))
17.
18. print(l1 > l2)
19.
20. print(5 in l1, 50 in l1)
21.
22. l1.sort(reverse = True)
23. print(l1)
24.
25. l1.reverse()
26. print(l1)
27.
28. l4 = l1
29. l5 = l1[:]
```

```
30.  l6 = l1.copy()
31.  print(l1, id(l1))
32.  print(l4, id(l4))
33.  print(l5, id(l5))
34.  print(l6, id(l6))
```

【运行结果】

```
[0, 1, 2, 3, 4, 5, 6, 7, 8, 9]
0 1 2 3 4 5 6 7 8 9
[0, 2, 4, 6, 8]
5
[0, 1, 2, 3, 4, 5, 6, 7, 8, 9, 0, 2, 4, 6, 8]
10 45 9 0 1
False
True False
[9, 8, 7, 6, 5, 4, 3, 2, 1, 0]
[0, 1, 2, 3, 4, 5, 6, 7, 8, 9]
[0, 1, 2, 3, 4, 5, 6, 7, 8, 9] 1729671228104
[0, 1, 2, 3, 4, 5, 6, 7, 8, 9] 1729671228104
[0, 1, 2, 3, 4, 5, 6, 7, 8, 9] 1729671225544
[0, 1, 2, 3, 4, 5, 6, 7, 8, 9] 1729671180616
```

6.2 元　　组

元组是一种只读的、有序的序列类型,是用圆括号"()"括起来的一组数据,每个元素的类型可以不同,元素之间用逗号分隔。

类似于字符串,元组也有正向索引和反向索引两种索引方式。

6.2.1 元组创建

(1) 直接输入:如(1,2,3,4,5,6)、(6,)。

注意:如果元组中只有一个元素,则必须在元素后面加个逗号,否则系统会认为是一个对应的基本数据类型。

(2) 运算符:如(6,) * 5→(6,6,6,6,6),5 * (6,)→(6,6,6,6,6)。

(3) tuple()函数:将字符串、列表、range 类型的数据转换为元组。

(4) 多维元组:元组的嵌套组成多维元组。

【程序源码】(LX0604.py)

```
1.  t1 = (1,2,3,4,5,6)
2.  t2 = t1 * 3
3.  t3 = 3 * t1
```

```
4.  t4 = tuple()
5.  t5 = tuple("China")
6.  t6 = tuple(['a','b','c','d','e'])
7.  t7 = tuple(range(10))
8.  t8 = (t1,t5,t6)
9.
10. print(t1)
11. print(t2)
12. print(t3)
13. print(t4)
14. print(t5)
15. print(t6)
16. print(t7)
17. print(t8)
```

【运行结果】

```
(1, 2, 3, 4, 5, 6)
(1, 2, 3, 4, 5, 6, 1, 2, 3, 4, 5, 6, 1, 2, 3, 4, 5, 6)
(1, 2, 3, 4, 5, 6, 1, 2, 3, 4, 5, 6, 1, 2, 3, 4, 5, 6)
()
('C', 'h', 'i', 'n', 'a')
('a', 'b', 'c', 'd', 'e')
(0, 1, 2, 3, 4, 5, 6, 7, 8, 9)
((1, 2, 3, 4, 5, 6), ('C', 'h', 'i', 'n', 'a'), ('a', 'b', 'c', 'd', 'e'))
```

6.2.2 元组编辑

由于元组是一种只读的序列类型,因此无法对元组本身及元素的值进行修改,只能整体删除元组。

del t:整体删除元组 t。

6.2.3 元组应用

1. 遍历

用 for 循环遍历元组中的每一个元素。

2. 分片/切片

t[start[: end[: step]]]

在元组 t 中从索引号 start 开始到 end 结束,前闭后开,步长为 step,取出满足要求的元素。

3. 索引

t.index(e[,[m[,n]]])

查找元素 e 在元组 t 中第一次出现的位置,如果 e 不在 t 中则抛出异常。

4. 连接

t3 = t1 + t2

将列表 t1 中的元素和列表 t2 中的元素首尾相连组成一个新元组值给 t3。

5. 计算

len(t)、sum(t)、max(t)、min(t)、t.count(e)

分别求元组 t 的长度、对元素求和(元素满足求和要求)、求最大值(元素满足求最大值要求)、求最小值(元素满足求最小值要求)、统计元素 e 在元组 t 中出现的总次数。

6. 关系运算

按照两个元组中第一个不同元素的值的大小进行比较。

7. 包含

in, not in

判断一个或一组元素是否在元组中。

8. 复制

(1) t2 = t1

t1 和 t2 的内存地址相同。

(2) t2 = t1[:]

t1 和 t2 的内存地址相同。

【程序源码】(LX0605.py)

```
1.  t1 = tuple(range(10))
2.  print(t1)
3.
4.  for e in t1:
5.      print(e, end = ' ')
6.  print()
7.
8.  t2 = t1[0::2]
9.  print(t2)
10.
11. print(t1.index(5))
12.
13. t3 = t1 + t2
14. print(t3)
15.
16. print(len(t1), sum(t1), max(t1), min(t1), t1.count(5))
```

```
17.
18. print(t1 > t2)
19.
20. print(5 in t1, 50 in t1)
21.
22. t4 = t1
23. t5 = t1[:]
24. print(t1, id(t1))
25. print(t4, id(t4))
26. print(t5, id(t5))
```

【运行结果】

```
(0, 1, 2, 3, 4, 5, 6, 7, 8, 9)
0 1 2 3 4 5 6 7 8 9
(0, 2, 4, 6, 8)
5
(0, 1, 2, 3, 4, 5, 6, 7, 8, 9, 0, 2, 4, 6, 8)
10 45 9 0 1
False
True False
(0, 1, 2, 3, 4, 5, 6, 7, 8, 9) 2354773478728
(0, 1, 2, 3, 4, 5, 6, 7, 8, 9) 2354773478728
(0, 1, 2, 3, 4, 5, 6, 7, 8, 9) 2354773478728
```

6.3 集　　合

集合是一种无序的序列类型,是用花括号"{}"括起来的一组数据,每个元素的类型可以不同,元素之间用逗号分隔。集合中的元素具有唯一性,即相同的元素只能保留一个。集合中元素的值不能修改。集合主要用于包含关系的判断和数据去重。

集合分为可变集合和不可变集合两种类型,不可变集合也叫冻结集合或只读集合。

6.3.1 集合创建

(1) 直接输入:如{1, 2, 3, 4, 5, 6}。

注意:{ }是一个空字典而不是一个空集合,空集合只能用 set()来创建。

(2) set()函数:将字符串、列表、元组、range 类型的数据转换为集合。

(3) 多维集合:集合的嵌套组成多维集合。

(4) frozenset()函数:创建不可变集合。

【程序源码】(LX0606.py)

```
1.  s1 = {}
2.  s2 = set()
```

```
3.   s3 = {1,1,2,2,3,3,4,4,5,5}
4.   s4 = set("China")
5.   s5 = set(['a','b','c','d','e'])
6.   s6 = set((1.1,2.2,3.3,4.4,5.5))
7.   s7 = set(range(10))
8.   s8= (s3,s4,s5)
9.   s9 = frozenset({123,1234.56789,1+2j,True,'China',})
10.
11.  print(s1, type(s1))
12.  print(s2, type(s2))
13.  print(s3)
14.  print(s4)
15.  print(s5)
16.  print(s6)
17.  print(s7)
18.  print(s8)
19.  print(s9)
```

【运行结果】

```
{} <class 'dict'>
set() <class 'set'>
{1, 2, 3, 4, 5}
{'n', 'C', 'a', 'h', 'i'}
{'b', 'e', 'a', 'c', 'd'}
{1.1, 2.2, 3.3, 4.4, 5.5}
{0, 1, 2, 3, 4, 5, 6, 7, 8, 9}
({1, 2, 3, 4, 5}, {'n', 'C', 'a', 'h', 'i'}, {'b', 'e', 'a', 'c', 'd'})
frozenset({True, 'China', 1234.56789, (1+2j), 123})
```

6.3.2　集合编辑

虽然集合元素的值不能修改,但是集合本身可以进行诸如添加元素、删除元素等编辑操作。

1. 添加元素

`s.add(e)`

给集合 s 添加新元素 e。

2. 删除元素

(1) `s.remove(e)`

删除集合 s 中指定的元素 e。无返回值,e 不存在则抛出异常。

(2) `s.discard(e)`

删除集合 s 中指定的元素 e。无返回值,e 不存在也不抛出异常。

（3）s.pop()

由列表、元组、range()函数转换的集合 s,是从左边删除一个元素,由字典和字符转换的集合 s,则随机删除一个元素,返回所删除元素的值。

（4）s.clear()

清除集合 s 中的所有元素,s 变成一个空集合,即集合的长度为0。

（5）del s

删除整个集合 s。

【程序源码】(LX0607.py)

```
1.  s1 = set(range(10))
2.  print(s1)
3.
4.  s1.add(123)
5.  print(s1)
6.
7.  s1.remove(8)
8.  print(s1)
9.
10. s1.discard(8)
11. print(s1)
12.
13. s1.pop()
14. print(s1)
15.
16. s1.clear()
17. print(s1)
18.
19. del s1
```

【运行结果】

```
{0, 1, 2, 3, 4, 5, 6, 7, 8, 9}
{0, 1, 2, 3, 4, 5, 6, 7, 8, 9, 123}
{0, 1, 2, 3, 4, 5, 6, 7, 9, 123}
{0, 1, 2, 3, 4, 5, 6, 7, 9, 123}
{1, 2, 3, 4, 5, 6, 7, 9, 123}
set()
```

6.3.3 集合运算

1. 并集

并集运算是将两个或多个集合中的元素进行合并,并且去掉重复的元素,如图 6-1 所示。

（1）s = s1|s2

集合 s1 和 s2 做并集运算,赋值给集合 s。

（2）s = s1.union(s2,s3,…,sn)

集合 s1,s2,…,sn 做并集运算,赋值给集合 s。

（3）s.update(s1,s2,…,sn)

集合 s,s1,s2,…,sn 做并集运算,更新集合 s。

2. 交集

交集运算是只取出两个或多个集合中的重叠元素,如图 6-2 所示。

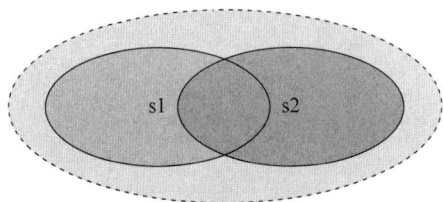

图 6-1　集合并集运算

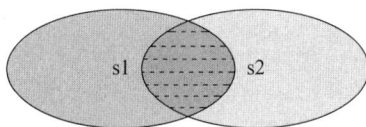

图 6-2　集合交集运算

（1）s = s1&s2

集合 s1 和 s2 做交集运算,赋值给集合 s。

（2）s = s1.intersection (s2,s3,…,sn)

集合 s1,s2,…,sn 做交集运算,赋值给集合 s。

（3）s.intersection_update (s1,s2,…,sn)

集合 s,s1,s2,…,sn 做交集运算,更新集合 s。

3. 差集

差集运算是从一个集合中去掉另一个或多个集合中的重复元素,如图 6-3 所示。

（1）s = s1-s2

集合 s1 和 s2 做差集运算,赋值给集合 s。

（2）s = s1.difference (s2,s3,…,sn)

集合 s1,s2,…,sn 做差集运算,赋值给集合 s。

（3）s.difference_update (s1,s2,…,sn)

集合 s,s1,s2,…,sn 做差集运算,更新集合 s。

4. 对称差集

对称差集是将两个或多个集合中重复的元素去掉,只保留不重复的元素,如图 6-4 所示。

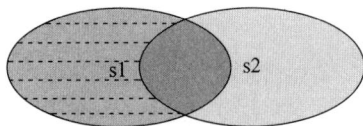

图 6-3　集合差集运算

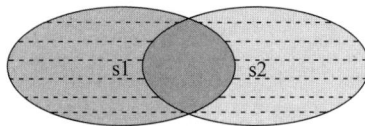

图 6-4　集合对称差集运算

（1）s = s1^s2

集合 s1 和 s2 做对称差集运算,赋值给集合 s。

（2）s = s1. symmetric_difference (s2,s3,…,sn)

集合 s1,s2,…,sn 做对称差集运算,赋值给集合 s。

（3）s. symmetric_difference_update (s1,s2,…,sn)

集合 s,s1,s2,…,sn 做对称差集运算,更新集合 s。

【程序源码】(LX0608.py)

```
1.  s1 = {1,2,3,4,5,6}
2.  s2 = {4,5,6,7,8,9}
3.  print(s1, s2)
4.
5.  s3 = s1 | s2
6.  s4 = s1.union(s2)
7.  print(s1, s2, s3, s4)
8.
9.  s5 = s1 & s2
10. s6 = s1.intersection(s2)
11. print(s1, s2, s5, s6)
12.
13. s7 = s1 - s2
14. s8 = s1.difference(s2)
15. print(s1, s2, s7, s8)
16.
17. s9 = s1 ^ s2
18. s10 = s1.symmetric_difference(s2)
19. print(s1, s2, s9, s10)
```

【运行结果】

```
{1, 2, 3, 4, 5, 6} {4, 5, 6, 7, 8, 9}
{1, 2, 3, 4, 5, 6} {4, 5, 6, 7, 8, 9} {1, 2, 3, 4, 5, 6, 7, 8, 9} {1, 2, 3, 4, 5, 6, 7, 8, 9}
{1, 2, 3, 4, 5, 6} {4, 5, 6, 7, 8, 9} {4, 5, 6} {4, 5, 6}
{1, 2, 3, 4, 5, 6} {4, 5, 6, 7, 8, 9} {1, 2, 3} {1, 2, 3}
{1, 2, 3, 4, 5, 6} {4, 5, 6, 7, 8, 9} {1, 2, 3, 7, 8, 9} {1, 2, 3, 7, 8, 9}
```

【程序源码】(LX0609.py)

```
1.  s1 = {1,2,3,4,5,6}
2.  s2 = {1,2,3,4,5,6}
3.  s3 = {1,2,3,4,5,6}
4.  s4 = {1,2,3,4,5,6}
5.  s5 = {4,5,6,7,8,9}
6.  print(s1, s2, s3, s4, s5)
7.
8.  s1.update(s5)
9.  s2.intersection_update(s5)
10. s3.difference_update(s5)
```

```
11. s4.symmetric_difference_update(s5)
12. print(s5)
13. print(s1, s2, s3, s4)
```

【运行结果】

```
{1, 2, 3, 4, 5, 6} {1, 2, 3, 4, 5, 6} {1, 2, 3, 4, 5, 6} {1, 2, 3, 4, 5, 6} {4, 5, 6, 7, 8, 9}
{4, 5, 6, 7, 8, 9}
{1, 2, 3, 4, 5, 6, 7, 8, 9} {4, 5, 6} {1, 2, 3} {1, 2, 3, 7, 8, 9}
```

6.3.4 集合应用

1. 遍历

用 for 循环遍历集合中的每一个元素。

2. 计算

len(s)、sum(s)、max(s)、min(s)

分别求集合 s 的长度、元素求和（元素满足求和要求）、最大值（元素满足求最大值要求）、最小值（元素满足求最小值要求）。

3. 包含

in, not in

判断一个或一组元素是否在集合中。

4. 关系

（1）s1.issubset(s2)
判断集合 s1 是否是集合 s2 的子集。
（2）s1.issuperset(s2)
判断集合 s1 是否是集合 s2 的超集。
（3）s1.isdisjoint(s2)
判断集合 s1 和集合 s2 交集是否为空。

5. 复制

（1）s2 = s1
集合 s1 和集合 s2 的内存地址相同。
（2）s2=s1.copy()
集合 s1 和集合 s2 的内存地址不同。

```
1.  s1 = {1,2,3,4,5,6}
2.  s2 = {3,4}
3.  print(s1, s2)
4.
5.  for e in s1:
6.      print(e, end=' ')
7.  print()
8.
9.  print(len(s1), sum(s1), max(s1), min(s1))
10.
11. print(5 in s1, 50 in s1)
12.
13. print(s2.issubset(s1), s1.issuperset(s2), s1.isdisjoint(s2))
14.
15. s3 = s1
16. s4 = s1.copy()
17. print(s1,id(s1))
18. print(s3,id(s3))
19. print(s4,id(s4))
```

【运行结果】

```
{1, 2, 3, 4, 5, 6} {3, 4}
1 2 3 4 5 6
6 21 6 1
True False
True True False
{1, 2, 3, 4, 5, 6} 2253673124360
{1, 2, 3, 4, 5, 6} 2253673124360
{1, 2, 3, 4, 5, 6} 2253673124584
```

6.4　字　　典

字典是一种无序的序列类型,也是用花括号"{}"括起来的一组键值对(k:v),每组元素的类型可以不同。键与值之间用冒号分隔,元素之间用逗号分隔,字典中元素的键具有唯一性且是只读、不可修改的。

6.4.1　字典创建

(1) 直接输入:如{'a': 1, 'b': 2, 'c': 3, 'd': 4}。

(2) dict()函数创建:如 dict(a=1,b=2,c=3,d=4)。

(3) dict(.)函数转换:将符合要求的二维列表、二维元组转换为字典。

（4）d2 = d1.fromkeys(k[,v])：创建一个新字典 d2，如果省略值 v，则默认值为 None。

【程序源码】（LX0611.py）

```
1.  d1 = {'a':1,'b':2,'c':3,'d':4}
2.  print(d1)
3.
4.  d2 = dict(name = "王凡林", sex = "女", age = 20)
5.  print(d2)
6.
7.  d3 = d1.fromkeys('e', 5)
8.  print(d1, d3)
9.  d3 = d1.fromkeys('f')
10. print(d1, d3)
11.
12. l1 = [[10,'A'], [20,'B'], [30,'C'], [40,'D']]
13. l2 = [(10,'A'), (20,'B'), (30,'C'), (40,'D')]
14. t1 = ([10,'A'], [20,'B'], [30,'C'], [40,'D'])
15. t2 = ((10,'A'), (20,'B'), (30,'C'), (40,'D'))
16.
17. d4 = dict(l1)
18. d5 = dict(l2)
19. d6 = dict(t1)
20. d7 = dict(t2)
21. print(d4)
22. print(d5)
23. print(d6)
24. print(d7)
```

【运行结果】

```
{'a': 1, 'b': 2, 'c': 3, 'd': 4}
{'name': '王凡林', 'sex': '女', 'age': 20}
{'a': 1, 'b': 2, 'c': 3, 'd': 4} {'e': 5}
{'a': 1, 'b': 2, 'c': 3, 'd': 4} {'f': None}
{10: 'A', 20: 'B', 30: 'C', 40: 'D'}
{10: 'A', 20: 'B', 30: 'C', 40: 'D'}
{10: 'A', 20: 'B', 30: 'C', 40: 'D'}
{10: 'A', 20: 'B', 30: 'C', 40: 'D'}
```

6.4.2　字典编辑

1. 修改/添加元素

（1）d[k] = v

利用赋值语句直接给字典 d 添加键值对(k:v)，如果键已经存在，则修改对应键的值。

（2）d.setdefault(k[, v])

设置字典 d 的键 k 的默认值为 v（无则为 None），如果键不存在，则会添加，并返回其值;如果键已经存在,则保持原值,并返回原值。

2. 删除元素

(1) d.pop(k[, v])

删除字典 d 中指定的键值对(k : v)。

d.pop(k,v):如果 k 存在,则返回 k 所对应的值,如果 k 不存在,则返回 v。

d.pop(k):如果 k 存在,则返回 k 所对应的值,如果 k 不存在,则抛出异常。

(2) d.popitem()

随机删除字典 d 中的一个键值对,返回键值对所组成的一个元组(k , v)。

(3) d.clear()

清除字典 d 中所有的键值对,字典变成一个空字典,即长度为 0。

(4) del d[k]

删除字典 d 中指定的键值对(k:v),如果 k 存在,则无返回值,如果 k 不存在则抛出异常。无参数 k 则删除整个字典,无返回值。

【程序源码】(LX0612.py)

```
1.  d = dict(name = "王凡林", sex = "女", age = 20)
2.  print(d)
3.
4.  d["major"] = "数据科学与大数据技术"
5.  d["age"] = 21
6.  print(d)
7.
8.  d.setdefault("class", "211")
9.  d.setdefault("age", 22)
10. print(d)
11.
12. d.pop("class", "211")
13. print(d)
14.
15. d.popitem()
16. print(d)
17.
18. d.clear()
19. print(d)
20. del d
```

【运行结果】

```
{'name': '王凡林', 'sex': '女', 'age': 20}
{'name': '王凡林', 'sex': '女', 'age': 21, 'major': '数据科学与大数据技术'}
{'name': '王凡林', 'sex': '女', 'age': 21, 'major': '数据科学与大数据技术', 'class':
'211'}
{'name': '王凡林', 'sex': '女', 'age': 21, 'major': '数据科学与大数据技术'}
{'name': '王凡林', 'sex': '女', 'age': 21}
{}
```

6.4.3 字典应用

1. 获取分项

（1）d.keys()
返回字典 d 的所有键,类似列表的形式。

（2）d.values()
返回字典 d 的所有值,类似列表的形式。

（3）d.items()
返回字典 d 的所有键值对,类似列表的形式。

2. 遍历

用 for 循环遍历字典中的每一个键、每一个值、每一个键值对。

3. 访问

（1）d[k]
获得字典 d 中键 k 所对应的值,如果键 k 不存在,则抛出异常。

（2）d.get(k[, v])
d.get(k, v):如果 k 存在,则返回 k 所对应的值,如果 k 不存在,则返回 v。
d.get(k):如果 k 存在,则返回 k 所对应的值,如果 k 不存在,则返回值为 None。

4. 连接

d1.update(d2)
将字典 d1 和 d2 的元素合并后赋值给 d1。

5. 计算

len(d)、sum(d/d.values())、max(d/d.values())、min(d/d.values())

分别求字典 d 的长度、对字典的键(d)或值(d.values())求和(满足求和要求)、求最大值(满足求最大值要求)、求最小值(满足求最小值要求)。

6. 关系运算

比较键之间的关系、值之间的关系、键值对之间的关系。

7. 包含

in, not in
判断键、值、键值对上的包含关系。

8. 排序

```
sorted(d, reverse=True/False)
```

排序的结果是键所组成的有序列表。

9. 复制

（1）d2 = d1

字典 d1 和 d2 的内存地址相同。

（2）d2 = d1.copy()

字典 d1 和 d2 的内存地址不同。

【程序源码】（LX0613.py）

```
1.  d = {"name":"王凡林", "sex":"女", "age":20}
2.  print(d)
3.
4.  for e in d.keys():
5.      print(e, end = ' ')
6.  print(type(d.keys()))
7.  for e in d.values():
8.      print(e, end = ' ')
9.  print(type(d.values()))
10. for e in d.items():
11.     print(e, end = ' ')
12. print(type(d.items()))
13.
14. print(d['name'], d['sex'], d['age'])
15. print(d.get('name'), d.get('sex'), d.get('age'), d.get('class','211'),
    d.get('no'))
16.
17. d1 = {"no":"210101", "major":"数据科学与大数据技术"}
18. d.update(d1)
19. print(d)
20.
21. print(len(d), max(d), min(d))
22.
23. print('name' in d, '女' in d.values())
24.
25. l = sorted(d, reverse = True)
26. print(d)
27. print(l), type(l)
28.
29. d3 = d
30. d4 = d.copy()
31. print(d, id(d))
32. print(d3, id(d3))
33. print(d4, id(d4))
```

【运行结果】

```
{'name': '王凡林', 'sex': '女', 'age': 20}
name sex age <class 'dict_keys'>
王凡林 女 20 <class 'dict_values'>
('name', '王凡林') ('sex', '女') ('age', 20) <class 'dict_items'>
王凡林 女 20
王凡林 女 20 211 None
{'name': '王凡林', 'sex': '女', 'age': 20, 'no': '210101', 'major': '数据科学与大数据
技术'}
5 sex age
True True
{'name': '王凡林', 'sex': '女', 'age': 20, 'no': '210101', 'major': '数据科学与大数据
技术'}
['sex', 'no', 'name', 'major', 'age']
{'name': '王凡林', 'sex': '女', 'age': 20, 'no': '210101', 'major': '数据科学与大数据
技术'} 3156984514168
{'name': '王凡林', 'sex': '女', 'age': 20, 'no': '210101', 'major': '数据科学与大数据
技术'} 3156984514168
{'name': '王凡林', 'sex': '女', 'age': 20, 'no': '210101', 'major': '数据科学与大数据
技术'} 3156984513736
```

6.5 迭 代 器

迭代器是一种特殊的有序序列类型,不能通过索引号来引用,只能通过 next()函数从前向后引用,当元素全部取出后会引发一个 StopIteration 异常,告诉外部调用者迭代器迭代完成。迭代器对象只能向后移动,不能回到开始,再次迭代只能创建另一个新的迭代器对象。

迭代器对象既可以用 next()函数进行遍历,也可以用 for 循环进行遍历。

迭代器对象也可以转换为列表、元组、集合等类型。

6.5.1 Iter

```
iter(iterable)
```

功能:将一个可迭代对象转换为迭代器对象,iterable 是可迭代对象。

【程序源码】(LX0614.py)

```
1.  l1 = [1, 2, 3, 4, 5, 6]
2.  i1 = iter(l1)
3.  print(i1,type(i1))
4.
5.  for e in i1:
```

```
6.      print(e)
7.
8.
9.  i2 = iter(l1)
10. while True:
11.     try:
12.         print(next(i2))
13.     except StopIteration:
14.         break
15.
16. i3 = iter(l1)
17. print(tuple(i3))
18. print(list(i3))
19. print(set(i3))
```

【运行结果】

```
<list_iterator object at 0x00000193688BD4A8> <class 'list_iterator'>
1
2
3
4
5
6
1
2
3
4
5
6
(1, 2, 3, 4, 5, 6)
[]
set()
```

6.5.2   Zip

```
zip([iterable1, iterable2, ..., iterablen])
```

功能：参数为多个可迭代对象，每次从每个可迭代对象中顺序取一个元素组成一个元组，直到有一个可迭代对象中的元素被全部取完为止，生成由这些元组所组成的一个迭代器对象。

如果各个可迭代对象的元素个数不一致，则长度与最短可迭代对象的元素个数相同。

利用"＊"号操作符可以将 zip 迭代对象解压为多个对应的可迭代对象。

【程序源码】(LX0615.py)

```
1.  t1 = (1,2,3,4,5,6)
```

```
 2.  t2 = ('a','b','c','d','e')
 3.  t3 = (1.1,2.2,3.3,4.4)
 4.
 5.  z1 = zip(t1, t2, t3)
 6.  print(z1, type(z1))
 7.
 8.  while True:
 9.      try:
10.          print(next(z1))
11.      except StopIteration:
12.          break
13.
14.  z2 = zip(t1, t2, t3)
15.  t4,t5,t6 = zip( * z2)
16.  print(t4, t5, t6)
17.
18.  l1 = [1,2,3,4,5,6]
19.  l2 = ['a','b','c','d','e']
20.  l3 = [1.1,2.2,3.3,4.4]
21.  z3 = zip(l1, l2, l3)
22.  print(z3, type(z3))
23.  print(list(z3))
```

【运行结果】

```
<zip object at 0x000001ED63A96B08> <class 'zip'>
(1, 'a', 1.1)
(2, 'b', 2.2)
(3, 'c', 3.3)
(4, 'd', 4.4)
(1, 2, 3, 4) ('a', 'b', 'c', 'd') (1.1, 2.2, 3.3, 4.4)
<zip object at 0x000001ED63A96B88> <class 'zip'>
[(1, 'a', 1.1), (2, 'b', 2.2), (3, 'c', 3.3), (4, 'd', 4.4)]
```

6.5.3 Map

```
map(function, iterable1, iterable2, iterable3, ...)
```

功能：根据 function 函数对指定的可迭代对象中的数据做映射，以可迭代对象中的每一个元素作为参数调用 function 函数，返回每次函数的返回值所组成的一个迭代器对象。

如果各个可迭代对象的元素个数不一致，则长度与最短可迭代对象的元素个数相同。

【程序源码】(LX0616.py)

```
 1.  def sq(x):
 2.      return x * x
 3.
```

```
 4.  t1 = (1,2,3,4,5,6)
 5.  t2 = (1.1,2.2,3.3,4.4)
 6.
 7.  m1 = map(sq, t1)
 8.  m2 = map(lambda x, y : x+y, t1, t2)
 9.  m3 = map(lambda x : x >= 3, t1)
10.  print(m1, type(m1))
11.  print(m2, type(m2))
12.  print(m3, type(m3))
13.  print(list(m1))
14.  print(list(m2))
15.  print(list(m3))
```

【运行结果】

```
<map object at 0x000001B0C2B5D4A8> <class 'map'>
<map object at 0x000001B0C2B5D5C0> <class 'map'>
<map object at 0x000001B0C2B5D630> <class 'map'>
[1, 4, 9, 16, 25, 36]
[2.1, 4.2, 6.3, 8.4]
[False, False, True, True, True, True]
```

6.5.4　Filter

```
filter(function, iterable)
```

功能：根据 function 函数对指定的可迭代对象 iterable 中的数据进行过滤,过滤掉不符合条件的元素,返回一个由符合条件的元素所组成的迭代器对象。

【程序源码】(LX0617.py)

```
 1.  t1 = (-5, -4, -3, -2, -1, 0, 1, 2, 3, 4, 5)
 2.
 3.  f1 = filter(bool, t1)
 4.  f2 = filter(lambda x : x % 2 == 0, t1)
 5.  print(f1, type(f1))
 6.  print(f2, type(f2))
 7.  print(list(f1))
 8.  print(list(f2))
```

【运行结果】

```
<filter object at 0x000002C2534CD4E0> <class 'filter'>
<filter object at 0x000002C2534CD550> <class 'filter'>
[-5, -4, -3, -2, -1, 1, 2, 3, 4, 5]
[-4, -2, 0, 2, 4]
```

6.6 单元拓展：标准库 Time

Time 库是 Python 语言的标准库之一，是一个处理日期、时间的强大基础库，Time 库的常用方法及含义如表 6-1 所示，方法之间的关系及含义如图 6-5 所示。

表 6-1　Time 库常用方法及含义

序号	方　　法	含　　义
1	time.time()	获取当前时间戳，从世界标准时间的 1970 年 1 月 1 日 00∶00∶00 开始到当前时刻的总秒数，是一个计算机内部浮点类型的时间值
2	time.localtime(t)	将一个时间戳 t 转换为当地时间的结构化时间，无参数则默认为 time.time()。结构化时间中各个元素所代表的含义如表 6-2 所示
3	time.gmtime(t)	将一个时间戳 t 转换为世界统一时间的结构化时间
4	time.mktime(t)	将一个结构化的时间 t 转换为时间戳
5	time.ctime(t)	将一个时间戳 t 转换为字符串的形式，无参数则默认为 time.time()
6	time.asctime(t)	将一个结构化的时间 t 转换为字符串的形式
7	time.strptime(t)	将一个字符串形式的时间 t 转换为结构化的时间
8	time. strftime（格式控制字符串，t）	将一个结构化的时间 t 转换为格式控制的字符串形式，格式控制符的含义如表 6-3 所示
9	time.perf_counter()	返回一个 CPU 级别的精确时间计数值，单位为秒
10	time.sleep(s)	计算机休眠 s 秒，单位是秒，可以是浮点数

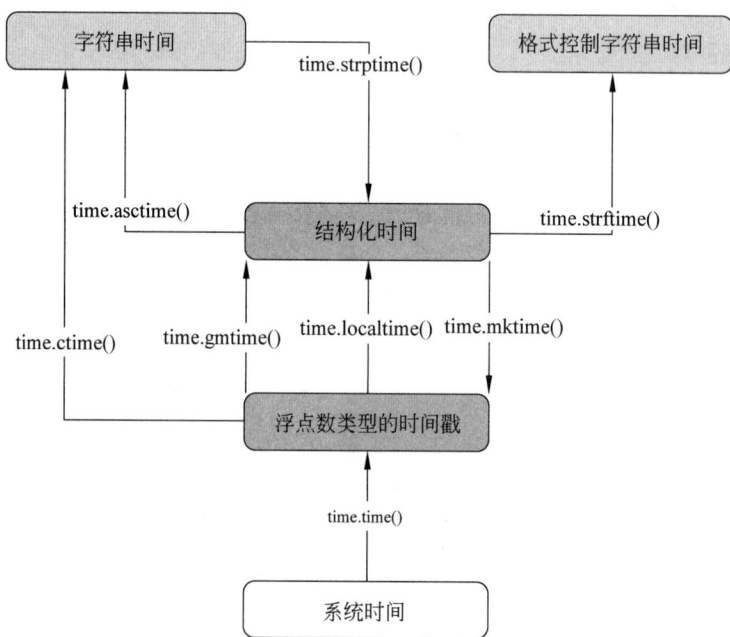

图 6-5　Time 库各方法之间的关系

表 6-2　结构化时间中各元素的含义

序号	元　　素	数据类型	含　　义
1	tm_year	int	4 位年份
2	tm_mon	int	月,取值区间为[1,12]
3	tm_mday	int	日,取值区间为[1,31]
4	tm_hour	int	时,取值区间为[0,23]
5	tm_min	int	分,取值区间为[0,59]
6	tm_sec	int	秒,取值区间为[0,59]
7	tm_wday	int	星期,取值区间为[0,6],其中 0 代表星期一,1 代表星期二,以此类推
8	tm_yday	int	从 1 月 1 日开始的天数,取值区间为[1,366]
9	tm_isdst	int	夏令时标识符 1:夏令时 0:非夏令时 —1:不确定

表 6-3　格式控制符的含义

序号	格式控制符	含　　义
1	%Y	四位年份,取值范围为 0001～9999
2	%y	两位年份,取值范围为 00～99
3	%m	月,取值范围为 01～12
4	%d	日,取值范围为 01～31
5	%B	本地完整的月份名称
6	%b	本地简化的月份名称
7	%A	本地完整的周日期
8	%a	本地简化的周日期
9	%H	24 小时制小时数,取值范围为 00～23
10	%l	12 小时制小时数,取值范围为 01～12
11	%p	上下午,取值为 AM 或 PM
12	%M	分,取值范围为 00～59
13	%S	秒,取值范围为 00～59
14	%c	本地日期表示和时间表示
15	%j	一年内的一天,取值范围为 001～366
16	%p	本地 A.M.或 P.M.的等价表示符
17	%U	一年中的星期数,取值范围为 00～53,星期天为星期的开始
18	%W	一年中的星期数,取值范围为 00～53,星期一为星期的开始

序号	格式控制符	含　义
19	%w	星期,取值范围为 0~6,星期天为 0,星期一为 1,以此类推
20	%x	本地日期表示
21	%X	本地时间表示

6.7　项目训练

6.7.1　字符种类统计

(1) 项目编号:XMXL0601。

(2) 项目要求:直接从键盘输入一行字符,统计其由多少种不同类型的字符所组成。

(3) 程序源码。

```
1.  #-*-coding:UTF-8-*-
2.  """
3.  项目编号:XMXL0601
4.  项目要求:直接从键盘输入一行字符,统计其由多少种不同类型的字符所组成
5.  """
6.
7.  string1 = input()
8.  set1 = set(string1)
9.  print("原字符串:", string1)
10. print("不同字符种类:", set1)
11. print("字符种类统计:", len(set1))
```

(4) 运行结果。

```
asdfashfddaga435235sdfga
原字符串: asdfashfddaga435235sdfga
不同字符种类: {'5', 'h', 'f', 'a', '4', 'g', '2', 's', 'd', '3'}
字符种类统计: 10
```

6.7.2　字符频率统计

(1) 项目编号:XMXL0602。

(2) 项目要求:直接从键盘输入一行字符,统计每种字符出现的次数,并且按次数从高到低的顺序输出。

(3) 程序源码。

```
1.  #-*-coding:UTF-8-*-
```

```
 2.   """
 3.   项目编号:XMXL0602
 4.   项目要求:直接从键盘输入一行字符,统计每种字符出现的次数,并且按次数从高到低的顺序
         输出
 5.   """
 6.
 7.   string1 = input()
 8.   print("原字符串:", string1)
 9.
10.   d1 = {}
11.   for c in string1:
12.       d1.setdefault(c,0)
13.       d1[c] = d1[c] + 1
14.
15.   d2 = sorted(d1.items(), reverse = True, key = lambda x : x[1])
16.   print(d2)
```

(4)运行结果。

```
fasdfjsafjafasj35147234712afasfasfaf
原字符串: fasdfjsafjafasj35147234712afasfasfaf
('f', 8)
('a', 8)
('s', 5)
('j', 3)
('3', 2)
('1', 2)
('4', 2)
('7', 2)
('2', 2)
('d', 1)
('5', 1)
```

6.7.3   时间处理

(1)项目编号:XMXL0603。

(2)项目要求:编程掌握 Time 库中常用方法的使用及其方法之间的关系。

(3)程序源码。

```
 1.   #- * - coding:UTF- 8 - * -
 2.   """
 3.   项目编号:XMXL0603
 4.   项目要求:编程掌握 Time 库中常用方法的使用及其方法之间的关系
 5.   """
 6.
 7.   import time
 8.   starttime = time.perf_counter()
 9.
```

```
10. t1 = time.time()
11. print("当地时间戳:{}".format(t1))
12.
13. t2 = time.ctime(t1)
14. print("时间戳转字符串时间:{}".format(t2))
15.
16. t3 = time.gmtime(t1)
17. t4 = time.localtime(t1)
18. t5 = time.mktime(t3)
19. t6 = time.mktime(t4)
20. print("时间戳转结构化时间-世界统一:{}".format(t3))
21. print("时间戳转结构化时间-本地:{}".format(t4))
22. print("世界统一结构化时间转时间戳:{}".format(t5))
23. print("本地结构化时间转时间戳:{}".format(t6))
24.
25. t7 = time.asctime(t4)
26. print("结构化时间转字符串时间:{}".format(t7))
27.
28. t8 = time.strptime(t7)
29. print("字符串时间转结构化时间:{}".format(t8))
30.
31. print(time.strftime("%Y-%m-%d %H:%M:%S %w",t4))
32. print("自定义输出:{}年{}月{}日 星期{} {}:{}:{}".format(t4.tm_year,t4.tm_
    mon,t4.tm_mday,t4.tm_wday+1,t4.tm_hour,t4.tm_min,t4.tm_sec))
33.
34. time.sleep(5)
35. endtime = time.perf_counter()
36. print("本程序运行时间:{}".format(endtime - starttime))
```

（4）运行结果。

当地时间戳:1651408736.8094769
时间戳转字符串时间:Sun May 1 20:38:56 2022
时间戳转结构化时间-世界统一:time.struct_time(tm_year=2022, tm_mon=5, tm_mday=1,
tm_hour=12, tm_min=38, tm_sec=56, tm_wday=6, tm_yday=121, tm_isdst=0)
时间戳转结构化时间-本地:time.struct_time(tm_year=2022, tm_mon=5, tm_mday=1,
tm_hour=20, tm_min=38, tm_sec=56, tm_wday=6, tm_yday=121, tm_isdst=0)
世界统一结构化时间转时间戳:1651379936.0
本地结构化时间转时间戳:1651408736.0
结构化时间转字符串时间:Sun May 1 20:38:56 2022
字符串时间转结构化时间:time.struct_time(tm_year=2022, tm_mon=5, tm_mday=1,
tm_hour=20, tm_min=38, tm_sec=56, tm_wday=6, tm_yday=121, tm_isdst=-1)
2022-05-01 20:38:56 0
自定义输出:2022 年 5 月 1 日 星期 7 20:38:56
本程序运行时间:5.0270829

6.8 习　　题

1. 判断题

(1) Python 支持使用字典的"键"作为下标访问字典的值。　　　　　　　　　　（　　）

(2) Python 字典的"键"必须是不可变的数据类型。　　　　　　　　　　　　　（　　）

(3) Python 集合中可以包含相同的元素。　　　　　　　　　　　　　　　　　　（　　）

(4) Python 字典中的"值"不允许重复。　　　　　　　　　　　　　　　　　　　（　　）

(5) Python 字典中的"键"可以是列表。　　　　　　　　　　　　　　　　　　　（　　）

(6) Python 列表中所有元素必须为相同类型的数据。　　　　　　　　　　　　　（　　）

(7) Python 列表、元组、字符串都属于有序序列。　　　　　　　　　　　　　　（　　）

(8) 使用列表的 insert() 方法为列表插入元素后会改变列表中插入位置之后元素的索引。　　　　　　　　　　　　　　　　　　　　　　　　　　　　　　　　　　　（　　）

(9) 使用列表的 remove() 方法可以删除列表中首次出现的指定元素,如果列表中不存在要删除的指定元素则会抛出异常。　　　　　　　　　　　　　　　　　　　　　（　　）

(10) 元组是不可变的,不支持列表对象的 inset()、remove() 等方法,也不支持 del 语句删除其中的元素,但可以使用 del 语句删除整个元组对象。　　　　　　　　　　　（　　）

(11) 只能通过切片访问元组中的元素,不能使用切片修改元组中的元素。　　　（　　）

2. 单选题

(1) popitem() 随机删除字典中的一个键值对,其返回值是(　　　　)类型。

　　A. dict_keys　　　　　　　　　　　　　B. dict_values

　　C. dict_items　　　　　　　　　　　　　D. 元组

(2) 下列关于字典特征的错误描述是(　　　　)。

　　A. 是一种有序的数据结构

　　B. 是一种可变的数据结构

　　C. 是一种由"键:值"对所组成的数据结构

　　D. 每个键值对的类型可以不同

(3) 字典 d={'abc': 123, 'def': 456, 'ghi': 789},len(d) 的结果是(　　　　)。

　　A. 6　　　　　　　　B. 9　　　　　　　　C. 12　　　　　　　　D. 3

(4) 给出如下代码。

```
s = list("巴老爷有八十八棵芭蕉树,来了八十八个把式要在巴老爷八十八棵芭蕉树下住。老爷拔了八十八棵芭蕉树,不让八十八个把式在八十八棵芭蕉树下住。八十八个把式烧了八十八棵芭蕉树,巴老爷在八十八棵树边哭。")
```

下列选项中,(　　　　)可以正确输出字符"八"第一次出现的索引位置。

　　A. print(s.count("八"))　　　　　　　B. print(s.index("八"),6)

　　C. print(s.index("八"))　　　　　　　D. print(s.index("八"),6,len(s))

（5）关于 Python 的列表，错误的描述是（　　　）。

    A. Python 列表是一个可以修改数据项的序列类型

    B. Python 列表是包含 0 个或者多个元素的有序序列

    C. Python 列表用中括号［］表示

    D. Python 列表的长度不可变的

（6）关于 Python 的元组类型，错误的描述是（　　　）。

    A. 一个元组可以作为另一个元组的元素，可以采用多级索引获取信息

    B. 元组中元素不可以是不同类型

    C. 元组一旦创建就不能被修改

    D. 元组采用圆括号"（）"表示

（7）关于大括号"{ }"，下列选项中正确的描述是（　　　）。

    A. 直接使用{}可以生成一个集合类型

    B. 直接使用{}可以生成一个列表类型

    C. 直接使用{}可以生成一个字典类型

    D. 直接使用{}可以生成一个元组类型

（8）下列选项中，Python 的序列类型不包括（　　　）。

    A. 字符串类型　　　　B. 元组类型　　　　C. 数组类型　　　　D. 列表类型

（9）对于序列 s，对 s.index(x)的正确描述是（　　　）。

    A. 返回序列 s 中序号为 x 的元素

    B. 返回序列 s 中元素 x 所有出现位置的序号

    C. 返回序列 s 中元素 x 第一次出现的位置序号

    D. 返回序列 s 中 x 的长度

（10）对于列表 ls，对 ls.append(x)的正确描述是（　　　）。

    A. 向 ls 中增加元素，如果 x 是一个列表，则可以同时增加多个元素

    B. 只能向列表 ls 的最后位置增加一个元素 x

    C. 向列表 ls 最前面位置增加一个元素 x

    D. 替换列表 ls 最后一个元素为 x

（11）对于字典 d，对 d.values()的正确描述是（　　　）。

    A. 返回一种 dict_values 类型，包括字典 d 中所有值

    B. 返回一个列表类型，包括字典 d 中所有值

    C. 返回一个元组类型，包括字典 d 中所有值

    D. 返回一个集合类型，包括字典 d 中所有值

（12）对于字典 d，对 x in d 的正确描述是（　　　）。

    A. x 是一个二元元组，判断 x 是否是字典 d 中的键值对

    B. 判断 x 是否是字典 d 中的键

    C. 判断 x 是否是字典 d 中的值

    D. 判断 x 是否在字典 d 中以键或值的方式存在

（13）对于二维列表 ls=[[1,2,3]，[4,5,6]，[7,8,9]]，（　　　）能获取其中的元素 5。

    A. ls[1][1]　　　　B. ls[4]　　　　C. ls[-1][-1]　　　　D. ls[-2][-1]

第7章

函 数 与 库

7.1 函 数

函数是一个具有独立功能的程序段,可以反复调用,提高程序设计的效率和简洁性。函数的三个基本要素是功能、参数和返回值,有个别函数没有参数,也有个别函数没有返回值,但无论函数有没有参数,其圆括号都不可省略。

(1) 根据函数的来源可分为系统函数、内置函数和用户函数。

(2) 根据函数的参数可分为有参函数、无参函数。

(3) 根据函数的返回值可分为单值、多值(默认为元组)、空值(None)。

(4) 特殊函数。

lambda 函数:也叫匿名函数,是一个没有具体函数名的函数,主要用于函数的参数。

递归函数:一个函数直接或间接调用函数本身,即在函数体内部调用函数自身。

Python 语言中,函数的参数可以有 0 个或多个,有多个参数时,参数之前用逗号分隔。返回也可以有 0 个或多个,没有返回值时,return 语句可以省略,有多个返回值时,默认以元组类型返回。

Python 语言中,函数要先定义后调用,程序运行时,从主程序开始按照程序的逻辑结构依次执行,当遇到函数调用语句时,中断当前程序的执行,保护好现场,进行参数传递,转去执行函数体中的内容,遇到 return 语句或者函数体执行完毕则返回到主程序的中断点,恢复现场,继续执行程序,如图 7-1 所示。递归函数的调用也是如此,只不过调用的层次较多,如图 7-2 所示。

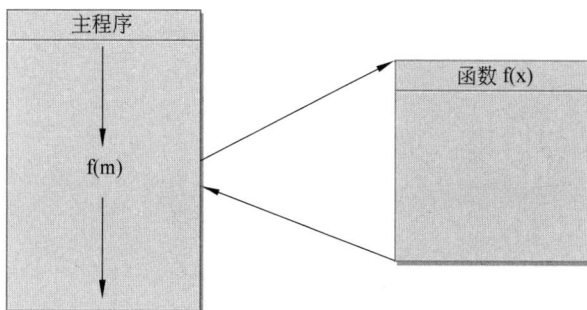

图 7-1 函数调用流程

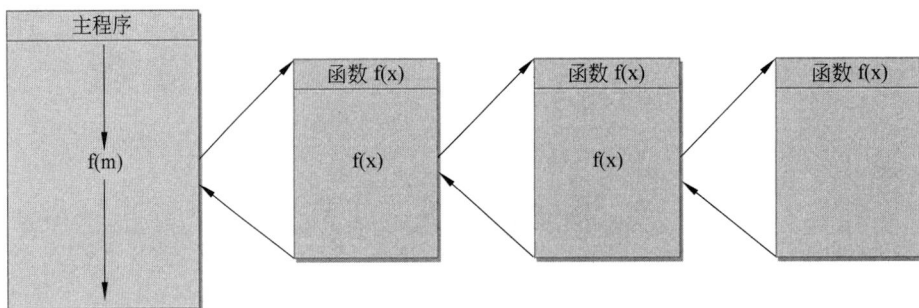

图 7-2 递归函数调用流程

7.1.1 lambda 函数

1. 定义

函数对象 = lambda [形参 1[,形参 2,…,形参 n]]:表达式

2. 调用

函数对象([实参 1[,实参 2,…,实参 n]])

【程序源码】(LX0701.py)

```
1.  def f2(x,y):
2.      return x + y
3.
4.  f1 = lambda x, y : x+y
5.
6.  print(f1(10,20))
7.  print(f2(10,20))
```

【运行结果】

```
30
30
```

7.1.2 函数定义与调用

1. 定义

```
def <函数名> ([形参 1[,形参 2,…,形参 n]]):
    <函数体>
    return [返回值]
```

2. 调用

函数名([实参 1[,实参 2,…,实参 n]])

【程序源码】(LX0702.py)

```
1.    """输入一个正整数,求这个数的阶乘"""
2.
3.  def f(m):
4.      if m == 0:
5.          return 1
6.      else:
7.          fc = 1
8.          for i in range(1,m+1):
9.              fc = fc * i
10.         return fc
11.
12. try:
13.     n = int(input("请输入一个正整数:"))
14. except:
15.     print("输入有误!")
16. else:
17.     if n < 0:
18.         print("您输入的是一个负数,无法计算!")
19.     else:
20.         print("{}! = {}".format(n,f(n)))
```

【运行结果】

请输入一个正整数:China
输入有误!

请输入一个正整数:123.456
输入有误!

请输入一个正整数:-5
您输入的是一个负数,无法计算!

请输入一个正整数:5
5! = 120

【程序源码】(LX0703.py)

```
1.    """递归函数:输入一个正整数,求这个数的阶乘"""
2.
3.  def f(m):
4.      if m == 0:
5.          return 1
6.      else:
7.          return m * f(m-1)
```

```
8.
9.  try:
10.     n = int(input("请输入一个正整数:"))
11. except:
12.     print("输入有误!")
13. else:
14.     if n < 0:
15.         print("您输入的是一个负数,无法计算!")
16.     else:
17.         print("{}! = {}".format(n,f(n)))
```

【运行结果】

请输入一个正整数:China
输入有误!

请输入一个正整数:123.456
输入有误!

请输入一个正整数:-5
您输入的是一个负数,无法计算!

请输入一个正整数:5
5! = 120

7.1.3 参数传递

1. 不变参数

不变参数是在程序中只能使用不可修改的参数,如整数、浮点数、复数、布尔值、字符串和元组等。在函数调用时,把不变参数实参的值传递给函数的形参后,实参与形参之间不再相关,互不影响,如图 7-3 所示。

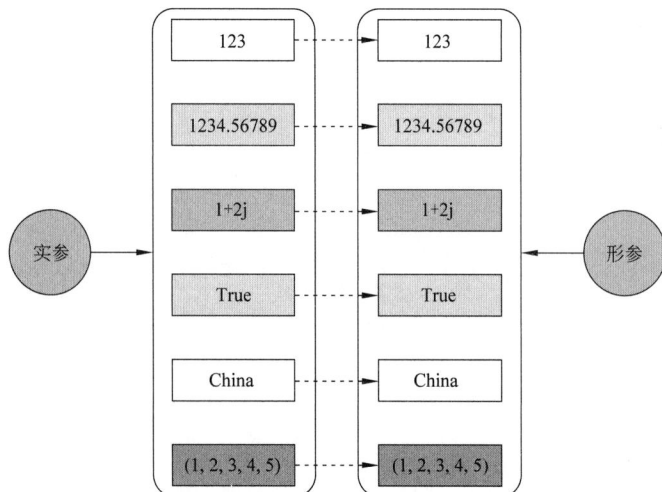

图 7-3　不变参数

【程序源码】(LX0704.py)

```
1.    """不变参数"""
2.
3.    def f(x,y):
4.        x = x + 1
5.        y = y + 1
6.        print("在 f 中:x={},y={}".format(x,y))
7.        print("在 f 中:u={},v={}".format(u,v))
8.
9.    u = 10
10.   v = 20
11.   print("在主程序中,在调用 f 之前:u={},v={}".format(u,v))
12.   #print("在主程序中,在调用 f 之前:x={},y={}".format(x,y))
13.   f(u,v)
14.   print("在主程序中,在调用 f 之后:u={},v={}".format(u,v))
15.   #print("在主程序中,在调用 f 之后:x={},y={}".format(x,y))
```

【运行结果】

在主程序中,在调用 f 之前:u=10,v=20
在 f 中:x=11,y=21
在 f 中:u=10,v=20
在主程序中,在调用 f 之后:u=10,v=20

2. 可变参数

可变参数是在程序中既能使用又可以修改的参数,如列表和字典等。在函数调用时,把可变参数实参的 id() 传递给函数的形参后,实参与形参之间建立了关联,同时引用同一个对象,即指向同一个内存地址。因此,后续函数内修改形参的值,会同时修改实参的值,如图 7-4 所示。

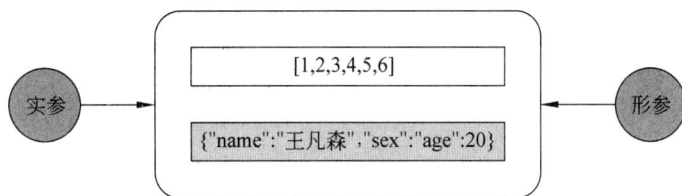

图 7-4　可变参数

如果在函数内部重新修改整个形参,系统会给形参重新分配内存地址,即实参与形参的内存地址不再相同,不再存在相关。

【程序源码】(LX0705.py)

```
1.    """可变参数"""
2.
3.    def f(x,y):
```

```
4.       x[0] = 9
5.       #y["sno"] = "65"
6.       #x = ['a','b','c']
7.       y = {"Add":"上海","ZipCode":"730070"}
8.       print("在 f 中:x={},y={}".format(x,y))
9.       print("在 f 中:u={},v={}".format(u,v))
10.
11. u = [1,2,3,4,5]
12. v = {"name":"王凡林", "sex":"女", "age":20}
13. print("在主程序中,在调用 f 之前:u={},v={}".format(u,v))
14. f(u,v)
15. print("在主程序中,在调用 f 之后:u={},v={}".format(u,v))
```

【运行结果】

在主程序中,在调用 f 之前:u=[1, 2, 3, 4, 5],v={'name': '王凡林', 'sex': '女', 'age': 20}
在 f 中:x=[9, 2, 3, 4, 5],y={'Add': '上海', 'ZipCode': '730070'}
在 f 中:u=[9, 2, 3, 4, 5],v={'name': '王凡林', 'sex': '女', 'age': 20}
在主程序中,在调用 f 之后:u=[9, 2, 3, 4, 5],v={'name': '王凡林', 'sex': '女', 'age': 20}

7.1.4 参数类型

1. 必传参数

在函数调用过程中,必须传递参数时,实参与形参要一一对应,即参数的个数要相等、顺序要一致、类型要一致。

【程序源码】(LX0706.py)

```
1.  """必传参数"""
2.
3.  def f(x,y):
4.      if x + y > 150:
5.          print("恭喜你,通过测试!")
6.      else:
7.          print("很遗憾,没有通过测试,请继续努力!")
8.
9.  try:
10.     u = float(input("请输入 通识课 的成绩:"))
11.     v = float(input("请输入 学科课 的成绩:"))
12. except:
13.     print("输入有误!")
14. else:
15.     f(u,v)
```

【运行结果】

请输入 通识课 的成绩:87

请输入 学科课 的成绩:90
恭喜你,通过测试!

请输入 通识课 的成绩:66
请输入 学科课 的成绩:58
很遗憾,没有通过测试,请继续努力!

2. 可选参数

在定义函数时,为形参赋值了一个默认值,如果调用时没有提供相应的实参,则使用此默认值。

【程序源码】(LX0707.py)

```
1.  """可选参数"""
2.
3.  def f(x,y,p=150):
4.      if x + y > p:
5.          print("恭喜你,通过测试!")
6.      else:
7.          print("很遗憾,没有通过测试,请继续努力!")
8.
9.  try:
10.     u = float(input("请输入 通识课 的成绩:"))
11.     v = float(input("请输入 学科课 的成绩:"))
12.     l = float(input("请输入本次分数线:"))
13. except:
14.     print("输入有误!")
15. else:
16.     f(u,v)
17.     f(u,v,l)
```

【运行结果】

请输入 通识课 的成绩:77
请输入 学科课 的成绩:78
请输入本次分数线:160
恭喜你,通过测试!
很遗憾,没有通过测试,请继续努力!

3. 关键字参数

在调用函数时,可以使用"形参 = 实参"的形式指定形参对应的实参,也就是允许函数调用时参数的顺序与定义函数时形参的顺序可以不一致。

【程序源码】(LX0708.py)

```
1.  """关键字参数"""
2.
3.  def f(x, y):
```

```
 4.     if x > y:
 5.         print("您的 通识课 的成绩较高!")
 6.     else:
 7.         print("您的 学科课 的成绩较高!")
 8.
 9. try:
10.     u = float(input("请输入 通识课 的成绩:"))
11.     v = float(input("请输入 学科课 的成绩:"))
12. except:
13.     print("输入有误!")
14. else:
15.     f(u, v)
16.     f(x=v, y=u)
```

【运行结果】

```
请输入 通识课 的成绩:89
请输入 学科课 的成绩:95
您的 学科课 的成绩较高!
您的 通识课 的成绩较高!
```

4. 变长参数

在调用函数时,如果参数的个数不确定,则可以使用变长参数,在参数前面加 ∗ (元组) 或∗∗(字典)来实现。

(1) ∗b:接收的实参按照元组使用,b = (u1,u2,…,u3)。

(2) ∗∗b:接收的实参按照字典的键使用,b = {k1:u1,k2:u2,…,kn:un}。

【程序源码】(LX0709.py)

```
 1. """变长参数-元组"""
 2.
 3. def f(x, y, * b):
 4.     print(b, type(b))
 5.     if x + y > 150:
 6.         print("恭喜你,通过测试!")
 7.     else:
 8.         print("很遗憾,没有通过测试,请继续努力!")
 9.
10.     l = list(b)
11.     l.append(x+y)
12.     l.sort(reverse = True)
13.     print("你的总成绩目前处于第 {} 名。".format(l.index(x+y)+1))
14.
15. try:
16.     u = float(input("请输入 通识课 的成绩:"))
17.     v = float(input("请输入 学科课 的成绩:"))
18. except:
```

```
19.        print("输入有误!")
20.  else:
21.       f(u,v,155,154,153,152,151,150,149,148)
```

【运行结果】

请输入 通识课 的成绩:78
请输入 学科课 的成绩:76
(155, 154, 153, 152, 151, 150, 149, 148) <class 'tuple'>
恭喜你,通过测试!
你的总成绩目前处于第 2 名。

【程序源码】(LX0710.py)

```
1.  #-*-coding:utf-8-*-
2.  """变长参数-字典"""
3.
4.  def f(x,y,**b):
5.      print(b,type(b))
6.      if x + y > 150:
7.          print("恭喜你,通过测试!")
8.      else:
9.          print("很遗憾,没有通过测试,请继续努力!")
10.
11.     for item in b.items():
12.         if (x+y) == item[1]:
13.             print("你的总成绩与 {} 的成绩相同。".format(item[0]))
14.     if (x+y) not in b.values():
15.         print("你的成绩独一无二,没有人和你的成绩相同!")
16.
17. try:
18.     u = float(input("请输入 通识课 的成绩:"))
19.     v = float(input("请输入 学科课 的成绩:"))
20. except:
21.     print("输入有误!")
22. else:
23.     f(u,v,Li=150,Wang=151,Chen=152,Zhang=153,Guo=154)
```

【运行结果】

请输入 通识课 的成绩:70
请输入 学科课 的成绩:70
{'Li': 150, 'Wang': 151, 'Chen': 152, 'Zhang': 153, 'Guo': 154} <class 'dict'>
很遗憾,没有通过测试,请继续努力!
你的成绩独一无二,没有人和你的成绩相同!

请输入 通识课 的成绩:80
请输入 学科课 的成绩:72
{'Li': 150, 'Wang': 151, 'Chen': 152, 'Zhang': 153, 'Guo': 154} <class 'dict'>
恭喜你,通过测试!
你的总成绩与 Chen 的成绩相同。

7.2 变量的作用域

变量的作用域是指变量在程序中的有效作用范围,即在什么地方起作用,在什么地方不起作用。根据变量的作用域可以将变量分为局部变量和全局变量。

7.2.1 局部变量

局部变量是指在函数体中定义的变量,其有效范围是当前函数体。进入函数后,变量自动建立;退出函数后,自动释放其所占用的内存空间。即使局部变量与函数外部的全局变量的名称相同,也没有关联关系,互不影响。

【程序源码】(LX0711.py)

```
1.  """全局变量和局部变量,变量名不同"""
2.
3.  def f(x,y):
4.      x = x + 1
5.      y = y + 1
6.      print("在 f 中:x={},y={}".format(x,y))
7.      print("在 f 中:u={},v={}".format(u,v))
8.
9.  u = 10
10. v = 20
11. print("在主程序中,在调用 f 之前:u={},v={}".format(u,v))
12. #print("在主程序中,在调用 f 之前:x={},y={}".format(x,y))
13. f(u,v)
14. print("在主程序中,在调用 f 之后:u={},v={}".format(u,v))
15. #print("在主程序中,在调用 f 之后:x={},y={}".format(x,y))
```

【运行结果】

在主程序中,在调用 f 之前:u=10,v=20
在 f 中:x=11,y=21
在 f 中:u=10,v=20
在主程序中,在调用 f 之后:u=10,v=20

程序的第 12 行或第 15 行,哪一行在执行时都会抛出如下异常,说明局部变量 x,y 只在函数被调用执行时才有作用。

发生异常: NameError
name 'x' is not defined

【程序源码】(LX0712.py)

```
1.  """全局变量和局部变量,变量名相同"""
2.
3.  def f(x,y):
4.      x = x + 1
5.      y = y + 1
6.      print("在 f 中(局部变量):x={},y={}".format(x,y))
7.
8.  x = 10
9.  y = 20
10. print("在主程序中,在调用 f 之前(全局变量):x={},y={}".format(x,y))
11. f(x,y)
12. print("在主程序中,在调用 f 之后(全局变量):x={},y={}".format(x,y))
```

【运行结果】

```
在主程序中,在调用 f 之前(全局变量):x=10,y=20
在 f 中(局部变量):x=11,y=21
在主程序中,在调用 f 之后(全局变量):x=10,y=20
```

7.2.2 全局变量

全局变量是指在函数或语句块外部定义的变量,其有效范围是整个程序,始终占用内存空间,直到程序运行结束或者手动通过 del 语句删除变量后释放空间。

全局变量在函数中可以被直接引用,但是不能被修改,除非做了 global 申明。

1. global

global <变量名>

功能:把变量声明为全局变量,从而实现在函数内部使用函数外部全局变量的功能。

【程序源码】(LX0713.py)

```
1.  """全局变量和局部变量,global"""
2.
3.  def f(x,y):
4.      x = x + 1
5.      y = y + 1
6.      global u,v
7.      u = u + 10
8.      v = v + 10
9.      print("在 f 中(局部变量):x={},y={}".format(x,y))
10.     print("在 f 中(全局变量):u={},v={}".format(u,v))
11.
12. u = 10
13. v = 20
14. print("在主程序中,在调用 f 之前(全局变量):u={},v={}".format(u,v))
```

```
15. f(u,v)
16. print("在主程序中,在调用 f 之后(全局变量):u={},v={}".format(u,v))
```

【运行结果】

```
在主程序中,在调用 f 之前(全局变量):u=10,v=20
在 f 中(局部变量):x=11,y=21
在 f 中(全局变量):u=20,v=30
在主程序中,在调用 f 之后(全局变量):u=20,v=30
```

2. nonlocal

nonlocal <变量名>

功能:把局部变量声明为非本地局部变量,适用于函数调用函数的情况。把内层的局部变量设置成为外层局部变量,但仍然不是全局变量。如果不声明,则会屏蔽外部的同名变量,作为本地的局部变量使用。

【程序源码】(LX0714.py)

```
1.  """全局变量和局部变量,nonlocal"""
2.
3.  def f1(x,y):
4.      x = x + 1
5.      y = y + 1
6.      print("在 f1 中,调用 f11 之前(局部变量):x={},y={}".format(x,y))
7.      def f11():
8.          nonlocal x,y
9.          x = x + 1
10.         y = y + 1
11.         print("在 f11 中(局部变量):x={},y={}".format(x,y))
12.     f11()
13.     print("在 f1 中,调用 f11 之后(局部变量):x={},y={}".format(x,y))
14. u = 10
15. v = 20
16. print("在主程序中,在调用 f1 之前(全局变量):u={},v={}".format(u,v))
17. f1(u,v)
18. print("在主程序中,在调用 f1 之后(全局变量):u={},v={}".format(u,v))
```

【运行结果】

```
在主程序中,在调用 f1 之前(全局变量):u=10,v=20
在 f1 中,调用 f11 之前(局部变量):x=11,y=21
在 f11 中(局部变量):x=12,y=22
在 f1 中,调用 f11 之后(局部变量):x=12,y=22
在主程序中,在调用 f1 之后(全局变量):u=10,v=20
```

7.3 库

7.3.1 简介及分类

库也叫模块、包,是一个包含变量、函数和类定义的独立程序。

根据库是否内置在 Python 安装包中,可以将库分为标准库、第三方库和用户库。

1. 标准库

Python 将一些最基本、最常用的库直接集成在 Python 安装包中,随着 Python 安装包的安装而自动安装,不需要手动安装,称之为标准库。标准库在使用时,只需要使用 import 语句导入,就可以直接使用。

2. 第三方库

Python 计算生态中有几十万个库,除了标准库,其他的库都称为第三方库。第三方库在使用前需要手动进行下载和安装,然后通过 import 语句导入后,才能正常使用。

3. 用户库

用户需要根据编程自己定义和使用的库。

7.3.2 import

(1) `import 库 1[, 库 2, …, 库 n]`

功能:导入一个库或者同时导入多个库。

(2) `import 库 as 临时名称`

功能:导入一个库并且起一个临时名称,为了方便记忆和编程,临时别名一般都简短易记。在应用中,库名和别名完全等效。

(3) `from 库 import *`

功能:导入一个库并且在使用时可以省略库名前缀。

(4) `from 库 import 对象`

功能:只从库中导入特定的对象,没有导入的对象暂时无法使用。

(5) `from 库 import 对象 as 临时名称`

功能:只从库中导入特定的对象并且起一个临时名称。

7.3.3 用户库

创建一个用户库就是创建一个包含变量、函数和类定义的 Python 程序,然后将其放在 Python 的可搜索路径范围内,就可以与标准库一样进行引用了。

1. 查看可搜索路径

Python 语言默认的可搜索路径为：Python 安装目录\lib，也包含其他路径，可用标准库 sys 中的 sys.path 进行查看。

【程序源码】（LX0715.py）

```
1.  """查看 Python 的可搜索路径"""
2.
3.  import sys
4.  print(sys.path)
```

【运行结果】

['e:\\微云\\微云网盘\\张明文档\\专著教材\\010-Python 语言程序设计\\项目训练', 'D:\\Program Files\\Python36\\python36.zip', 'D:\\Program Files\\Python36\\DLLs', 'D:\\Program Files\\Python36\\lib', 'D:\\Program Files\\Python36', 'C:\\Users\\Lenovo\\AppData\\Roaming\\Python\\Python36\\site-packages', 'D:\\Program Files\\Python36\\lib\\site-packages', 'D:\\Program Files\\Python36\\lib\\site-packages\\win32', 'D:\\Program Files\\Python36\\lib\\site-packages\\win32\\lib', 'D:\\Program Files\\Python36\\lib\\site-packages\\Pythonwin']

2. 创建库与引用库

【程序源码】（LX0716.py）

```
1.  mint = 123
2.  mfloat = 1234.56789
3.  mcomplex = 1+2j
4.  mbool = True
5.  mstring = "The Zen of Python"
6.
7.  def printstars():
8.      print("***************")
9.
10. def addxy(x,y):
11.     return x+y
```

【程序源码】（LX0717.py）

```
1.  import LX0716 as m
2.
3.  print(m.mint)
4.  print(m.mfloat)
5.  print(m.mcomplex)
6.  print(m.mbool)
7.  print(m.mstring)
8.
```

```
 9.  m.printstars()
10.  print(m.addxy(10,20))
11.  m.printstars()
```

【运行结果】

```
123
1234.56789
(1+2j)
True
The Zen of Python
***************
30
***************
```

7.4 单元拓展：标准库 Random

Random 库是 Python 语言的标准库之一，是一个用来处理随机数的库。

计算机不能产生真正的随机值，是通过梅森旋转算法生成的特定数，也称伪随机数。

Random 库的常用方法及含义如表 7-1 所示。

表 7-1 Random 库常用方法及含义

序号	方　　法	含　　义
1	random.seed(a＝None)	随机数种子。 只要种子相同，产生的随机序列，无论是每一个数，还是数与数之间的关系都是确定的，即可以重现。 无参数则以系统时间作为种子
2	random.random()	生成一个[0.0,1.0)的随机小数
3	random.randint(a,b)	生成一个[a,b]的随机整数
4	random.randrange(start,stop[,step])	生成一个[start,stop)以 step（默认为 1）为步数的随机整数
5	random.uniform(a,b)	生成一个[a,b]的随机小数
6	random.getrandbits(k)	生成一个 k 比特长度的随机整数
7	random.choice(seq)	从序列中随机选择一个元素
8	random.sample(seq,k)	从序列中随机选取 k 个元素，以列表类型返回
9	random.shuffle(seq)	将序列 seq 中的元素随机排列

7.5 项目训练

7.5.1 Fibonacci 数列

（1）项目编号：XMXL0701。

（2）项目要求：从键盘输入一个正整数 N，输出前 N 项 Fibonacci 数列。

（3）程序源码。

```
1.  #-*-coding:UTF-8-*-
2.  """
3.  项目编号:XMXL0701
4.  项目要求:从键盘输入一个正整数 N,输出前 N 项 Fibonacci 数列
5.  """
6.
7.  def f(m):
8.      if m == 0:
9.          return 0
10.     elif m == 1:
11.         return 1
12.     else:
13.         return f(m-1) + f(m-2)
14.
15. try:
16.     n = int(input())
17. except:
18.     print("输入有误!")
19. else:
20.     if n <= 0:
21.         print("输入有误,您输入的是一个负数或零,无法计算!")
22.     else:
23.         for i in range(1,n+1):
24.             print(f(i),end="   ")
```

（4）运行结果。

```
-5
输入有误,您输入的是一个负数或零,无法计算!
0
输入有误,您输入的是一个负数或零,无法计算!

8
1  1  2  3  5  8  13  21
```

7.5.2 汉诺塔问题

汉诺塔又称梵塔，如图 7-5 所示，是一个源于印度古老传说的益智玩具。传说大梵天创

造世界的时候做了三根金刚石柱子,在一根柱子上从下往上按照大小顺序摆着 64 片黄金圆盘。大梵天命令婆罗门把圆盘从下面开始按大小顺序重新摆放在另一根柱子上,并且规定在小圆盘上不能放大圆盘,在三根柱子之间一次只能移动一个圆盘。

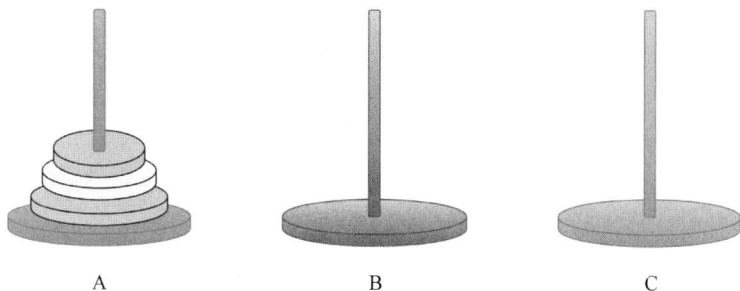

图 7-5 汉诺塔示意图

(1) 项目编号:XMXL0702。

(2) 项目要求:从键盘读入一个正整数作为初始状态的盘子数,模拟汉诺塔的步骤,并且统计移动的总步数。

(3) 程序源码。

```
1.  #-*-coding:UTF-8-*-
2.  """
3.  项目编号:XMXL0702
4.  项目要求:从键盘读入一个正整数作为初始状态的盘子数,模拟汉诺塔的步骤,并且统计移动
    的总步数
5.  """
6.
7.  def hanoi(a,b,c,m):
8.      global count
9.      if m == 1:
10.         print("{}--->{}".format(a,c))
11.         count = count + 1
12.         return
13.     else:
14.         hanoi(a,c,b,m-1)
15.         print("{}--->{}".format(a,c))
16.         count = count + 1
17.         hanoi(b,a,c,m-1)
18.
19. count = 0
20.
21. try:
22.     n = int(input("请输入一个正整数:"))
23. except:
24.     print("输入的数据有误!")
25. else:
26.     if n <= 0:
27.         print("输入的数据小于或等于 0!")
```

```
28.    else:
29.        hanoi('A','B','C',n)
30.        print("总共实施了{}步".format(count))
```

（4）运行结果。

请输入一个正整数:1
A--->C
总共实施了 1 步

请输入一个正整数:2
A--->B
A--->C
B--->C
总共实施了 3 步

请输入一个正整数:3
A--->C
A--->B
C--->B
A--->C
B--->A
B--->C
A--->C
总共实施了 7 步

7.5.3　随机数处理

（1）项目编号：XMXL0703。
（2）项目要求：编程掌握 Random 库中常用方法的使用。
（3）程序源码。

```
1.  #-*-coding:UTF-8-*-
2.  """
3.  项目编号:XMXL0703
4.  项目要求:编程掌握 Random 库中常用方法的使用
5.  """
6.
7.  import random
8.
9.  l1 = []
10. for i in range(10):
11.     l1.append(random.random())
12. print(l1)
13.
14. l2 = []
15. for i in range(10):
```

```
16.    random.seed(100)
17.    l2.append(random.random())
18. print(l2)
19.
20. l3 = []
21. for i in range(10):
22.    l3.append(random.randint(1,10))
23. print(l3)
24.
25. l4 = []
26. for i in range(10):
27.    l4.append(random.randrange(0,100,5))
28. print(l4)
29.
30. l5 = []
31. for i in range(10):
32.    l5.append(random.uniform(-1,1))
33. print(l5)
34.
35. l6 = []
36. for i in range(10):
37.    l6.append(random.getrandbits(3))
38. print(l6)
39.
40. print(random.choice(l6))
41. print(random.sample(l6,3))
42.
43. l6.sort()
44. print(l6)
45.
46. random.shuffle(l6)
47. print(l6)
```

（4）运行结果。

```
[0.7663572218845012, 0.5571644880110536, 0.9267544720554436, 0.3289737071544254,
0.513650875589617, 0.4798350853750034, 0.1823565422133948, 0.15199903950851779,
0.28204129533604216, 0.34601598542462664]
[0.1456692551041303, 0.1456692551041303, 0.1456692551041303, 0.1456692551041303,
0.1456692551041303, 0.1456692551041303, 0.1456692551041303, 0.1456692551041303,
0.1456692551041303, 0.1456692551041303]
[8, 3, 7, 6, 7, 9, 2, 9, 2, 2]
[70, 40, 5, 30, 50, 35, 45, 30, 25, 20]
[-0.622810171651029, -0.3059910927703655, 0.25264327838559475, 0.9266315674017263,
-0.5783320158262997, 0.9122012922333023, 0.11079933160213806, 0.8023040859747845,
0.6360363867148608, -0.6791563800501323]
[5, 5, 0, 1, 0, 4, 3, 1, 6, 6]
6
[0, 1, 6]
[0, 0, 1, 1, 3, 4, 5, 5, 6, 6]
[3, 6, 1, 0, 6, 4, 5, 5, 1, 0]
```

7.6 习 题

1. 判断题

（1）函数是代码复用的一种方式。 （ ）

（2）定义函数时，即使该函数不需要接收任何参数，也必须保留一对空的圆括号来表示
这是一个函数。 （ ）

（3）全局变量会增加不同函数之间的隐式耦合度，从而降低代码可读性，因此应尽量避
免过多使用全局变量。 （ ）

（4）在函数内部，既可以使用 global 来声明使用外部全局变量，也可以使用 global 直接
定义全局变量。 （ ）

2. 单选题

（1）（ ）可以生成一个[0.0,1.0]的随机小数。

    A. random.uniform(0.0,1.0)   B. random.seed(0.0,1.0)

    C. random.randint(0.0,1.0)   D. random.random()

（2）random.uniform(a,b)的作用是（ ）。

    A. 生成一个[a,b]以 1 为步长的随机整数

    B. 生成一个[a,b]的随机整数

    C. 生成一个[0.0,1.0]的随机小数

    D. 生成一个[a,b]的随机小数

（3）（ ）可以生成一个[10,99]的随机整数。

    A. random.uniform(10,99)   B. random.randint(10,99)

    C. random.random()   D. random.randrange(10,99,2)

（4）（ ）正确描述了 random 库的 seed(a)函数的作用。

    A. 生成一个[0.0,1.0]的随机小数

    B. 设置初始化随机数种子为 a

    C. 生成一个随机整数

    D. 生成一个 k 比特长度的随机整数

第8章

面向对象程序设计

主流的程序设计方法有两种：结构化程序设计与面向对象程序设计。

8.1 基 本 概 念

在结构化程序设计中，定义了三种基本结构，即顺序结构、选择结构和循环结构，基于这三种基本结构进行的程序设计就是结构化程序设计。结构化程序设计采用自顶向下、逐步细化、模块化设计、限制使用 goto 语句的设计方法，有明显的模块化特征，每个程序模块具有唯一的入口和出口，其特点是结构简单清晰、可读性高、易维护、易调试、易扩充。

面向对象程序设计是一种将程序分解为封装数据及相关操作的模块而进行的编程方式，其中有几个关键的概念：对象、类、实例和消息。

8.1.1 类与对象

1. 对象

对象是类的一个实例，由状态和行为所组成。

2. 类

类是具有相同特性和行为的对象的抽象。

3. 实例

实例是由某个特定类所描述的一个具体的对象。

4. 消息

消息是对象之间进行通信的一种规格说明。

5. 属性

属性是描述对象的数据，不同的对象可以定义不同的属性，在程序中体现为变量。

6. 事件

事件是预先设定的允许对对象进行的一系列具体操作,如鼠标单击,键盘按键等。

7. 方法

方法是指事件发生后,对象所采取的具体处理方法,在程序中体现为函数,在设计类的方法时,通常把 self 作为第一个参数。

注意:以双下画线开头但是不以双下画线结尾的属性和方法属于局部属性和局部方法,只能在类(对象)的内部使用。

8.1.2 特点与优点

面向对象程序设计的特点是封装性、继承性和多态性。

1. 封装性

封装性是指类和对象是一个数据和方法的相对独立体,封装后的类和对象处于隐藏和保护状态,外部只能调用而不知道内部的实现细节,就像一个黑盒一样,具有安全和稳定等特点。

2. 继承性

继承性是指派生类可以继承基类的属性、事件和方法,派生类也可以添加自己的属性、事件和方法,继承性在类之间建立了一种树形结构。被继承的类叫作父类,继承的类叫作子类。

3. 多态性

多态性是指不同的类和对象可以使用同名的属性、事件和方法。因为类和对象的内部是独立封装的,因此互不影响。

基于上述的面向对象程序设计的特点,面向对象程序设计具有易理解性、可重用性、可扩展性、隐藏性、高安全性和易管理维护性等优点。

8.2 创建与引用

在 Python 语言中,创建类、创建对象、引用对象的格式如下。

1. 创建类

```
class <类名>(父类):
    属性 1 = 值 1
    属性 2 = 值 2
```

......
属性 *n* = 值 *n*
```
def 方法 1(self, 参数列表)
    方法体
def 方法 2(self, 参数列表)
    方法体
```
......
```
def 方法 n(self, 参数列表)
    方法体
```

注意：类名一般采用驼峰式命名，即每个单词的首字母大写。

2. 创建对象

对象 = 类名(实参列表)

3. 引用对象

（1）对象.属性
功能：引用对象中的属性。
（2）对象.方法()
功能：引用对象中的方法。
【程序源码】(LX0801.py)

```
1.  class Student():
2.      stu_no = ''
3.      stu_name = ''
4.      stu_sex = ''
5.      stu_age = 0
6.      def print_stu_info(self):
7.          print("学号:{}".format(self.stu_no))
8.          print("姓名:{}".format(self.stu_name))
9.          print("性别:{}".format(self.stu_sex))
10.         print("年龄:{}".format(self.stu_age))
11.
12. student01 = Student()
13.
14. print("学号:", student01.stu_no)
15. print("姓名:", student01.stu_name)
16. print("性别:", student01.stu_sex)
17. print("年龄:", student01.stu_age)
18.
19. student01.print_stu_info()
20.
21. student01.stu_no = "220101"
22. student01.stu_name = "胡凡林"
23. student01.stu_sex = "女"
24. student01.stu_age = 20
25. student01.print_stu_info()
```

【运行结果】

学号:
姓名:
性别:
年龄:0
学号:
姓名:
性别:
年龄:0
学号:220101
姓名:胡凡林
性别:女
年龄:20

8.3 特 殊 方 法

(1) __init__(self)

构造方法:在创建对象时自动执行,用于对象的初始化。如果用户没有定义,系统会自动创建并且执行。

(2) __del__(self)

析构方法:在删除对象时自动执行,用于删除对象后的清理工作。如果用户没有定义,系统会自动创建并且自动执行。

(3) __repr__(self)

重定义字符串格式:面向程序员,直接输出和 print()输出对象,均为 repr 定义的格式。

(4) __str__(self)

重定义字符串格式:面向用户,直接输出对象是对象的内存地址,print()输出的是 str 定义的格式。

【程序源码】(LX0802.py)

```
1.  class Student():
2.      stu_no = ''
3.      stu_name = ''
4.      stu_sex = ''
5.      stu_age = 0
6.
7.      def print_stu_info(self):
8.          print("学号:{}".format(self.stu_no))
9.          print("姓名:{}".format(self.stu_name))
10.         print("性别:{}".format(self.stu_sex))
11.         print("年龄:{}".format(self.stu_age))
12.
```

```
13.    def __init__(self, sno, sname, ssex, sage):
14.        self.stu_no = sno
15.        self.stu_name = sname
16.        self.stu_sex = ssex
17.        self.stu_age = sage
18.
19. student01 = Student("220101", "胡凡林", "女", 20)
20. student01.print_stu_info()
```

【运行结果】

学号:220101
姓名:胡凡林
性别:女
年龄:20

【程序源码】(LX0803.py)

```
1.  class Student():
2.      stu_no = ''
3.      stu_name = ''
4.      stu_sex = ''
5.      stu_age = 0
6.
7.  class DbStudent(Student):
8.      dbstu_Python = 0
9.      dbstu_Java = 0
10.
11.     def print_stu_info(self):
12.         print("学号:{}".format(self.stu_no))
13.         print("姓名:{}".format(self.stu_name))
14.         print("性别:{}".format(self.stu_sex))
15.         print("年龄:{}".format(self.stu_age))
16.         print("Python成绩:{}".format(self.dbstu_Python))
17.         print("Java成绩:{}".format(self.dbstu_Java))
18.
19.     def __init__(self, sno, sname, ssex, sage, spython, sjava):
20.         self.stu_no = sno
21.         self.stu_name = sname
22.         self.stu_sex = ssex
23.         self.stu_age = sage
24.         self.dbstu_Python = spython
25.         self.dbstu_Java = sjava
26.
27. student01 = DbStudent("220101", "胡凡林", "女", 20,95,89)
28. student01.print_stu_info()
```

【运行结果】

学号:220101

姓名:胡凡林
性别:女
年龄:20
Python 成绩:95
Java 成绩:89

8.4 单元拓展：标准库 Re

Re(Regular expression,正则表达式/规则表达式)是 Python 语言的标准库之一。正则表达式是一个特殊的字符序列,能够检查一个字符串是否与某种模式相匹配,常被用来检索、替换那些符合某个模式或规则的文本。

8.4.1 特殊字符

正则表达式中的特殊字符也叫做元字符,具有特殊的含义,常用的特殊字符及其含义如表 8-1 所示。

表 8-1 正则表达式常用的特殊字符及其含义

类别	序号	符 号	含 义
一般字符	1	.	匹配除"\r"、"\n"之外的任意单个字符
	2	\	不单独使用,将下一个字符标记为一个特殊字符、一个原义字符、一个向后引用或一个八进制转义字符
	3	[⋯]	字符集合,匹配字符集中的任意一个字符
	4	[^⋯]	非字符集合,匹配字符集以外的任意一个字符
	5	[a-z]	字符范围,匹配指定范围内的任意一个字符
	6	\d	匹配一个数字字符,等效于"[0-9]"
	7	\D	匹配一个非数字字符,等效于"[^0-9]"
	8	\s	匹配一个空白字符(包括空格),等效于"[\f\n\r\t\v]"
	9	\S	匹配一个非空白字符,等效于"[^\f\n\r\t\v]"
	10	\w	匹配一个包括下画线的单词字符,等效于"[A-Za-z0-9_]"
	11	\W	匹配一个非单词字符,等效于"[^A-Za-z0-9_]"
数量字符	1	*	匹配前面的子表达式零次或多次
	2	+	匹配前面的子表达式一次或多次
	3	?	匹配前面的子表达式零次或一次
	4	{m}	m 是一个非负整数,匹配 m 次

类别	序号	符　号	含　义
数量字符	5	{m,}	m 是一个非负整数，至少匹配 m 次
	6	{m,n}	m 和 n 均为非负整数，其中 m≤n，最少匹配 m 次且最多匹配 n 次
	7	数量词?	非贪婪模式匹配
边界字符	1	^	匹配输入字符串的开始位置。 如果设置了正则表达式的多行属性，也可以匹配"\n"或"\r"之后的位置
	2	$	匹配输入字符串的结束位置。 如果设置了正则表达式的多行属性，也可以匹配"\n"或"\r"之前的位置
	3	\A	仅匹配字符串开头
	4	\Z	仅匹配字符串末尾
	5	\b	匹配一个单词边界，也就是单词和空格间的位置
	6	\B	匹配非单词边界
分组字符	1	x|y	匹配 x 或 y
	2	(…)	分组匹配，从左到右，每遇到一个分组编号＋1。 分组后面可加数量词
	3	(?P<name>…)	除了分组序号外，指定一个 name 的别名
	4	\<number>	引用编号为 number 的分组匹配到的字符串
	5	(?P=name)	引用别名为 name 的分组匹配到的字符串
其他字符	1	\cx	匹配控制字符
	2	\f	匹配一个换页符，等效于"\x0c"或"\cL"
	3	\n	匹配一个换行符，等效于"\x0a"或"\cJ"
	4	\r	匹配一个回车符，等效于"\x0d"和"\cM"
	5	\t	匹配一个水平制表符，等效于"\x09"或"\c1"
	6	\v	匹配一个垂直制表符，等效于"\x0b"或"\cK"

8.4.2　修饰符

正则表达式可以包含一些可选标志修饰符来控制匹配的模式，常用的修饰符及其含义如表 8-2 所示。

表 8-2　正则表达式常用的修饰符及其含义

序号	修　饰　符	含　义
1	re.I	匹配对大小写不敏感
2	re.L	本地化识别匹配
3	re.M	多行匹配，会影响"^"和"$"

序号	修 饰 符	含 义
4	re.S	使"."匹配包括换行符在内的所有字符
5	re.U	根据 Unicode 字符集解析字符,会影响"\w""\W""\b""\B"
6	re.X	通过更灵活的格式将正则表达式写得更易于理解

8.4.3 常用方法

Re 库的常用方法及含义如表 8-3 所示。

表 8-3 Re 库的常用方法及含义

序号	方 法 名 称	含 义
1	re.compile(pattern[, flags])	生成一个正则表达式 pattern,供方法 match() 和 search() 使用
2	re.match(pattern, string, flags=0)	从字符串 string 的起始位置开始匹配一个模式 pattern,匹配成功则返回一个匹配对象,匹配不成功则返回 None
3	re.search(pattern, string, flags=0)	在整个字符串 string 中匹配模式 pattern,只要找到第一个就匹配成功并且返回一个匹配对象,匹配不成功则返回 None
4	re.findall(pattern, string[, startpos[, endpos]])	在字符串 string 的[startpos, endpos]区间匹配模式 pattern,并且找到所有的子串,返回一个字符串列表
5	re.finditer(pattern, string, flags=0)	在字符串 string 中匹配模式 pattern,并且找到所有的子串,返回一个迭代器对象
6	re.split(pattern, string[, maxsplit=0, flags=0])	按照匹配成功的子串将原字符串分割后返回一个列表
7	re.sub(pattern, replace, string, count=0, flags=0)	用 replace 替换字符串 string 中匹配成功的子串

8.4.4 应用

正则表达式的使用流程如图 8-1 所示,首先根据问题寻找规律,然后依据规律用普通字符、特殊字符和修饰符构建正则表达式,最后用正则表达式与目标字符串进行匹配,并且进行信息的提取或替换。

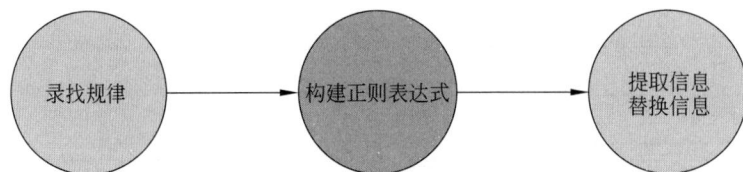

图 8-1 正则表达式的使用流程

【程序源码】（LX0804.py）

```
 1.  import re
 2.
 3.  s = "The Zen of Python,\n2022-05-10"
 4.  print(s)
 5.
 6.  m1 = re.match(r'The', s)
 7.  print(m1.group())
 8.
 9.  m2 = re.match(r'of',  s)
10.  print(m2)
11.  m3 = re.search(r'of', s)
12.  print(m3.group())
13.
14.  m4 = re.findall(r'o', s)
15.  print(m4)
16.
17.  m5 = re.findall(r'[ef]', s)
18.  print(m5)
19.
20.  m6 = re.findall(r'\d', s)
21.  print(m6)
22.
23.  m7 = re.findall(r'.', s)
24.  print(m7)
25.
26.  m8 = re.findall(r'\s', s)
27.  print(m8)
28.
29.  m9 = re.findall(r'\w', s)
30.  print(m9)
31.
32.  m10 = re.findall(r'2*', s)
33.  print(m10)
34.
35.  m11 = re.findall(r'2+', s)
36.  print(m11)
37.
38.  m12 = re.findall(r'2?', s)
39.  print(m12)
40.
41.  l1 = re.split(r'\s', s)
42.  print(l1)
43.
44.  s2 = re.sub(r'\s', '%', s)
45.  print(s2)
```

【运行结果】

```
The Zen of Python,
2022-05-10
The
None
of
['o', 'o']
['e', 'e', 'f']
['2', '0', '2', '2', '0', '5', '1', '0']
['T', 'h', 'e', ' ', 'Z', 'e', 'n', ' ', 'o', 'f', ' ', 'P', 'y', 't', 'h', 'o', 'n',
',', '2', '0', '2', '2', '-', '0', '5', '-', '1', '0']
[' ', ' ', ' ', '\n']
['T', 'h', 'e', 'Z', 'e', 'n', 'o', 'f', 'P', 'y', 't', 'h', 'o', 'n', '2', '0', '2',
'2', '0', '5', '1', '0']
['', '', '', '', '', '', '', '', '', '', '', '', '', '', '', '', '', '', '2', '',
'22', '', '', '', '', '', '', '']
['2', '22']
['', '', '', '', '', '', '', '', '', '', '', '', '', '', '', '', '', '', '2', '', '2',
'2', '', '', '', '', '', '', '']
['The', 'Zen', 'of', 'Python,', '2022-05-10']
The%Zen%of%Python,%2022-05-10
```

8.5 项 目 训 练

8.5.1 猫对象

（1）项目编号：XMXL0801。

（2）项目要求：建立一个从动物到哺乳动物再到猫的对象并且进行引用。

（3）程序源码。

```python
1.  #-*- coding:UTF-8 -*-
2.  """
3.  项目编号:XMXL0801
4.  项目要求:建立一个从动物到哺乳动物再到猫的对象并且进行引用
5.  """
6.
7.  class Animals():
8.      animal_class="cats"
9.      def breathe(self):
10.         print("Breathing")
11.     def move(self):
12.         print("Moving")
13.     def eat(self):
14.         print("Eating food")
15.
```

```
16. class Mammals(Animals):
17.     def breastfeed(self):
18.         print("Feeding young")
19.
20. class Cats(Mammals):
21.     def __init__(self,spots):
22.         self.spots=spots
23.     def catchmouse(self):
24.         print("Catching mouse")
25.
26. print("{:=^20}".format("cats"))
27. cats = Animals()
28. print(cats.animal_class)
29. cats.breathe()
30. cats.move()
31. cats.eat()
32.
33. print("{:=^20}".format("cat"))
34. cat = Mammals()
35. cat.breathe()
36. cat.move()
37. cat.eat()
38. cat.breastfeed()
39.
40. print("{:=^20}".format("spotmau"))
41. spotmau = Cats(10)
42. print(spotmau.spots)
43. spotmau.breathe()
44. spotmau.move()
45. spotmau.eat()
46. spotmau.breastfeed()
47. spotmau.catchmouse()
```

（4）运行结果。

```
========cats========
cats
Breathing
Moving
Eating food
========cat=========
Breathing
Moving
Eating food
Feeding young
======spotmau=======
10
Breathing
Moving
Eating food
```

Feeding young
Catching mouse

8.5.2 校验手机号码

（1）项目编号：XMXL0802。

（2）项目要求：不断地从键盘输入一个个手机号码，应用正则表达式校验其是否满足手机号码的格式要求，直到输入一个空手机号码为止。

（3）程序源码。

```
1.  #-*-coding:UTF-8-*-
2.  """
3.  项目编号:XMXL0802
4.  项目要求:不断地从键盘输入一个手机号码,应用正则表达式校验其是否满足手机号码的
    格式要求,直到输入一个空手机号码为止
5.  """
6.
7.  import re
8.  patter_mp = r'^1[345789]\d{9}$'
9.
10. while True:
11.     mp_number = input("请输入一个手机号码:")
12.     if mp_number == '':
13.         break
14.     else:
15.         m = re.match(patter_mp, mp_number)
16.         if m == None:
17.             print("{}:不是一个手机号码。".format(mp_number))
18.         else:
19.             print("{}:是一个手机号码。".format(mp_number))
```

（4）运行结果。

请输入一个手机号码:china
china:不是一个手机号码。
请输入一个手机号码:1234.56789
1234.56789:不是一个手机号码。
请输入一个手机号码:147258369
147258369:不是一个手机号码。
请输入一个手机号码:13109315689
13109315689:是一个手机号码。
请输入一个手机号码:

8.6 习　　题

1. 判断题

(1) 结构化程序设计方法是用户为了实现具体的编程任务,使用程序语言的语句直接设计每一个(求解)过程的程序设计方法。　　　　　　　　　　　　　　　(　　)

(2) 面向对象程序设计方法是利用程序语言的类,创建相应的对象,实现相应的程序设计。　　　　　　　　　　　　　　　　　　　　　　　　　　　　　(　　)

(3) 在类和方法中,以双下画线开头的属性和方法,只能在类(对象)的内部使用,属于局部属性和局部方法,不能在类(对象)外使用。　　　　　　　　　　　　(　　)

2. 多选题

(1) (　　　)是正确的程序设计方法。

　　A. 面向过程　　　　B. 面向流程　　　　C. 面向对象　　　　D. 结构化

(2) (　　　)是类和对象的特征。

　　A. 封装性　　　　　B. 继承性　　　　　C. 多态性　　　　　D. 扩展性

第**9**章

图形用户界面

用户与计算机进行交互的方式有两种：命令方式和图形用户界面（Graphical User Interface，GUI）方式。

命令方式类似于"Windows命令提示符"，是指通过键盘输入操作命令的方式来操作计算机，而图形用户界面方式是指主要通过鼠标来操作计算机。由于图形用户界面方式具有简单、快捷等优点，因此从命令方式发展过渡到图形用户界面方式是计算机操作系统发展的必由之路。

9.1 图形用户界面基础知识

9.1.1 窗口及其组成元素

一个典型的图形用户界面就是一个窗口，如图9-1所示，窗口由标题栏、系统菜单栏、工具栏、快捷菜单（右键菜单）、主窗体、容器和基本控件组成。常用的基本控件有按钮、单选按

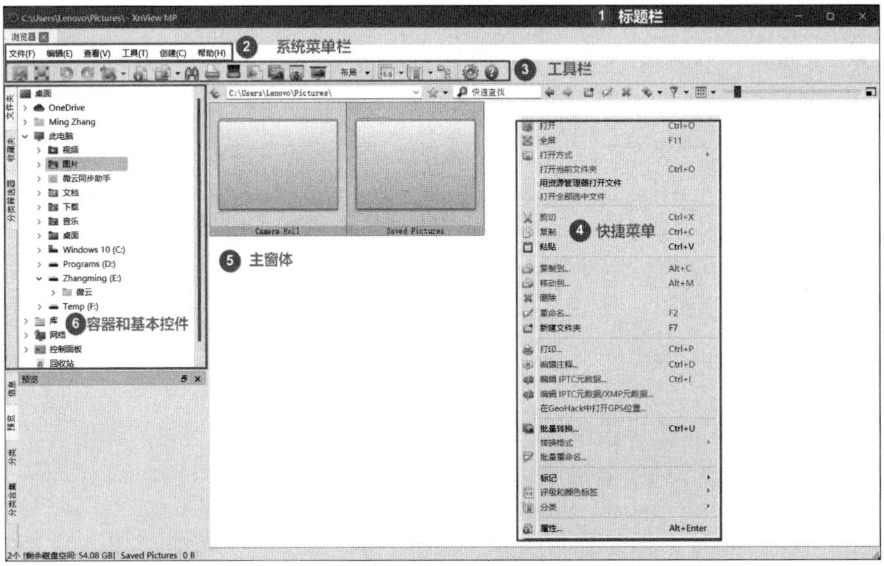

图 9-1　图形用户界面

钮、复选框、标签、文本框、列表框、滚动条等,而容器就是几个基本控件的一个有机组合,例如,工具栏就是一组按钮的容器。

9.1.2 设计开发流程

图形用户界面设计开发的一般流程由创建窗口、添加控件或容器、设置控件的属性、设置事件和方法、交互控制所组成,如图 9-2 所示。

图 9-2 图形用户界面设计流程

(1) 创建窗口:创建一个空白窗口。

(2) 添加控件或容器:在窗口中添加基本控件或容器。

(3) 设置控件的属性:设置窗口中各个控件的属性,例如大小、位置等。

(4) 设置事件和方法:给需要的控件设置相应的事件及其处理方法,例如,给按钮控件设置单击事件及单击时的处理方法。

(5) 交互控制:激活窗口及其窗口中的元素,进入循环交互控制模式,直到关闭窗口或销毁窗口。

9.1.3 Tkinter 简介

Tkinter,即 tk interface,简称 TK,是 Python 的标准库之一,是一个非常流行的 Python GUI 工具库。从本质上来说,Tkinter 是对 TCL/TK 工具包的一种 Python 接口封装,支持跨平台运行,不仅可以在 Windows 平台上运行,还可以在 Linux 和 macOS 平台上运行。

在 Python 语言图形用户开发方面,除了标准库 Tkinter,还有第三方库 wxPython、PyQt、PyGTK、Pywin32 等。与其他图形用户界面的库相比,Tkinter 提供了丰富的窗口控件、窗口布局管理器、事件处理机制等,其开发效率高、代码简洁易读,能够实现快速开发的目的,非常适合初学者学习和使用。

9.2 窗 口

先看一个最简单的关于窗口的实例。

【程序源码】(LX0901.py)

```
1.  import tkinter #导入 Tkinter 库
2.
3.  win = tkinter.Tk() #实例化一个窗口对象,T 大写,k 小写
```

```
4.
5.  win.title("最简单的窗口")  #设置窗口的标题
6.  win.geometry('400×300+400+100')  #设置窗口的大小和位置(相对于屏幕左上角的位置)
7.
8.  win.mainloop()  #进入循环交互控制模式
```

【运行结果】如图 9-3 所示。

图 9-3   练习 0901

9.2.1 窗口创建

（1）根窗口。

窗口对象=tkinter.Tk(className='标题')

（2）下一级窗口。

窗口对象=tkinter.Toplevel()

9.2.2 窗口属性

（1）标题。

窗口对象.title('标题')

（2）宽度和高度(单位: 像素)。

窗口对象['width']=宽度
窗口对象['height']=高度
窗口对象.config(width=宽度, height=高度)
窗口对象.geometry('宽度 x 高度')

注意: 这里是一个小写的 x 字母。

（3）大小和位置（单位：像素）。

窗口对象.geometry('宽度 x 高度+左边距+上边距')

窗口距离屏幕左上角的左边距和上边距。

（4）背景颜色。

窗口对象['bg']='#6位十六进制颜色值'|'颜色单词'

（5）置顶：窗口在最上层显示。

窗口对象.attributes("-topmost",True|False)

（6）透明度。

窗口对象.attributes("-alpha",透明度)

透明度为[0,1]的浮点数，其中1为默认值，表示不透明；0表示全透明。

（7）工具栏样式。

窗口对象.attributes("-toolwindow", True|False)

（8）宽度和高度是否可调。

窗口对象.resizable(width=逻辑值,height=逻辑值),默认值为 True。
窗口对象.resizable(宽度是否可调,高度是否可调)
窗口对象.minsize(宽度,高度),可调时的最小值。
窗口对象.maxsize(宽度,高度),可调时的最大值。

（9）标题栏图标。

窗口对象.iconbitmap(图标文件路径)

（10）最小化、最大化、正常显示。

窗口对象.iconify():最小化
窗口对象.state("zoomed"):最大化
窗口对象.state("icon "):最小化
窗口对象.state("normal "):正常显示

（11）隐藏窗口、显示窗口。

窗口对象.withdraw():隐藏窗口
窗口对象.deiconify():窗口从隐藏状态还原

（12）无边框无组件。

窗口对象.overrideredirect(True)

9.2.3 窗口方法

（1）更新窗口。

窗口对象.update()

（2）进入循环交互控制模式。

窗口对象.mainloop()

（3）关闭窗口。

窗口对象.quit()

（4）删除窗口：释放存储空间。

窗口对象.destroy()

（5）获取系统属性。

获取当前窗口的宽度:窗口对象.winfo_width()
获取当前窗口的高度:窗口对象.winfo_height()

使用前需要调用 window.update()刷新屏幕,否则返回值为1。

获取当前屏幕的宽度:窗口对象.winfo_screenwidth()
获取当前屏幕的高度:窗口对象.winfo_screenheight()

【程序源码】（LX0902.py）

```
1.  """
2.  (1)通过获取系统屏幕属性,让新建的根窗口在屏幕中居中显示
3.  (2)每单击"创建下一级窗口"按钮一次,新建一个窗口
4.  """
5.  import tkinter
6.
7.  win = tkinter.Tk()
8.  win.title("根窗口")
9.  win.geometry('500×300')
10.
11. win_width = 500
12. win_height = 300
13. screen_width = win.winfo_screenwidth()
14. screen_height = win.winfo_screenheight()
15. win_string = "{}×{}+{}+{}".format(win_width, win_height, (screen_width-
    win_width)//2, (screen_height-win_height)//2)
16. win.geometry(win_string)
17.
18. def bt_create_win_pro():
19.     topwin = tkinter.Toplevel()
20.     topwin.title("下一级窗口")
21.     topwin.geometry('300×200')
22.     return
23.
24. bt_create_win = tkinter.Button(win, text = '创建下一级窗口', command = bt_
    create_win_pro)
```

```
25. bt_create_win.place(x = 200, y = 200)
26.
27. win.mainloop()
```

【运行结果】如图 9-4 所示。

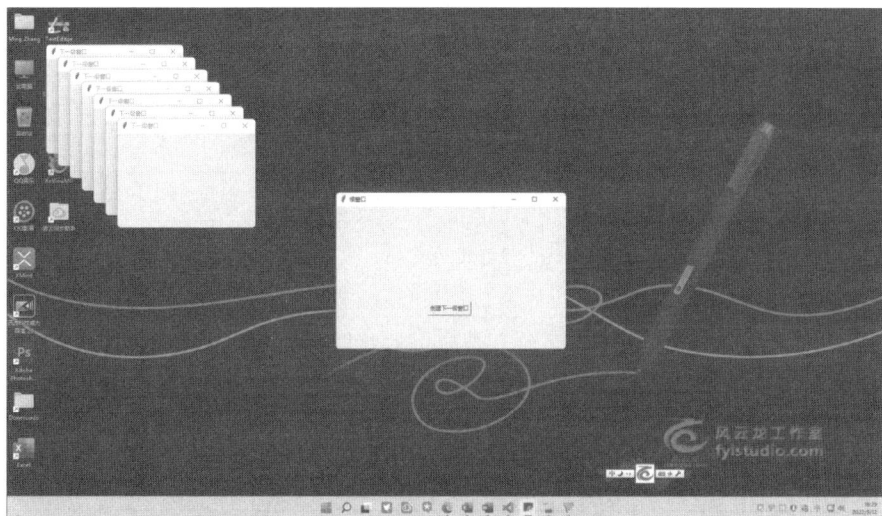

图 9-4　练习 0902

9.3　常用控件与常用属性

9.3.1　常用控件

一个图形用户界面中通常会包含各种各样的不同控件,例如标签、按钮、输入框、列表框等,Tkinter 中常用控件及含义如表 9-1 所示。

表 9-1　Tkinter 常用控件及含义

序号	类　型	名　称	含　义
1	Button	按钮	单击按钮时触发或执行事件
2	Canvas	画布	图形绘制综合控件
3	Checkbutton	复选框	多项选择按钮
4	Entry	文本框	单行文本输入
5	Frame	框架	容器控件,用于承载其他控件
6	Label	标签	用于显示文本或者图片
7	LabelFrame	标签框架	容器控件,用于承载其他控件

序号	类 型	名 称	含 义
8	Listbox	列表框	以列表的形式显示多行文本
9	Menu	菜单	系统菜单和快捷菜单
10	Menubutton	菜单按钮	用于显示菜单项
11	Message	信息	用于显示多行不可编辑的文本,具有自动分行功能
12	MessageBox	消息框	与用户交互的消息对话框
13	OptionMenu	选项菜单	下拉菜单
14	PanedWindow	窗口布局	容器控件,用于承载其他控件
15	Radiobutton	单选按钮	单项选择按钮
16	Scale	进度条	定义一个线性滑块,用来控制选择范围
17	Spinbox	输入框	Entry 控件的升级版,单击上下箭头选择不同的值
18	Scrollbar	滚动条	水平或垂直滚动条,和 Text、Listbox、Canvas 等控件配合使用
19	Text	多行文本框	接收或输出多行文本
20	Toplevel	子窗口	创建一个独立于根窗口的子窗口,位于主窗口的上一层

9.3.2 常用属性

每个控件都有一些相关的属性,不同控件有不同的属性,不同控件也有相同的属性,控件常用属性及含义如表 9-2 所示。

表 9-2 控件常用属性及含义

序号	属 性	含 义
1	anchor	控件在窗口中的方位或内容在控件中的方位,'e'/'s'/'w'/'n'/'ne'/'se'/'nw'/'sw'/'center'(默认),分别代表东/南/西/北/东北/东南/西北/西南/居中
2	bg	控件的背景颜色,取值既可以是颜色的十六进制数,也可以是颜色的英文单词
3	bitmap	显示在控件中的位图文件
4	borderwidth	控件的边框宽度,单位是像素
5	command	控件的事件响应方法
6	cursor	鼠标移动到控件上时指针的类型,'arrow'(默认):箭头;'cross':小十字;'crosshair':大十字;'circle':圆圈;'watch':加载圆圈;'plus':加号
7	font	控件标题文字属性,是一个元组类型的数据（字体、大小、样式）
8	fg	控件的前景颜色或字体颜色,取值等同于 bg 属性
9	height	控件的高度,文本类控件以字符的数目为单位,其他控件以像素为单位
10	image	显示在控件中的图片文件

序号	属 性	含 义
11	justify	多行文字的对齐方式,'left': 左对齐;'center': 居中对齐;'right': 右对齐
12	ipadx,ipady	控件边框与控件中内容之间的间距,单位为像素
13	padx,pady	控件之间的间距,单位为像素
14	relief	控件的边框样式,'flat': 平的;'raised': 凸起的;'sunken': 凹陷的;'groove': 沟槽状;'ridge': 脊状
15	text	控件的标题文字
16	state	控件的可用状态,'normal': 可用;'disabled': 不可用
17	width	控件的宽度,取值等同于 height 属性

9.4　界 面 布 局

界面布局是指一个窗口界面中,各种容器和控件的排列方式。在图形用户界面中,简单优美的界面布局对用户而言显得非常重要。Tkinter 库支持 3 种界面布局方式。

9.4.1　pack()方法

pack()方法以控件添加的先后顺序进行布局,默认情况下,从上到下以行为单位,控件以居中方式进行布局,其常用属性及含义如表 9-3 所示。

表 9-3　pack()方法常用属性及含义

序号	属 性	含 义
1	anchor	控件在窗口中的方位,'e'/'s'/'w'/'n'/'ne'/'se'/'nw'/'sw'/'center'(默认),分别代表东/南/西/北/东北/东南/西北/西南/居中
2	expand	控件是否可扩展,与 fill 属性配合使用。True:可扩展;False:默认,不可扩展
3	fill	控件拉伸,参数为'x'/'y'/'both'/'none'(默认),分别表示控件在水平/垂直/同时在两个方向上进行拉伸/不拉伸
4	ipadx,ipady	控件边框与控件中内容之间的间距,单位为像素
5	padx,pady	控件之间的间距,单位为像素
6	side	控件放置位置,'top'(默认)/'bottom'/'left'/'right',分别表示上/下/左/右

【程序源码】(LX0903.py)

```
1.  import tkinter
2.
3.  win = tkinter.Tk()
```

```
4.   win.title("Pack 布局")
5.   win.geometry("300×300")
6.
7.   for i in range(1,6):
8.       s = "按钮" + str(i)
9.       bt = tkinter.Button(win, text = s, width = 20, height = 2)
10.      bt.pack(pady = 5)
11.
12.  win.mainloop()
```

【运行结果】如图 9-5 所示。

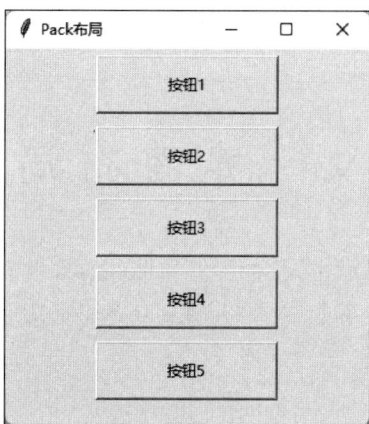

图 9-5　练习 0903

9.4.2　grid()方法

grid()方法以网格的形式进行布局,把窗口看作是一个由虚拟的行和列所组成的表格,控件可以放置在一个或几个单元格中,其常用属性及含义如表 9-4 所示。

表 9-4　grid()方法常用属性及含义

序号	属　　性	含　　义
1	column	控件位于表格中的第几列,默认为第 0 列
2	columnspan	控件所跨的列数,默认为 1 列
3	ipadx,ipady	控件边框与控件中内容之间的间距,单位为像素
4	padx,pady	控件之间的间距,单位为像素
5	row	控件位于表格中的第几行,默认为第 0 行
6	rowspan	控件所跨的行数,默认为 1 行
7	sticky	控件在单元格中的位置,取值与 anchor 属性相同

【程序源码】(LX0904.py)

```
1.  import tkinter
2.
3.  win = tkinter.Tk()
4.  win.title("Grid 布局")
5.  win.geometry("500×300")
6.
7.  for i in range(1,4):
8.      for j in range(1,4):
9.          s = "按钮" + str(i) +str(j)
10.         bt = tkinter.Button(win, text = s, width = 20, height = 2)
11.         bt.grid(row = i, column = j, padx = 5, pady = 5)
12.
13. win.mainloop()
```

【运行结果】如图 9-6 所示。

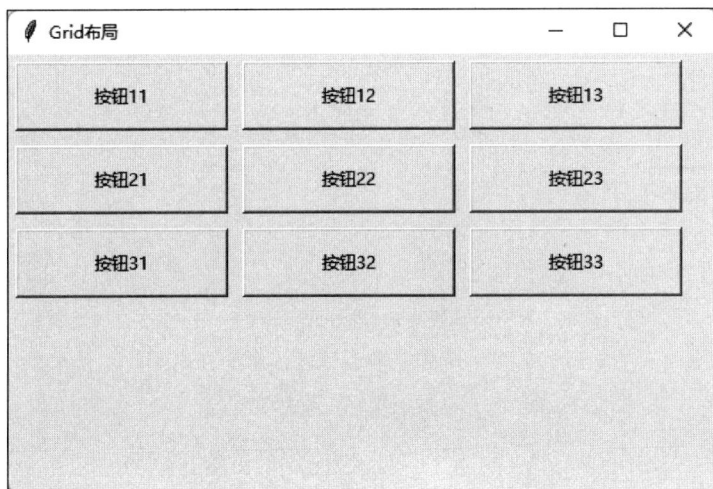

图 9-6 练习 0904

9.4.3 place()方法

place()方法通过指定控件在窗口中的绝对坐标或相对坐标的形式进行精准布局,其常用属性及含义如表 9-5 所示。

表 9-5 place()方法常用属性及含义

序号	属　性	含　义
1	anchor	控件在窗口中的方位,'e'/'s'/'w'/'n'/'ne'/'se'/'nw'(默认)/'sw'/'center',分别代表东/南/西/北/东北/东南/西北/西南/居中
2	bordermode	控件的坐标是否包含边界的宽度,'outside':排除边界;'inside'(默认):包含边界

序号	属　　性	含　　义
3	x、y	控件在窗口中水平和垂直方向上的起始绝对位置
4	relx、rely	控件相对于根窗口（或其他控件）在水平和垂直方向上的相对位置比例，取值为 0.0～1.0
5	height、width	控件的高度和宽度，单位像素
6	relheight、relwidth	控件高度和宽度相对于根窗口高度和宽度的比例，取值为 0.0～1.0

【程序源码】(LX0905.py)

```
1.  import tkinter
2.
3.  win = tkinter.Tk()
4.  win.title("Place 布局")
5.  win.geometry("400×200")
6.
7.  bt1 = tkinter.Button(win, text = "按钮 1", width = 20, height = 2)
8.  bt2 = tkinter.Button(win, text = "按钮 2", width = 20, height = 2)
9.  bt1.place(x = 50, rely = 0.3)
10. bt2.place(x = 210, rely = 0.3)
11.
12. win.mainloop()
```

【运行结果】如图 9-7 所示。

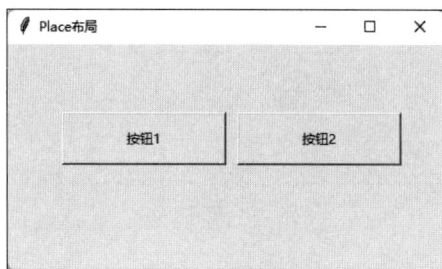

图 9-7　练习 0905

相比较而言，pack()布局简单，place()布局精准，grid()布局灵活。

注意：在同一个程序中不能同时使用 pack()布局和 grid()布局，只能二选一。

9.4.4　Frame 容器

Frame 是一个容器类的控件，首先将 Frame 控件放置在主窗口中，将主窗口分为多个功能不同的区域，再将基本控件放置在 Frame 控件上，达到界面布局的功能。而且 Frame 控件也可以嵌套使用，达到更加灵活的布局效果。Frame 控件的常用属性及含义如表 9-6 所示。

表 9-6　Frame 常用属性及含义

序号	属　　性	含　　义
1	bg	设置背景颜色
2	borderwidth	设置边框宽度
3	colormap	设置 Frame 控件及其子控件的颜色映射
4	container	是否作为容器使用,True(默认):用作容器使用;False:不能用作容器
5	cursor	指定鼠标在 Frame 上时的鼠标样式
6	height/width	设置高度和宽度
7	highlightbackground	设置当 Frame 没有获得焦点时高亮边框的颜色
8	highlightcolor	设置当 Frame 获得焦点时高亮边框的颜色
9	highlightthickness	设置高亮边框的宽度,默认值是 0
10	padx/pady	控件之间的间距,单位为像素
11	relief	控件的边框样式,'flat'(默认):平的;'raised':凸起的;'sunken':凹陷的;'groove':沟槽状;'ridge':脊状
12	takefocus	是否接受输入焦点,即可以通过 Tab 键转移焦点,True:接受;False(默认):不接受

【程序源码】(LX0906.py)

```
1.  import tkinter
2.
3.  win = tkinter.Tk()
4.  win.title("Frame 布局")
5.  win.geometry("400×200")
6.
7.  frame1 = tkinter.Frame(win, bg = '#00FF33')
8.  bt1 = tkinter.Button(frame1, text = "按钮 1", width = 20, height = 2)
9.  bt1.pack()
10. frame1.pack(side = 'left', fill = 'both', expand = True)
11.
12. frame2 = tkinter.Frame(win, bg = '#00CC66')
13. bt2 = tkinter.Button(frame2, text = "按钮 2", width = 20, height = 2)
14. bt2.pack()
15. frame2.pack(side = 'right', fill = 'both', expand = True)
16.
17. win.mainloop()
```

【运行结果】如图 9-8 所示。

9.4.5　LabelFrame 容器

LabelFrame 也是一个容器类的控件,主要用来将相关的控件进行分组,并且在控件的

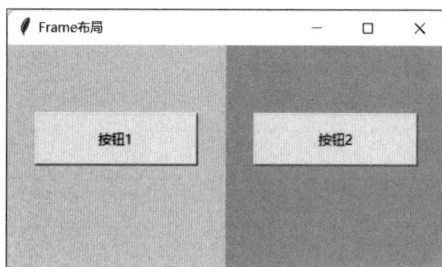

图 9-8　练习 0906

周围绘制一个边框和一个标题,其属性类似于 Frame。

【程序源码】(LX0907.py)

```python
1.  import tkinter
2.
3.  win = tkinter.Tk()
4.  win.title("LabelFrame 布局")
5.  win.geometry("300×300")
6.
7.  lf = tkinter.LabelFrame(win, text = "这是一组按钮")
8.  lf.pack(pady = 10)
9.
10. for i in range(1, 6):
11.     s = "按钮" + str(i)
12.     bt = tkinter.Button(lf, text = s, width = 20, height = 2)
13.     bt.pack(padx = 15, pady = 2)
14.
15. win.mainloop()
```

【运行结果】如图 9-9 所示。

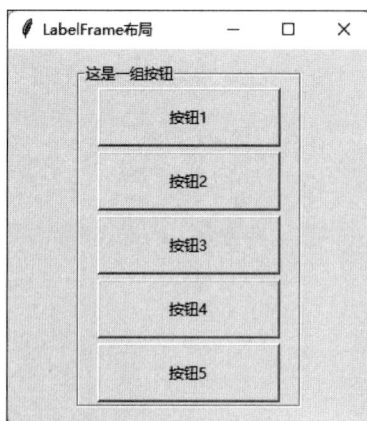

图 9-9　练习 0907

9.4.6 PanedWindow 容器

PanedWindow 也是一个容器类控件,功能类似于 Frame,特点是可以自主地调整界面划分以及动态调整每个区域的大小,其常用属性及含义和常用方法及含义分别如表 9-7 和表 9-8 所示。

表 9-7 PanedWindow 常用属性及含义

序号	属 性	含 义
1	handlepad	设置手柄的位置,默认为 8 像素
2	handlesize	设置手柄的大小(正方形),默认为 8 像素
3	opaqueresize	设置调整窗格大小的方式,True(默认):随用户鼠标的拖拽而改变;False:用户释放鼠标时更新大小
4	orient	设置窗格的分布方式,"horizontal"(默认):水平分布;"vertical":垂直分布
5	relif	设置边框样式,'flat'(默认):平的;'raised':凸起的;'sunken':凹陷的;'groove':沟槽状;'ridge':脊状
6	sashpad	设置分割线到窗格的间距
7	sashrelief	设置分割线的样式,参数等同于 relif
8	sashwidth	设置分割线的宽度
9	showhandle	设置是否显示调节窗格手柄,True:显示;False(默认):不显示
10	height/width	设置窗格的高度和宽度,若不设置,则大小由其子控件的尺寸所决定

表 9-8 PanedWindow 常用方法及含义

序号	方 法	含 义
1	add(child)	在窗格中添加一个子控件
2	forget(child)	从窗格中删除一个子控件
3	panecget(child, option)	获得子控件指定选项的值
4	paneconfig(child, **options)	设置子控件的各种选项
5	panes()	将父控件中包含的子控件以列表的形式返回
6	sash_coord(index)	返回一个元组表示的指定分割线的起点坐标
7	sash_place(index, x, y)	将指定的分隔线移动到一个新位置

【程序源码】(LX0908.py)

```
1.  import tkinter
2.
3.  win = tkinter.Tk()
4.  win.title("PanedWindow 布局")
5.  win.geometry('400×300')
```

```
6.
7.  pw1 = tkinter.PanedWindow(win)
8.  pw1.pack(fill='both', expand=True)
9.
10. lb1 = tkinter.Label(pw1, text="left", bd=2, fg="black", bg="#999999",
    width=15)
11. pw1.add(lb1)
12.
13. pw2 = tkinter.PanedWindow(pw1, orient='vertical')
14. pw1.add(pw2)
15.
16. lb2 = tkinter.Label(pw2, text='top', bd=2, fg='black', bg='#bbbbbb',
    height=5)
17. pw2.add(lb2)
18.
19. lb3 = tkinter.Label(pw2, text='main', bd=2, fg="black", bg="#dddddd")
20. pw2.add(lb3)
21.
22. win.mainloop()
```

【运行结果】如图 9-10 所示。

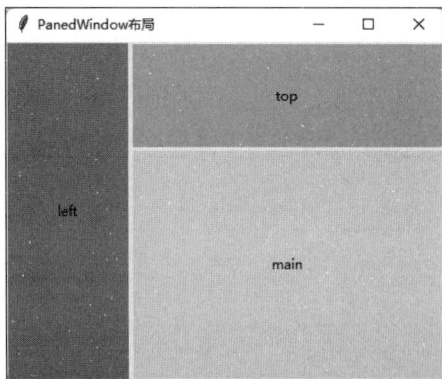

图 9-10　练习 0908

9.5　事　件　处　理

　　在图形用户界面中,所有的操作都是由用户通过鼠标操作或键盘按键来实现的,将用户对界面的操作叫作事件,例如,鼠标单击一个按钮或者在文本框中输入一行文字等。事件会触发一系列操作,即事件绑定了方法或函数,例如,单击窗口上右上角的"关闭"按钮就会关闭当前窗口。

9.5.1 事件类型

事件类型,也称事件码,是 Tkinter 库预先所规定好的,主要包括鼠标、键盘、光标等相关事件,其语法格式为

```
<modifier-type-detail>
```

其中,modifier:可选项,事件类型的修饰符,如表 9-9 所示,通常用于描述组合键、双击、大写锁定键等;

type:必选项,表示事件的具体类型;

detail:可选项,一般用来指具体的哪个按键。例如<Button-1>表示单击鼠标左键事件,<Double-Button-1>表示双击鼠标左键事件。

表 9-9 事件类型修饰符及含义

序号	修 饰 符	含 义
1	Control	事件发生时须按下 Ctrl 键
2	Alt	事件发生时须按下 Alt 键
3	Shift	事件发生时须按下 Shift 键
4	Lock	事件发生时须处于大写锁定状态
5	Double	事件连续发生两次
6	Triple	事件连续发生三次
7	Quadruple	事件连续发生四次

常用的事件类型及含义如表 9-10 所示。

表 9-10 常用的事件类型及含义

序号	事 件 码	含 义
1	<ButtonPress-1/2/3>	可简写为<Button-1/2/3>,分别为单击鼠标左键/中间键/右键
2	<ButtonRelease-1/2/3>	释放鼠标左键/中间键/右键
3	<B1/2/3-Motion>	按住鼠标左键/中间键/右键移动
4	<Motion>	鼠标移动
5	<MouseWheel>	转动鼠标滚轮
6	<Double-Button-1>	双击鼠标左键
7	<Enter>	鼠标指针进入控件
8	<Leave>	鼠标指针离开控件
9	<Key>	按下键盘上的任意键
10	<KeyPress-字母>/<KeyPress-数字>	按下键盘上的某一个字母键或数字键

序号	事　件　码	含　　义
11	＜KeyRelease＞	释放键盘上的按键
12	＜Return＞/＜Shift＞/＜Tab＞/＜Control＞/＜Alt＞	
13	＜Space＞	空格键
14	＜Up＞/＜Down＞/＜Left＞/＜Right＞	方向键
15	＜F1＞…＜F12＞	功能键
16	＜Control-Alt-Shift＋key＞	组合键
17	＜FocusIn＞	控件获取焦点
18	＜FocusOut＞	控件失去焦点
19	＜Configure＞	控件发生改变
20	＜Deactivate＞	控件的状态从"激活"变为"未激活"
21	＜Destroy＞	控件被销毁
22	＜Expose＞	窗口或控件的某部分不被覆盖
23	＜Visibility＞	窗口或控件至少有一部分在屏幕中是可见状态

9.5.2　事件属性

事件的常用属性及含义如表 9-11 所示。

表 9-11　事件的常用属性及含义

序号	属　　性	含　　义
1	widget	发生事件控件
2	x,y	相对于当前窗口的左上角,鼠标指针的坐标位置
3	x_root,y_root	相对于屏幕的左上角,鼠标指针的坐标位置
4	char	按键对应的字符
5	keysym	按键名
6	keycode	按键码
7	num	单击了鼠标的哪个按键
8	width,height	控件修改后的宽度和调试
9	type	事件类型

9.5.3　事件绑定与解绑

（1）`widget.bind("<event>", func)`

为控件 widget 绑定事件 event 和对应的方法 func。

（2）`widget.unbind()`

解绑控件 widget 已经绑定的事件和方法。

【程序源码】（LX0909.py）

```
1.  import tkinter
2.
3.  win = tkinter.Tk()
4.  win.title("事件处理-键盘事件")
5.  win.geometry("300×200")
6.
7.  def lb_pro(event):
8.      lb.config(text = "您所按的键是:\n" + event.keysym)
9.      return
10.
11. lb = tkinter.Label(win, text = "请按键进行测试!", font = ('微软雅黑', 20))
12. lb.pack(pady = 30)
13. lb.bind('<Key>', lb_pro)
14. lb.focus_set()
15.
16. win.mainloop()
```

【运行结果】如图 9-11 和图 9-12 所示。

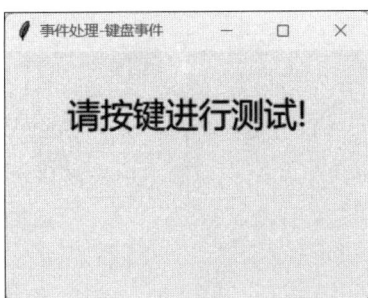

图 9-11　练习 0909-按键前

图 9-12　练习 0909-按键后

【程序源码】（LX0910.py）

```
1.  import tkinter
2.
3.  win = tkinter.Tk()
4.  win.title("事件处理-鼠标事件")
5.  win.geometry("400×300")
```

```
6.
7. def lb_pro(event):
8.     s = "当前鼠标所在位置为:\n({}, {})".format(event.x,event.y)
9.     lb.config(text = s)
10.    return
11.
12. lb = tkinter.Label(win, text = "请在窗口中移动鼠标!", font = ("微软雅黑",20))
13. lb.pack(fill = 'both', expand = True)
14. lb.bind('<Motion>', lb_pro)
15.
16. win.mainloop()
```

【运行结果】如图 9-13 和图 9-14 所示。

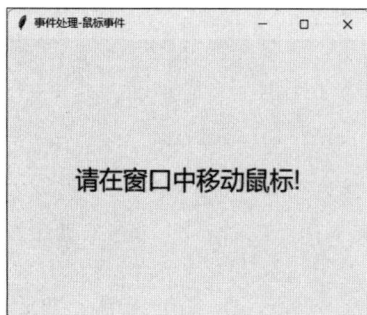

图 9-13　练习 0910-初始状态

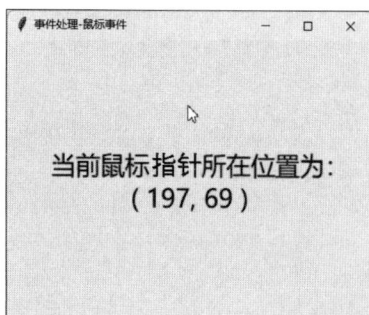

图 9-14　练习 0910-移动鼠标指针

9.6　动 态 数 据

在图形用户界面设计中,通常需要将用户与控件之间的交互状态与某种变量进行双向绑定,即交互操作可以改变变量值,反过来,变量值的改变可以调整控件的状态,并且这种绑定是实时双向的,这样的变量被称为动态数据,Tkinter 提供了几个专用方法用来创建动态数据。

（1）IntVar()：创建动态整型数据；

（2）DoubleVar()：创建动态浮点型数据；

（3）BooleanVar()：创建动态布尔型数据；

（4）StringVar()：创建动态字符串数据。

9.7　基 本 控 件

9.7.1　Label(标签)控件

Label(标签)控件是最常用的控件之一,用来在窗口中显示文本和图像信息,其显示区域如图 9-15 所示,其常用属性及含义如表 9-12 所示。

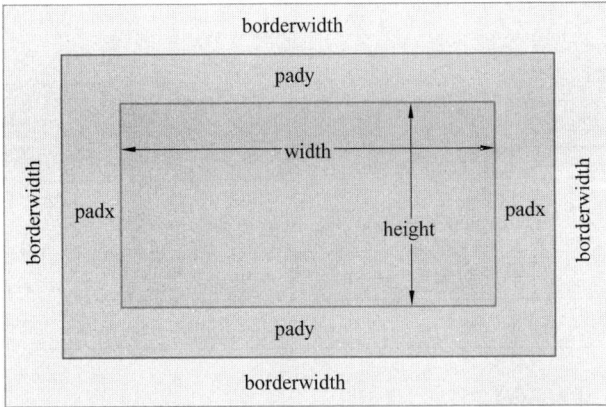

图 9-15　Label 显示区域

表 9-12　Label 常用属性及含义

序号	属　　性	含　　　　义
1	anchor	文本或图像在标签中的显示方位,'e'/'s'/'w'/'n'/'ne'/'se'/'nw'/;sw'/'center'(默认)分别代表东/南/西/北/东北/东南/西北/西南/居中
2	bg	背景颜色,取值既可以是颜色的十六进制数,也可以是颜色的英文单词
3	bitmap	显示在控件内的位图文件,如有 image 参数,则自动忽略此参数
4	borderwidth	控件的边框宽度,单位是像素,默认为 2 个像素
5	compound	文本与图像的混合模式,'top'/'bottom'/'left'/'right'/'center'分别表示图像显示在文本的上/下/左/右/文本叠加到图像上方。如果无参数则只显示图像,文本不显示
6	cursor	鼠标指针移动到控件上时鼠标指针的形状,'arrow'(默认形):箭头形;'cross':小十字形;'crosshair':大十字形;'circle':圆圈形;'watch':加载圆圈形;'plus':加号形
7	disableforeground	当控件为不可用状态时的前景色
8	font	控件标题文字属性,它是一个元组类型的数据(字体、大小、样式)
9	fg	字体颜色,取值等同于 bg 属性
10	height	控件的高度,文本类控件以字符的数目为高度,其他控件以像素为单位
11	highlightbackground	当控件没有获得焦点时高亮边框的颜色,默认是标准背景色
12	highlightcolor	当控件获得焦点时高亮边框的颜色,默认为 0,不带高亮边框
13	image	显示在控件内的图片文件
14	justify	多行文字的对齐方式,'left':左对齐;'center':居中对齐;'right':右对齐
15	padx,pady	控件边框与控件中内容之间的间距,单位为像素
16	relief	控件的边框样式,'flat':平的;'raised':凸起的;'sunken':凹陷的;'groove':沟槽状;'ridge':脊状

序号	属　　　性	含　　　义
17	state	控件状态,"normal"(默认)/"active"/"disabled"
18	takefocus	是否接受输入焦点,False(默认)/True
19	text	控件的标题文字
20	underline	给指定位置的字符添加下画线,默认值为-1,表示不添加;当设置为 n 时,给第 n-1 个字符添加下画线
21	width	控件的宽度,取值等同于 height 属性
22	wraplength	将显示的文本分行,默认值为 0 表示不分行

【程序源码】(LX0911.py)

```python
1.  import tkinter
2.
3.  win = tkinter.Tk()
4.  win.title("标签-Label")
5.  win.geometry('400×300')
6.
7.  win.iconbitmap("images\\fyl_blue.ico")
8.
9.  logo = tkinter.PhotoImage(file = 'images\\fyl_blue.png')
10. lb1 = tkinter.Label(text="标签 1", image = logo)
11. lb2 = tkinter.Label(text = "风云龙工作室\nwww.fylstudio.com", font = ("微软
    雅黑", "18"))
12. lb1.pack()
13. lb2.pack()
14.
15. win.mainloop()
```

【运行结果】如图 9-16 所示。

图 9-16　练习 0911

9.7.2　Message(消息)控件

Message(消息)控件用来显示多行不可编辑的文本信息,其特点是文本信息可以自动分行。

【程序源码】(LX0912.py)

```
1.  import tkinter
2.
3.  win = tkinter.Tk()
4.  win.title("消息-Message")
5.  win.geometry("300×200")
6.  win.iconbitmap("images\\fyl_blue.ico")
7.
8.  s = "The Zen of Python, by Tim Peters"
9.
10. ms = tkinter.Message(win, text = s)
11. ms.pack()
12.
13. win.mainloop()
```

【运行结果】如图 9-17 所示。

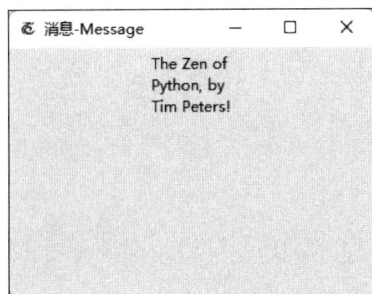

图 9-17　练习 0912

9.7.3　Button(按钮)控件

Button(按钮)控件也是最常用的控件之一,通过 command 属性和对应的方法实现动态的交互和程序的流转,其常用专有属性及含义如表 9-13 所示,控件的通用属性不再做介绍。

表 9-13　Button 常用专有属性及含义

序号	属　　性	含　　义
1	activebackground	当鼠标指针放在按钮上时按钮的背景颜色
2	activeforeground	当鼠标指针放在按钮上时按钮的前景色
3	command	当单击按钮时,执行的方法(函数)

【程序源码】(LX0913.py)

```
1.  import tkinter
2.
3.  win = tkinter.Tk()
4.  win.title("按钮-Button")
5.  win.geometry("300×200")
6.  win.iconbitmap("images\\fyl_blue.ico")
7.
8.  bt = tkinter.Button(win, text = "关闭窗口", width = 20, height =2, command =
    win.destroy)
9.  bt.pack(pady = 50)
10.
11. win.mainloop()
```

【运行结果】如图 9-18 所示。

图 9-18　练习 0913

9.7.4　Radiobutton(单选按钮)控件

Radiobutton(单选按钮)控件是同时提供一组按钮供用户选择,但是只能有一个可以被选中,其专有属性及含义如表 9-14 所示,其常用方法及含义如表 9-15 所示。

表 9-14　Radiobutton 专有属性及含义

序号	属　性	含　义
1	activebackground	当控件处于活动状态时的背景色
2	activeforeground	当控件处于活动状态时的前景色
3	disabledforeground	当控件不可用时的前景色
4	indicatoron	是否绘制选项前面的小圆圈,True(默认)/False
5	selectcolor	当控件为选中状态时的颜色
6	selectimage	当控件为选中状态时显示的图片
7	variable	与控件关联的变量,单选按钮中所有按钮指向同一个变量

表 9-15　**Radiobutton 常用方法及含义**

序号	方　法	含　义
1	deselect()	取消按钮的选中状态
2	flash()	刷新控件
3	invoke()	调用控件 command 属性指定的函数,并且返回函数的返回值,如果控件的状态不可用或没有 command 属性时则无效
4	select()	控件为选中状态

【程序源码】(LX0914.py)

```python
1.  import tkinter
2.
3.  win = tkinter.Tk()
4.  win.title("单选按钮-Radiobutton")
5.  win.geometry('400×300')
6.
7.  lb = tkinter.Label(win, text = "请选择您的专业", font = ("微软雅黑", 15))
8.  lb.pack(pady = 20)
9.
10. fr = tkinter.Frame(win, bd = 1, relief = 'solid', padx = 20, pady = 20)
11. fr.pack(pady = 20)
12.
13. def rbpro():
14.     rbs = "rb" + str(v.get()) + "['text']"
15.     lb.config(text = "您的专业是:" + eval(rbs))
16.
17. v =tkinter.IntVar()
18. v.set(1)
19.
20. rb1 = tkinter.Radiobutton(fr,value=1,variable=v,command=rbpro,text=
    '计算机科学与技术')
21. rb2 = tkinter.Radiobutton(fr,value=2,variable=v,command=rbpro,text=
    '软件工程')
22. rb3 = tkinter.Radiobutton(fr,value=3,variable=v,command=rbpro,text=
    '数据科学与大数据技术')
23. rb4 = tkinter.Radiobutton(fr,value=4,variable=v,command=rbpro,text=
    '智能科学与技术')
24.
25. rb1.pack(anchor = 'w')
26. rb2.pack(anchor = 'w')
27. rb3.pack(anchor = 'w')
28. rb4.pack(anchor = 'w')
29.
30. win.mainloop()
```

【运行结果】如图 9-19 和图 9-20 所示。

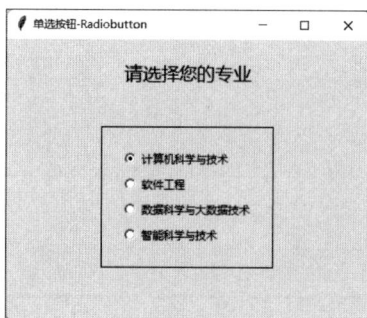

图 9-19　练习 0914-选择前　　　　　图 9-20　练习 0914-选择后

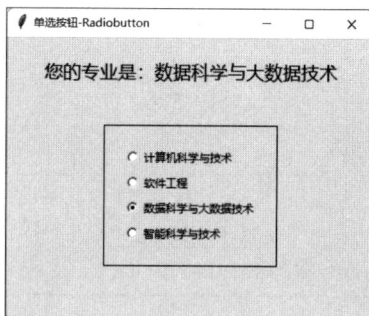

9.7.5　Checkbutton(复选框)控件

Checkbutton(复选框)控件也是同时提供一组按钮供用户选择,但用户可以从中选择零个或多个,甚至全部选中,其专有属性及含义如表 9-16 所示,常用方法及含义如表 9-17所示。

表 9-16　Checkbutton 专有属性及含义

序号	属 性	含 义
1	variable	控件关联的变量,该变量值在 onvalue 和 offvalue 设置值之间切换
2	onvalue	设置选中状态的值,默认为 1
3	offvalue	设置未选中状态的值,默认为 0
4	indicatoron	是否绘制选项前面的小方块,True(默认)/False
5	selectcolor	当控件为选中状态时的颜色
6	selectimage	当控件为选中状态时显示的图片
7	textvariable	绑定 text 属性与动态数据
8	wraplength	文本被分成多少行

表 9-17　Checkbutton 常用方法及含义

序号	方 法	含 义
1	deselect()	控件为未选中状态,即 variable 的值为 offvalue
2	flash()	刷新控件
3	invoke()	调用控件 command 属性指定的函数,并且返回函数的返回值,如果控件的状态不可用或没有 command 属性时则无效
4	select()	控件为选中状态,即 variable 的值为 onvalue
5	toggle()	改变复选框的状态,即在 onvalue 和 offvalue 之间切换

【程序源码】(LX0915.py)

```
1.  import tkinter
2.
3.  win = tkinter.Tk()
4.  win.title("复选按钮-Checkbutton")
5.  win.geometry('400×300')
6.
7.  lb1=tkinter.Label(win,text="请选择您学习过的程序设计语言", font = ("微软雅
    黑", 15))
8.  lb1.pack()
9.
10. fr=tkinter.Frame(win,bd=1,relief='solid',padx=20,pady=10)
11. fr.pack(pady =10)
12.
13. v1 = tkinter.BooleanVar()
14. v2 = tkinter.BooleanVar()
15. v3 = tkinter.BooleanVar()
16. v4 = tkinter.BooleanVar()
17.
18. def cbpro():
19.     st=""
20.     for i in range(1,5):
21.         v=eval("v"+str(i))
22.         cb=eval("cb"+str(i))
23.         if v.get()==1:
24.             st=st+cb['text']+"\n"
25.     lb1.config(text="您学习过的语言有:\n"+st)
26.
27. cb1 = tkinter.Checkbutton(fr,variable=v1,command=cbpro,text="Python 语言")
28. cb2 = tkinter.Checkbutton(fr,variable=v2,command=cbpro,text="Java 语言")
29. cb3 = tkinter.Checkbutton(fr,variable=v3,command=cbpro,text="C 语言")
30. cb4 = tkinter.Checkbutton(fr,variable=v4,command=cbpro,text="Go 语言")
31.
32. cb1.pack(anchor = 'w')
33. cb2.pack(anchor = 'w')
34. cb3.pack(anchor = 'w')
35. cb4.pack(anchor = 'w')
36.
37. cb1.deselect()
38. cb2.deselect()
39. cb3.deselect()
40. cb4.deselect()
41.
42. win.mainloop()
```

【运行结果】如图 9-21 和图 9-22 所示。

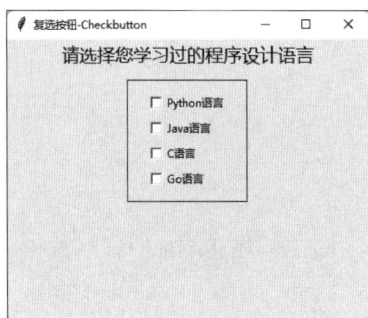

图 9-21　练习 0915-未选择

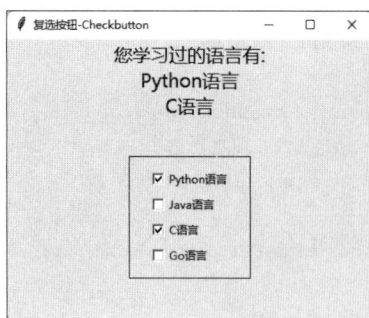

图 9-22　练习 0915-已选择

9.7.6　Entry(单行输入框)控件

Entry(单行输入框)控件是一个常用控件,用来接收从键盘输入的文本信息,常用于用户名、密码等信息的采集,其专有属性及含义如表 9-18 所示,常用方法及含义如表 9-19 所示。

表 9-18　Entry 专有属性及含义

序号	属　　性	含　　义
1	exportselection	是否允许复制文本框中选中的文本,True(默认)/False
2	selectbackground	选中文本框中文本时的背景色
3	selectforeground	选中文本框中文本时的文字颜色
4	show	文本框中文本的显示样式,默认为原样显示
5	textvariable	文本框关联的动态数据
6	xscrollcommand	设置输入框内容滚动条

表 9-19　Entry 常用方法及含义

序号	方　　法	含　　义
1	delete()	根据索引值删除文本框内对应的文本
2	get()	获取输入框内的文本
3	set()	设置输入框内的文本
4	insert()	在指定的位置插入文本
5	index()	返回指定文本的索引值
6	select_clear()	取消选中状态
7	select_adjust()	选中指定索引之前的文本
8	select_from(index)	通过索引值 index 选中文本

序号	方　　法	含　　义
9	select_present()	输入框中的文本是否有处于选中状态,返回 True 或 False
10	select_to()	选中指定索引与光标之间的文本
11	select_range(start,end)	选中 start 到 end 之间的文本

【程序源码】(LX0916.py)

```
1.  import tkinter
2.
3.  win = tkinter.Tk()
4.  win.title("单行输入框-Entry")
5.  win.geometry('400×200')
6.
7.  sname=tkinter.StringVar()
8.  sname.set("输入您的姓名")
9.
10. def tjpro():
11.     lb1.config(text="您的姓名:"+sname.get())
12.
13. def qkpro():
14.     lb1.config(text="请输入姓名")
15.     sname.set("")
16.
17. lb1 = tkinter.Label(win,text="请输入姓名",font = ("微软雅黑",15))
18. e1 = tkinter.Entry(win,textvariable=sname,show=None,font=('Arial', 14))
19.
20. f1 = tkinter.Frame(win)
21. bt1 = tkinter.Button(f1,text="提交",padx=15,command=tjpro)
22. bt2 = tkinter.Button(f1,text="清空",padx=15,command=qkpro)
23.
24. lb1.pack(pady =15)
25. e1.pack(pady =15)
26. f1.pack(pady = 15)
27. bt1.pack(side="left",padx = 10)
28. bt2.pack(side="left",padx = 10)
29.
30. win.mainloop()
```

【运行结果】如图 9-23 和图 9-24 所示。

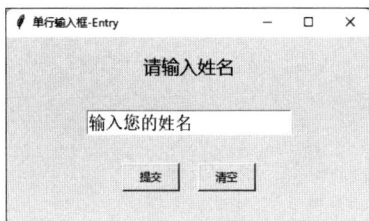

图 9-23　练习 0916-未输入

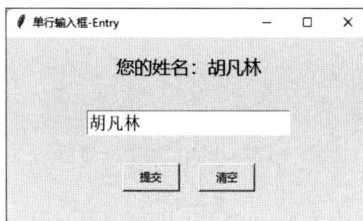

图 9-24　练习 0916-提交后

9.7.7　Spinbox(高级输入框)控件

Spinbox(高级输入框)控件是 Entry 的升级版本,不但支持用户直接输入内容,也支持用户通过微调选择器输入内容,常用于在固定范围内选取一个值的情况。

【程序源码】(LX0917.py)

```
1.  import tkinter
2.
3.  win = tkinter.Tk()
4.  win.title("高级输入框-Spinbox")
5.  win.geometry('400×200')
6.
7.  def dispval():
8.      lb1.config(text="您的选择是:\n"+"类型: "+sb1.get()+"  价格: "+sb2.get())
9.
10. sb1 = tkinter.StringVar()
11. sb2 = tkinter.StringVar()
12.
13. lb1 = tkinter.Label(win,text="请选择您的美食类型及档次:",font = ("微软雅黑",
    15))
14. lb1.pack(pady = 15)
15.
16. f1 = tkinter.Frame(win,bd=1)
17. f1.pack(pady = 15)
18. spinbox1 = tkinter.Spinbox(f1,textvariable=sb1,values=("西餐","中餐","快
    餐","火锅"),increment=1,command=dispval)
19. spinbox2 = tkinter.Spinbox(f1,textvariable=sb2,from_=20,to=50,increment=5,
    command=dispval)
20.
21. spinbox1.pack(fill='x')
22. spinbox2.pack(fill='x')
23.
24. win.mainloop()
```

【运行结果】如图 9-25 和图 9-26 所示。

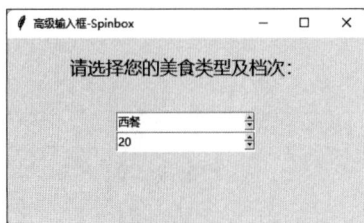

图 9-25　练习 0917-未选择

图 9-26　练习 0917-已选择

9.7.8　Text(多行文本框)控件

Text(多行文本框)类似于单选输入框,主要用来显示和编辑多行文本信息,其专有属性及含义如表 9-20 所示,常用方法及含义如表 9-21 所示。

表 9-20　Text 专有属性及含义

序号	属　　性	含　　义
1	autoseparators	执行撤销操作时是否自动插入一个分隔符,True(默认)/False
2	exportselection	是否允许复制文本框中选中的文本,True(默认)/False
3	insertbackground	设置插入光标的颜色,默认为黑色
4	insertborderwidth	设置插入光标的边框宽度,默认为 0
5	insertofftime	设置光标灭的闪烁频率
6	insertontime	设置光标亮的闪烁频率
7	selectbackground	被选中文本的背景颜色
8	selectborderwidth	被选中文本的边框宽度,默认值是 0
9	selectforeground	被选中文本的字体颜色
10	setgrid	是否启用网格控制,True/False(默认值)
11	spacing1	每一行与上方的间距,忽略自动换行,默认值为 0
12	spacing2	自动换行的各行之间的间距,默认值为 0
13	spacing3	每一行与下方的间距,忽略自动换行,默认值为 0
14	tabs	Tab 按键的功能,默认为 8 个字符宽度
15	undo	是否开启撤销功能,True/False(默认)
16	wrap	当一行文本的长度超过 width 属性设置的宽度时如何换行,none:不自动换行;char:按字符自动换行;word:按单词自动换行
17	xscrollcommand	与 Scrollbar 控件相关联,沿水平方向滑动
18	yscrollcommand	与 Scrollbar 控件相关联,沿垂直方向滑动

表 9-21　Text 常用方法及含义

序号	方　　法	含　　义
1	bbox(index)	返回指定索引字符的边界框,是一个元组类型的数据,格式为(x,y,width,height)
2	edit_modified()	查询和设置 modified 标志,用于检验文本框中的内容是否发生变化
3	edit_redo()	恢复上一步撤销的操作
4	edit_separator()	插入一个分隔符到存放操作记录的栈中,表示已经完成一次完整的操作

序号	方　法	含　义
5	get(index1，index2)	返回索引范围内的字符
6	image_cget(index，option)	返回 index 指定的嵌入 image 对象的 option 选项的值
7	image_create()	在 index 指定位置嵌入一个 image 对象
8	insert(index，text)	在 index 指定位置插入字符串 text，insert 表示在光标处插入，end 表示在末尾处插入
9	delete(startindex［，endindex］)	删除指定范围的字符
10	see(index)	索引指定位置的文字是否可见,则返回 True/False

【程序源码】(LX0918.py)

```python
1.  import tkinter
2.
3.  win = tkinter.Tk()
4.  win.title("多行文本框-Text")
5.  win.geometry('400×300')
6.
7.  s1 = ""
8.  def fzpro():
9.      global s1
10.     s1 = t1.get('1.0','end')
11.
12. def ztpro():
13.     global s1
14.     t2.insert('insert',s1)    #在当前位置插入
15.     #t2.intert('end',s1)       #在末尾位置插入
16.
17. t1 = tkinter.Text(win,width="50",height="5",selectbackground='green')
18. tb1 = tkinter.Button(win,text="复制",width=20,command=fzpro)
19. t2 = tkinter.Text(win,width="50",height="5")
20. tb2 = tkinter.Button(win,text="粘贴",width=20,command=ztpro)
21.
22. t1.pack(pady = 10)
23. tb1.pack(pady = 10)
24. t2.pack(pady = 10)
25. tb2.pack(pady = 10)
26.
27. win.mainloop()
```

【运行结果】如图 9-27 和图 9-28 所示。

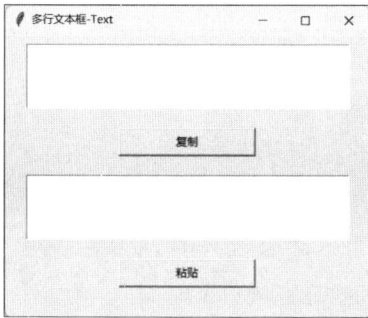

图 9-27　练习 0918-初始状态　　　　　图 9-28　练习 0918-操作状态

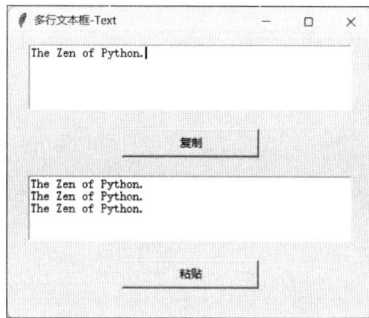

9.7.9　Listbox(列表框)控件

Listbox(列表框)控件是一次性列出多个条目供用户从中进行选择,其专有属性及含义如表 9-22 所示,常用方法及含义如表 9-23 所示。

表 9-22　Listbox 专有属性及含义

序号	属　　性	含　　义
1	listvariable	指向一个 StringVar 类型的变量,用来存放 Listbox 中所有的项目
2	selectbackground	当某个项目被选中时的背景色
3	selectborderwidth	当某个项目被选中时的边框宽度
4	selectforeground	当某个项目被选中时的文本颜色
5	selectmode	选择模式,"single":单击单选;"browse"(默认):鼠标拖动或方向键单选;"multiple":多选;"extended":按住 Shift 键或 Ctrl 键单击,拖动鼠标多选
6	setgrid	是否启用网格控制,True/False(默认)
7	takefocus	是否接受输入焦点,True(默认)/False
8	xscrollcommand	为列表框添加一个水平滚动条
9	yscrollcommand	为列表框添加一个垂直滚动条

表 9-23　Listbox 常用方法及含义

序号	方　　法	含　　义
1	activate(index)	索引号对应的选项激活,即在文本下方加上下画线
2	bbox(index)	返回指定索引对应选项的边框,是一个元组类型的数据 (xoffset, yoffset, width, height)
3	curselection()	返回一个元组,包含被选中选项的序号(从 0 开始)
4	delete(first, last=None)	删除指定范围内的所有选项
5	get(first, last=None)	返回一个指定范围内所有选项文本的元组

序号	方　　法	含　　义
6	index(index)	返回与 index 参数对应选项的序号
7	itemcget(index，option)	返回 index 参数指定项目对应的选项
8	itemconfig(index，**options)	设置 index 参数指定项目对应的选项
9	nearest(y)	返回与给定参数在垂直坐标上最接近的项目的序号
10	selection_set(first，last＝None)	将指定范围内的选项设为选中状态
11	size()	返回选项的数目
12	xview(＊args)	在水平方向上滚动控件的内容,通过绑定 Scollbar 组件的 command 选项来实现
13	yview(＊args)	在垂直方向上滚动控件的内容,通过绑定 Scollbar 组件的 command 选项来实现

【程序源码】(LX0919.py)

```
1.  import tkinter
2.
3.  win = tkinter.Tk()
4.  win.title("列表框-ListBox")
5.  win.geometry('400×200')
6.
7.  bj=tkinter.StringVar()
8.
9.  def dispselection(event):
10.     lb1['text']="您所在的班级为:"+listbox1.get(listbox1.curselection())
11.
12. lb1 = tkinter.Label(win, text="请选择您的班级",font=("微软雅黑",15))
13.
14. f1 = tkinter.Frame(win,width="200")
15. scrollbar1 = tkinter.Scrollbar(f1,orient='vertical')
16. listbox1 = tkinter.Listbox(f1,listvariable=bj,height=4)
17. bj.set(['大数据181','大数据182','大数据191','大数据192','大数据201','大数
        据202','大数据211','大数据212'])
18.
19. listbox1['yscrollcommand']=scrollbar1.set
20. scrollbar1['command']=listbox1.yview
21. listbox1.bind('<ButtonRelease-1>',dispselection)
22.
23. lb1.pack(pady = 10)
24. f1.pack(pady = 10)
25. listbox1.pack(side="left")
26. scrollbar1.pack(side="right",fill='y')
27.
28. win.mainloop()
```

【运行结果】如图 9-29 和图 9-30 所示。

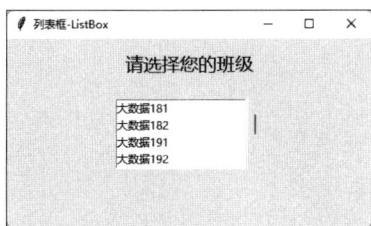

图 9-29　练习 0919-初始状态

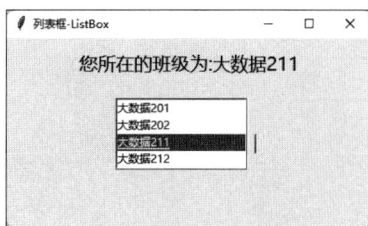

图 9-30　练习 0919-选择状态

9.7.10　Combobox(下拉列表)控件

Combobox(下拉列表框)控件的功能类似于列表框控件,其不同之处在于所有选项只占一行,通过下拉菜单的方式进行展开和收缩,主要用于选项比较的场景。下拉列表框控件不在 tkinter 库中,而是在 tkinter.ttk 子模块中,需要使用 import tkinter.ttk 的方式导入。

【程序源码】(LX0920.py)

```
1.  import tkinter
2.  import tkinter.ttk
3.
4.  win = tkinter.Tk()
5.  win.title("下拉列表框-Combobox")
6.  win.geometry('300×150')
7.
8.  xb=tkinter.StringVar()
9.
10. def dispselectioned(*args):
11.     lb1['text']="您的性别为:"+cbb1.get()
12.
13. lb1 = tkinter.Label(win, text="请选择您性别:", font=("微软雅黑",15))
14.
15. cbb1 = tkinter.ttk.Combobox(win,textvariable=xb,width=20)
16. cbb1['values']=('男','女')
17. cbb1.set("请选择")
18. cbb1.bind('<<ComboboxSelected>>',dispselectioned)
19.
20. lb1.pack(pady = 15)
21. cbb1.pack(pady = 15)
22.
23. win.mainloop()
```

【运行结果】如图 9-31～图 9-33 所示。

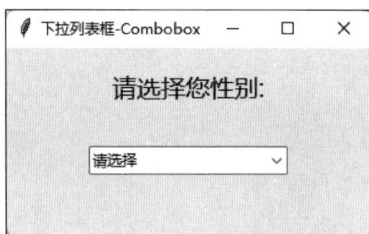

图 9-31　练习 0920-初始状态

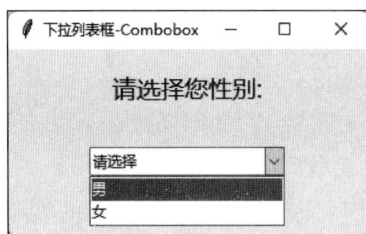

图 9-32　练习 0920-选择状态

图 9-33　练习 0920-选择结果

9.7.11　Scale(刻度条)控件

Scale(刻度条)控件也叫标尺控件或滑块控件,首先创建一个滑动条对象,用户通过单击或拖动进行数值的选择,其专有属性及含义如表 9-24 所示,常用方法及含义如表 9-25 所示。

表 9-24　Scale 专有属性及含义

序号	属　　性	含　　义
1	activebackground	当鼠标在控件上时的背景色
2	bigincrement	设置为"大"增长量,增长量为范围的 1/10,默认值为 0
3	digits	设置最多显示多少位数字,即刻度的精度,默认值为 0
4	from_	设置滑块最顶/左端的数字,默认为 0
5	label	在垂直控件的顶端右侧或水平控件的左端上方显示一个文本标签,默认为不显示
6	length	控件的长度,单位为像素,默认值为 100 像素
7	orient	设置控件的方向,"horizontal"(默认)/"vertical":垂直/水平
8	repeatdelay	鼠标左键单击控件凹槽的响应时间,默认为 300 毫秒
9	repeatinterval	鼠标左键连续单击控件凹槽的响应间隔,默认为 100 毫秒
10	resolution	控件的移动步长,默认为 1
11	showvalue	是否显示滑块旁边的数字,True(默认)/False

序号	属　性	含　义
12	sliderlength	滑块的长度,默认为 30 像素
13	tickinterval	设置显示的刻度,如果设置一个值,那么就会按照该值的倍数显示刻度,默认为不显示刻度
14	to	设置滑块最底/右端的数字,默认为 100
15	troughcolor	设置凹槽的颜色
16	variable	指定一个与控件关联的动态数据

表 9-25　Scale 常用方法及含义

序号	方　法	含　义
1	coords(value＝None)	获得当前滑块位置在 value 指定位置时相对于控件左上角位置的相对坐标
2	get()	获得当前滑块的位置,返回值为整型或者浮点型类型
3	identify(x, y)	返回一个字符串表示指定位置的 Scale 控件
4	set(value)	设置控件滑块的初始位置

【程序源码】(LX0921.py)

```
1.  import tkinter
2.
3.  win = tkinter.Tk()
4.  win.title("刻度条-Scale")
5.  win.geometry('400×200')
6.
7.  sv=tkinter.StringVar()
8.
9.  def dispval(*args):
10.     lb1.config(text="您选择的满意度为:"+sv.get())
11.
12. lb1 = tkinter.Label(win,text="请选择您的满意度",font=("微软雅黑",15))
13. scale1 = tkinter.Scale(win,orient="horizontal",width=20,from_=0,to=100,
    tickinterval=10, resolution=5, label="满意度", variable=sv, command=
    dispval)
14.
15. lb1.pack(pady=15)
16. scale1.pack(fill='x',pady=15,padx=15)
17.
18. win.mainloop()
```

【运行结果】如图 9-34 和图 9-35 所示。

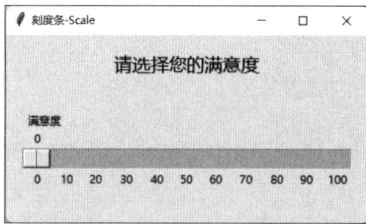

图 9-34　练习 0921-初始状态　　　　　　图 9-35　练习 0921-选择状态

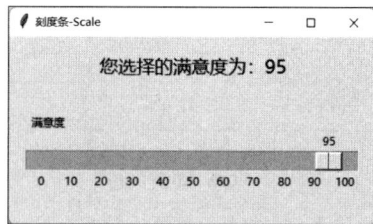

9.7.12　Scrollbar(滚动条)控件

Scrollbar(滚动条)控件常与 Text、Listbox、Entry 以及 Canvas 等控件配合使用,用于在水平或垂直方向上创建滚动条,便于控制水平或垂直方向上的可见范围,其专有属性及含义如表 9-26 所示,常用方法及含义如表 9-27 所示。

表 9-26　Scrollbar 专有属性及含义

序号	属　　　性	含　　　义
1	command	当滚动条更新时对应的方法(函数),通常对应组件的 xview()或 yview()方法
2	elementborderwidth	滚动条和箭头的边框宽度,默认值为−1,表示使用 borderwidth 自发性属性的值
3	jump	当用户拖拽滚动条时的行为,False(默认值):滚动条的任何变动都会调用 command 指定的方法;True:当用户松开鼠标时才调用 command 指定的方法
4	orient	滚动条的方向,"horizontal"/"vertical"(默认):水平/垂直
5	repeatdelay	鼠标左键单击滚动条时的响应时间,默认为 300 毫秒
6	repeatinterval	鼠标左键连续单击滚动条时的响应间隔,默认为 100 毫秒
7	troughcolor	指定滚动条的颜色

表 9-27　Scrollbar 常用方法及含义

序号	方　　　法	含　　　义
1	activate(element)	显示 element 指定元素的背景颜色和样式,element 取值为"arrow1":箭头 1;"arrow2":箭头 2;"slider":滑块
2	delta(deltax, deltay)	给定一个鼠标移动的范围 deltax 和 deltay,返回一个浮点类型的值(−1.0～1.0)
3	fraction(x, y)	给定一个像素坐标(x, y),返回最接近给定坐标的滚动条位置
4	get()	返回当前滑块的位置(a, b)
5	identify(x, y)	返回一个字符串表示指定位置的滚动条部件
6	set(* args)	设置滚动条的位置

【程序源码】(LX0922.py)

```python
1.  import tkinter
2.
3.  win = tkinter.Tk()
4.  win.title("滚动条-Scrollbar")
5.  win.geometry("400×300")
6.
7.  sc01 = tkinter.Scrollbar(win, orient = 'vertical')
8.  sc01.pack(side = 'right', fill = 'y')
9.  sc02 = tkinter.Scrollbar(win, orient = 'horizontal')
10. sc02.pack(side = 'bottom', fill = 'x')
11.
12. text01 = tkinter.Text(win, xscrollcommand = sc02.set, yscrollcommand =
    sc01.set)
13. text01.pack(side = 'left', fill = 'both', expand = True)
14.
15. s = """
16. The Zen of Python, by Tim Peters
17.
18. Beautiful is better than ugly.
19. Explicit is better than implicit.
20. Simple is better than complex.
21. Complex is better than complicated.
22. Flat is better than nested.
23. Sparse is better than dense.
24. Readability counts.
25. Special cases aren't special enough to break the rules.
26. Although practicality beats purity.
27. Errors should never pass silently.
28. Unless explicitly silenced.
29. In the face of ambiguity, refuse the temptation to guess.
30. There should be one-- and preferably only one --obvious way to do it.
31. Although that way may not be obvious at first unless you're Dutch.
32. Now is better than never.
33. Although never is often better than * right * now.
34. If the implementation is hard to explain, it's a bad idea.
35. If the implementation is easy to explain, it may be a good idea.
36. Namespaces are one honking great idea -- let's do more of those!
37. """
38. text01.insert('insert', s)
39.
40. sc01['command'] = text01.yview
41. sc02['command'] = text01.xview
42.
43. win.mainloop()
```

【运行结果】如图 9-36 和图 9-37 所示。

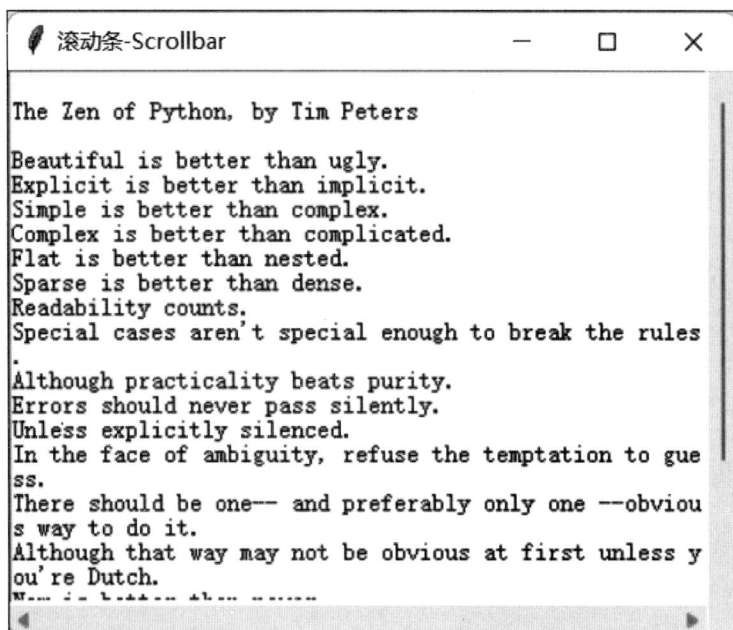

图 9-36　练习 0922-初始状态

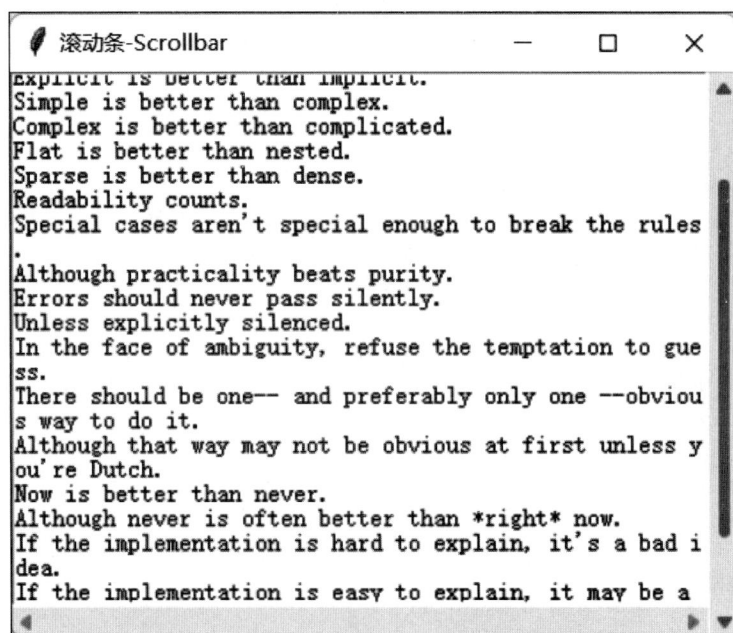

图 9-37　练习 0922-滚动状态

9.7.13　OptionMenu(选项菜单)控件

OptionMenu(选项菜单)控件类似于下拉列表框,也是从多个选项中选择一个合适的选项。

【程序源码】（LX0923.py）

```
1.  import tkinter
2.
3.  win = tkinter.Tk()
4.  win.title("选项菜单-OptionMenu")
5.  win.geometry('300×200')
6.
7.  v1 = tkinter.StringVar()
8.  v1.set("计算机科学与技术")
9.
10. def ompro(*args):
11.     lb1.config(text="您的专业是:"+v1.get())
12.
13. lb1 = tkinter.Label(win,text="请选择您的专业",font=("微软雅黑",12))
14. lb1.pack(pady=15)
15.
16. optionmenu1 = tkinter.OptionMenu(win,v1,"计算机科学与技术","软件工程","智能
    科学与技术","数据科学与大数据技术",command=ompro)
17. optionmenu1['width']=20
18. optionmenu1.pack()
19.
20. win.mainloop()
```

【运行结果】如图 9-38～图 9-40 所示。

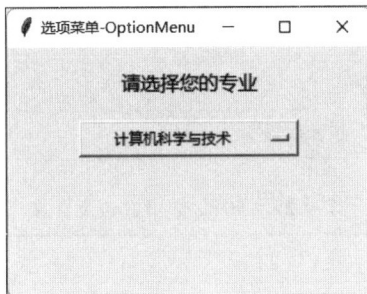

图 9-38　练习 0923-初始状态

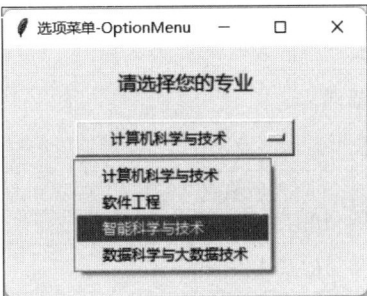

图 9-39　练习 0923-操作状态

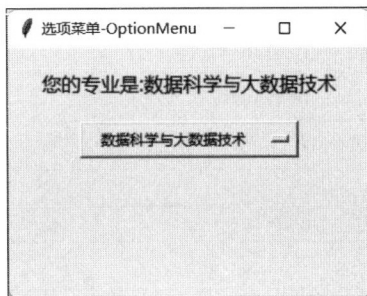

图 9-40　练习 0923-操作结果

9.7.14 Menu(菜单)控件

Menu(菜单)控件是一种特殊控件,将多个相关功能进行整合和分组,占用较少的界面空间却提供了较多的操作功能。因此,下拉菜单和快捷菜单也成了现代风格图形用户界面设计中不可缺少的元素之一。菜单控件的专有属性及含义如表 9-28 所示,常用方法及含义如表 9-29 所示。

表 9-28 Menu 专有属性及含义

序号	属　　性	含　　义
1	accelerator	设置菜单项的快捷键,快捷键会显示在菜单项目的右边。需要注意的是此选项并不会自动将快捷键与菜单项连接,而是必须通过按键绑定来实现功能
2	command	单击菜单项时执行的方法(函数)
3	label	菜单项的文字
4	menu	与 add_cascade()方法一起使用,新增菜单项的子菜单项
5	selectcolor	当菜单项选中时的颜色
6	state	菜单项的状态,normal/active/disabled
7	onvalue	菜单项选中时的返回值,默认为 1
8	offvalue	菜单项未选中时的返回值,默认为 0
9	tearoff	是否显示分隔线,True/False
10	underline	菜单项中文本下画线
11	value	设置菜单项的值
12	variable	与菜单项关联的动态数据

表 9-29 Menu 常用方法及含义

序号	方　　法	含　　义
1	add_cascade(**options)	添加一个父菜单
2	add_checkbutton(**options)	添加一个复选按钮的菜单项
3	add_command(**options)	添加一个普通的命令菜单项
4	add_radiobutton(**options)	添加一个单选按钮的菜单项
5	add_separator(**options)	添加一条分隔线
6	add(add(itemType, options))	添加菜单项
7	delete(index1, index2=None)	删除 index1～index2 所有菜单项,如果无 index2 则删除 index1 指向的菜单项
8	entrycget(index, option)	获得指定菜单项的某选项的值
9	entryconfig(index, **options)	设置指定菜单项的某选项的值

序号	方　　法	含　　义
10	insert(index，itemType，**options)	插入指定类型的菜单项到 index 指定的位置
11	invoke(index)	调用 index 指定的菜单项相关联的方法
12	post(x，y)	在指定位置显示快捷菜单
13	type(index)	获得 index 参数指定菜单项的类型
14	unpost()	移除弹出菜单
15	yposition(index)	返回 index 参数指定的菜单项的垂直偏移位置

【程序源码】(LX0924.py)

```
1.  import tkinter
2.
3.  win = tkinter.Tk()
4.  win.title("菜单-Menu")
5.  win.geometry('400×300')
6.
7.  mubar = tkinter.Menu(win)
8.  win.config(menu=mubar)
9.  mu1 = tkinter.Menu(mubar,tearoff=False)
10. mu2 = tkinter.Menu(mubar,tearoff=False)
11.
12. mu1.add_command(label="打开",accelerator="Ctrl+O")
13. mu1.add_command(label="保存",accelerator="Ctrl+S")
14. mu1.add_separator()
15. mu1.add_command(label="退出",command=win.destroy)
16. mubar.add_cascade(label="文件",menu=mu1)
17.
18. mu2.add_command(label="帮助")
19. mu2.add_command(label="关于")
20. mubar.add_cascade(label="帮助",menu=mu2)
21.
22. fr = tkinter.Frame(win,width=400,height=300)
23. fr.pack()
24. def popmenu(event):
25.     mubar.post(event.x_root,event.y_root)
26. fr.bind('<Button-3>',popmenu)
27.
28. win.mainloop()
```

【运行结果】如图 9-41～图 9-43 所示。

图 9-41　练习 0924-初始状态

图 9-42　练习 0924-选择状态

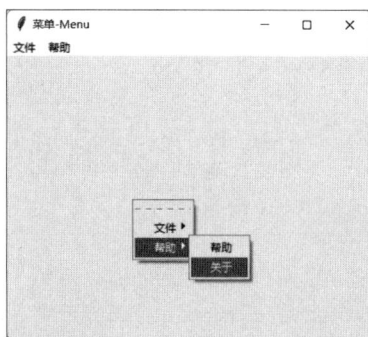

图 9-43　练习 0924-快捷菜单

9.8　对　话　框

对话框是一种特殊的窗口,一般情况下窗口较小,有些对话框甚至没有最小化、最大化/还原按钮,常用于消息的提醒、事件的确认、文件的打开和保存以及颜色选择等操作,在图形用户界面中增强用户的交互体验。

Tkinter 中提供了 4 种对话框,消息对话框——Messagebox、颜色选择对话框——Colorchooser、文件对话框——Filedailog、简单对话框——Simpledailog。

9.8.1　消息对话框——Messagebox

消息对话框主要用于操作过程中进行提示、说明、警告、访问和确认等,通常与事件和方法配合使用,其常用属性及含义如表 9-30 所示,常用方法及含义如表 9-31 所示。

表 9-30　Messagebox 常用属性及含义

序号	属　　性	含　　义
1	default	设置默认按钮,即按下回车键响应的按钮,默认为第一个按钮

序号	属　　性	含　　义
2	icon	设置对话框中显示的图标,ERROR/INFO/QUESTION/ WARNING,不能自定义图标
3	parent	对话框显示在子窗口上,默认对话框显示在根窗口上

表 9-31　Messagebox 常用方法及含义

序号	方　　法	含　　义
1	askokcancel(title＝None,message＝None)	创建一个"确定/取消"的对话框,返回值 True/False
2	askquestion(title＝None,message＝None)	创建一个"是/否"的对话框,返回值"yes"/"no"
3	askyesno(title＝None,message＝None)	创建一个"是/否"的对话框,返回值 True/False
4	askyesnocacel (title ＝ None, message ＝ None)	创建一个"是/否/取消"的对话框,返回值 True/False/None
5	askretrycancel (title ＝ None, message ＝ None)	创建一个"重试/取消"的对话框,返回值 True/False
6	showerror(title＝None,message＝None)	创建一个错误提示对话框,返回值"ok"
7	showinfo(title＝None,message＝None)	创建一个信息提示对话框,返回值"ok"
8	showwarning (title ＝ None, message ＝ None)	创建一个警告提示对话框,返回值"ok"

【程序源码】(LX0925.py)

```
1.  import tkinter
2.  import tkinter.messagebox
3.
4.  win = tkinter.Tk()
5.  win.title("消息对话框-Messagebox")
6.  win.geometry('300×200')
7.
8.  yn = tkinter.messagebox.askokcancel("Askokcancel","是否继续?",default=
    "ok")
9.  print(yn)
10. yn = tkinter.messagebox.askquestion("Askquestion","是否继续?",default=
    "yes")
11. print(yn)
12. yn = tkinter.messagebox.askyesno("Askyesno","是否继续?",default="yes")
13. print(yn)
14. yn = tkinter.messagebox.askyesnocancel("Askyesnocancel","是否继续?",
    default="yes")
15. print(yn)
16. yn = tkinter.messagebox.askretrycancel("Askretrycancel","是否继续?",
    default="retry")
17. print(yn)
```

```
18. yn = tkinter.messagebox.showerror("Showerror","是否继续?",default="ok")
19. print(yn)
20. yn = tkinter.messagebox.showinfo("Showinfo","是否继续?",default="ok")
21. print(yn)
22. yn = tkinter.messagebox.showwarning("Showwarning","是否继续?",default=
    "ok")
23. print(yn)
24.
25. win.mainloop()
```

【运行结果】如图 9-44～图 9-51 所示。

```
True
yes
True
True
True
ok
ok
ok
```

图 9-44　对话框-"Askokcancel"

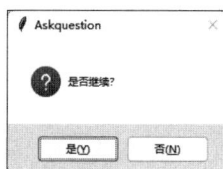

图 9-45　对话框-"Askquestion"

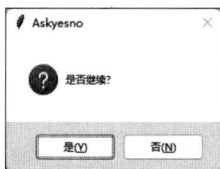

图 9-46　对话框-"Askyesno"

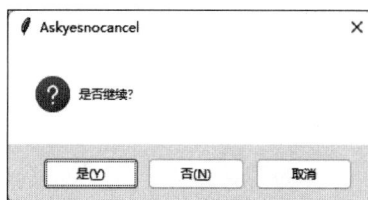

图 9-47　对话框-"Askyesnocancel"

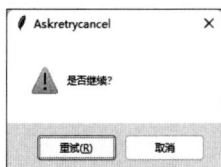

图 9-48　对话框-"Askretrycancel"

图 9-49　对话框-"Showerror"

图 9-50　对话框-"Showinfo"

图 9-51　对话框-"Showwarning"

9.8.2　颜色选择对话框——Colorchooser

颜色选择对话框为用户提供一个操作系统平台标准的颜色选择面板,供用户进行颜色选择,返回值是一个二元组,其中第一个元素是颜色的 RGB 值,第二个元素是颜色的十六进制值,其常用属性及含义如表 9-32 所示,常用方法及含义如表 9-33 所示。

表 9-32　Colorchooser 常用属性及含义

序号	属　　性	含　　义
1	default	初始颜色,默认值为是浅灰色(light gray)
2	title	颜色选择器的标题,默认值为"颜色"
3	parent	对话框显示在子窗口上,默认对话框显示在根窗口上

表 9-33　Colorchooser 常用方法及含义

序号	方　　法	含　　义
1	askcolor()	直接打开一个颜色对话框并将用户选择的颜色值以元组的形式返回,不需要父控件与 show()方法,格式为((R, G, B), "♯rrggbb")或 None
2	Chooser()	打开一个颜色对话框,用户选择颜色后,返回一个二元组,需要父控件与 show()方法,格式为((R, G, B), "♯rrggbb")

【程序源码】(LX0926.py)

```
1.  import tkinter
2.  import tkinter.colorchooser
3.
4.  win = tkinter.Tk()
5.  win.title("颜色选择对话框-Colorchooser")
6.  win.geometry('350×200')
7.
8.  def colorchose():
9.      cc1 = tkinter.colorchooser.askcolor(title="颜色面板")
10.     lb_cc.config(text = cc1,fg = cc1[1])
11.
12. lb_cc = tkinter.Label(win,text="显示所选择的颜色值", font=("微软雅黑",12))
13. bt_cc = tkinter.Button(win,text="选择颜色",width=15,height=2,command=
    colorchose)
14.
```

```
15. lb_cc.pack(pady = 15)
16. bt_cc.pack(side = 'bottom',pady = 15)
17.
18. win.mainloop()
```

【运行结果】如图 9-52～图 9-54 所示。

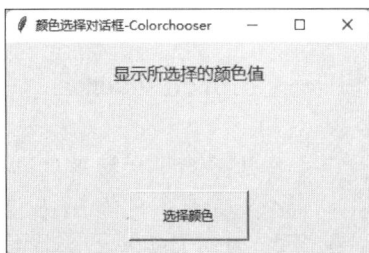

图 9-52　练习 0926-初始状态

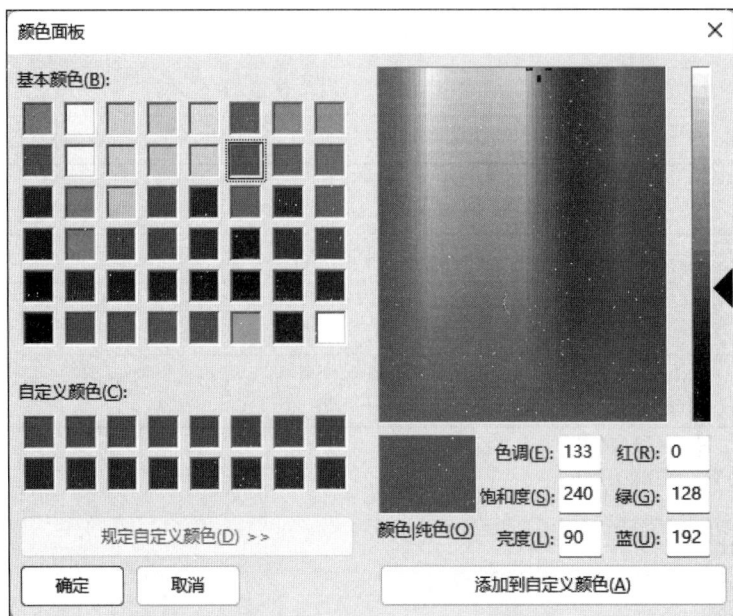

图 9-53　练习 0926-颜色面板

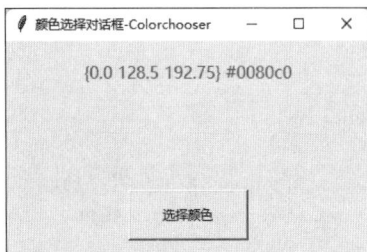

图 9-54　练习 0926-选择结果

Python 语言程序设计

9.8.3 文件对话框——Filedailog

文件对话框主要用于在进行文件打开和保存操作时从本地存储器中选择一个文件,其常用属性及含义如表9-34所示,常用方法及含义如表9-35所示。

表 9-34 Filedailog 常用属性及含义

序号	属　　性	含　　义
1	defaultextension	指定文件的后缀名
2	filetypes	指定文件和类型,是一个由二元组所构成的列表,其中每个二元组格式为(类型名,后缀)
3	initialdir	指定打开/保存文件时的默认路径,默认值为当前文件夹
4	parent	对话框显示在子窗口上,默认对话框显示在根窗口上
5	title	指定文件对话框的标题

表 9-35 Filedailog 常用方法及含义

序号	方　　法	含　　义
1	Open( )	打开某个文件
2	SaveAs( )	打开保存文件的对话框
3	askopenfilename( )	打开某个文件,并以文件名的路径作为返回值
4	askopenfilenames( )	同时打开多个文件,并以元组形式返回多个文件名
5	askopenfile( )	打开文件,并返回文件流对象
6	askopenfiles( )	打开多个文件,并以列表形式返回多个文件流对象
7	asksaveasfilename( )	选择以什么文件名保存文件,并返回文件名
8	asksaveasfile( )	选择以什么类型保存文件,并返回文件流对象
9	askdirectory	选择目录,并返回目录名

【程序源码】(LX0927.py)

```
1.  import tkinter
2.  import tkinter.filedialog
3.
4.  win = tkinter.Tk()
5.  win.title("文件对话框-Filedailog")
6.  win.geometry('400×200')
7.
8.  et01 = tkinter.StringVar()
9.  et02 = tkinter.StringVar()
```

```
10. s = ''
11.
12. def openpro():
13.     global s
14.     fn = tkinter.filedialog.askopenfile(filetypes = [('文本文件','.txt')],
        title = '打开文件')
15.     et01.set(fn)
16.     s = fn.read()
17.     lb.config(text = "文件内容:\n" + s)
18.     return
19.
20. def savepro():
21.     global s
22.     fn = tkinter.filedialog.asksaveasfile(filetypes = [('文本文件','.txt')],
        title = '保存文件')
23.     et02.set(fn)
24.     fn.write(s)
25.     return
26.
27. entry01 = tkinter.Entry(win, width = 35, textvariable = et01)
28. entry02 = tkinter.Entry(win, width = 35, textvariable = et02)
29. bt01 = tkinter.Button(win, text = "打开文件", width = 15, command = openpro)
30. bt02 = tkinter.Button(win, text = "保存文件", width = 15, command = savepro)
31. entry01.grid(row = 0, column  = 0, padx = 15, pady = 20)
32. bt01.grid(row = 0, column = 1)
33. entry02.grid(row = 1, column = 0)
34. bt02.grid(row = 1, column = 1)
35.
36. lb = tkinter.Label(win, text = "文件内容", width = 20, font = ("微软雅黑",
    12))
37. lb.grid(row = 2, column = 0, columnspan = 2, pady =15)
38.
39. win.mainloop()
```

【运行结果】如图 9-55～图 9-58 所示。

图 9-55　练习 0927-初始状态

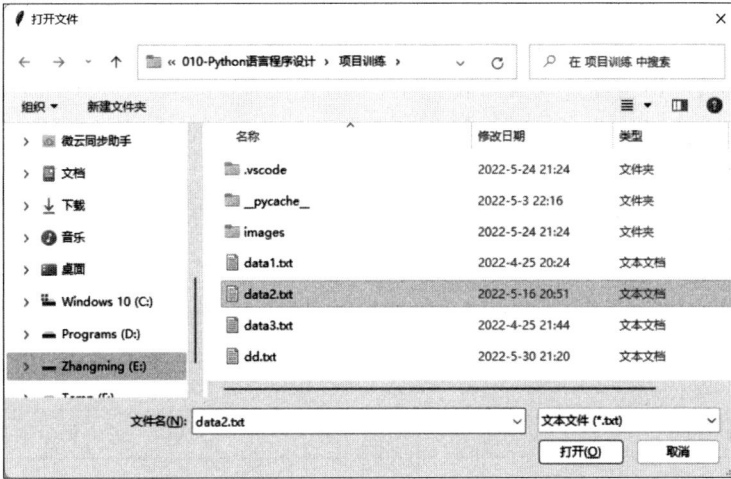

图 9-56　练习 0927-"打开文件"对话框

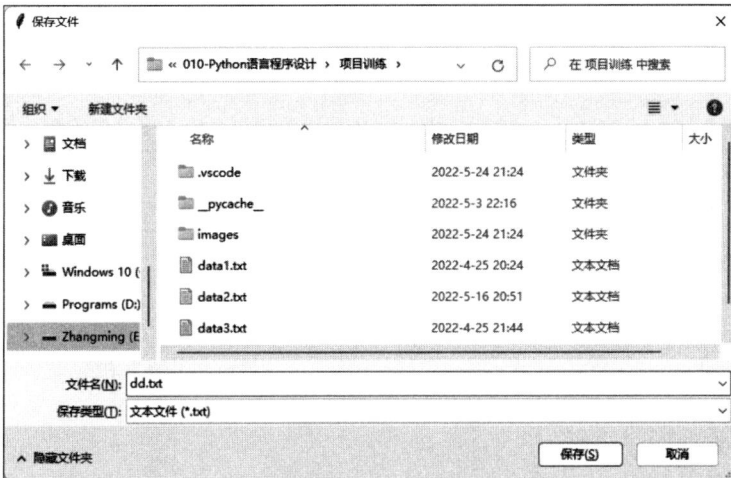

图 9-57　练习 0927-"保存文件"对话框

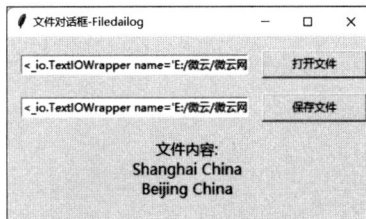

图 9-58　练习 0927-操作状态

9.8.4 简单对话框——Simpledailog

简单对话框主要用来以对话框的形式采集数据,可以采集字符串类型、整数类型和浮点数类型的数据,其常用属性及含义如表 9-36 所示,常用方法及含义如表 9-37 所示。

表 9-36　Simpledailog 常用属性及含义

序号	属　　性	含　　义
1	title	指定对话框的标题
2	text	指定对话框的内容
3	button	指定对话框下方的按钮
4	default	指定对话框中默认第几个按钮得到焦点
5	cancel	指定当用户通过对话框右上角的关闭按钮关闭对话框时的返回值

表 9-37　Simpledailog 常用方法及含义

序号	方　　法	含　　义
1	askinteger	生成一个让用户输入整数的对话框
2	askfloat	生成一个让用户输入浮点数的对话框
3	askstring	生成一个让用户输入字符串的对话框

【程序源码】(LX0928.py)

```
1.  import tkinter
2.  import tkinter.simpledialog
3.
4.  win = tkinter.Tk()
5.  win.title("简单对话框-Simpledailog")
6.  win.geometry('400×300')
7.
8.  lb1 = tkinter.Label(win,text="显示输入的姓名!",font=("微软雅黑",15))
9.  lb2 = tkinter.Label(win,text="显示输入的年龄!",font=("微软雅黑",15))
10. lb3 = tkinter.Label(win,text="显示输入的成绩!",font=("微软雅黑",15))
11. lb1.pack(pady = 15)
12. lb2.pack(pady = 15)
13. lb3.pack(pady = 15)
14.
15. name = tkinter. simpledialog. askstring ( " Asktring", ' 请 输 入 姓 名: ',
    initialvalue = 'Zhang Ming')
16. lb1.config(text="姓名:" + name)
17.
18. age = tkinter. simpledialog. askinteger ( " Askinteger"," 请 输 入 年 龄:",
    initialvalue = 20)
19. lb2.config(text="年龄:" + str(age))
```

```
20.
21. grade = tkinter.simpledialog.askfloat("Askfloat","请输入成绩:",
    initialvalue=99.9)
22. lb3.config(text="成绩:" + str(grade))
23.
24. win.mainloop()
```

【运行结果】如图 9-59～图 9-63 所示。

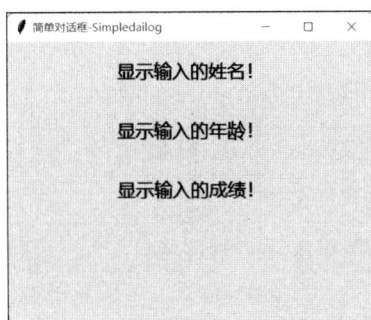

图 9-59　练习 0928-初始状态

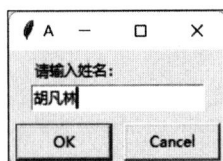

图 9-60　练习 0928-输入姓名　　图 9-61　练习 0928-输入年龄　　图 9-62　练习 0928-输入成绩

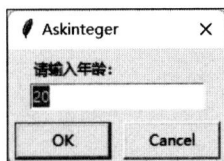

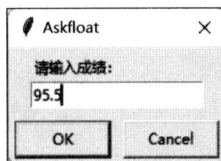

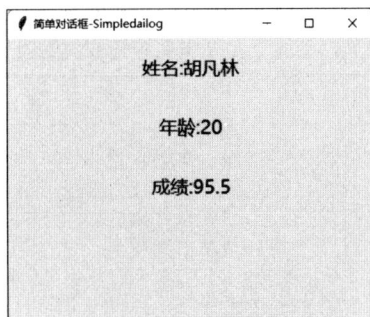

图 9-63　练习 0928-操作结果

9.9　单元拓展——画布 Canvas

画布是 Tkinter 库的一个子模块,可以绘制各种几何图形,也可以显示图像。画布的左上角为坐标原点,将绘制在画布或显示在画布上的对象叫作画布对象。画布常用属性及含义如表 9-38 所示,常用几何图形绘制方法及含义如表 9-39 所示,参数 options 的常用选项及含义如表 9-40 所示。

表 9-38 画布常用属性及含义

序号	属 性	含 义
1	background/bg	控件的背景颜色
2	borderwidth/bd	控件的边框宽度
3	closeenough	指定一个距离,当鼠标与画布对象的距离小于该值时,认为鼠标位于画布对象上,是一个浮点类型的值
4	confine	控件是否允许滚动超出 scrollregion 选项设置的滚动范围,True(默认)/False
5	selectbackground	画布对象被选中时的背景色
6	selectborderwidth	画布对象被选中时的边框宽度
7	selectforeground	画布对象被选中时的前景色
8	state	控件状态,"normal"(默认)/"disabled"/"active":正常/不可用/激活
9	takefocus	是否接受 Tab 键焦点,True(默认)/False
10	width	控件宽度,单位为像素
11	xscrollcommand	水平方向与 scrollbar(滚动条)控件相关联
12	xscrollincrement	指定控件水平滚动的步长,单位为'c'/'i'/'m'/'p':厘米/英寸/毫米/像素,默认为 0 表示可以滚动到任意位置
13	yscrollcommand	垂直方向与 scrollbar 控件(滚动条)相关联
14	yscrollincrement	指定控件垂直滚动的步长,单位为'c'/'i'/'m'/'p':厘米/英寸/毫米/像素,默认为 0 表示可以滚动到任意位置

表 9-39 画布常用几何图形绘制方法及含义

序号	方 法	含 义
1	create_line(x0, y0, x1, y1, …, xn, yn, options)	绘制一条或者多条线段,x 与 y 为坐标,options 为可选参数
2	create_oval(x0, y0, x1, y1, options)	绘制一个圆形或椭圆形,x0 与 y0 为绘图区域左上角坐标,x1 与 y1 为绘图区域右下角坐标,options 为可选参数
3	create_polygon(x0, y0, x1, y1, …, xn, yn, options)	绘制一个至少三个点的多边形,x 与 y 为坐标,options 为可选参数
4	create_rectangle(x0, y0, x1, y1, options)	绘制一个矩形,x0 与 y0 为矩形左上角坐标,x1 与 y1 为矩形右下角坐标,options 为可选参数
5	create_ text (x0, y0, text, options)	显示文本,x0 与 y0 为文本左上角坐标,text 为要显示的文本,options 为可选参数
6	create_image(x, y, image)	显示图像,x 与 y 为图像左上角坐标,image 为图像来源,可以是 tkinter 库中的 BitmapImage 或 PhotoImage 的实例
7	create_bitmap(x, y, bitmap)	显示位图,x 与 y 为位图左上角坐标,bitmap 定义位图的来源,取值为 gray25、gray50、gray75、hourglass、error、questhead、info、warning 或 question

序号	方　　法	含　　义
8	create_arc（x0，y0，x1，y1，start，extent，fill）	绘制一段弧形，x0 与 y0 为绘图区域左上角坐标，x1 与 y1 为绘图区域右下角坐标，start 为弧形区块起始角度（逆时针方向），extent 为弧形区块结束角度（逆时针方向），fill 为弧形区块填充颜色

表 9-40　画布参数 options 的常用选项及含义

序号	选　　项	含　　义
1	activedash	当画布对象状态为 "active"时绘制虚线
2	activefill	当画布对象状态为"active"时填充颜色
3	activeoutline	当画布对象状态为"active"时绘制轮廓线
4	activeoutlinestipple	当画布对象状态为"active"时指定填充轮廓的位图
5	activestipple	当画布对象状态为"active"时指定填充的位图
6	activewidth	当画布对象状态为"active"时指定边框的宽度
7	arrow	绘制线段时的箭头选项，默认线段是不带箭头的，"first"：添加箭头到线段开始位置，"last"：添加箭头到线段结束位置，"both"：两端均添加箭头
8	arrowshape	箭头形状，是一个三元组，分别代表箭头中三条边的长度，默认值为(8，10，3)
9	capstyle	指定线段两端的样式，"butt"（默认）：线段两端平切于起点和终点，"projecting"：线段两端在起点和终点将 width 设置的长度分别延长一半，"round"：线段两端在起点和终点将 width 设置的长度分别延长一半，并以圆角进行绘制
10	dash	指定绘制虚线轮廓，是一个整数元组，分别代表短线长度和间隔长度
11	dashoffset	指定虚线轮廓开始的偏移位置
12	disableddash	当画布对象状态为"disabled"时绘制虚线
13	disabledfill	当画布对象状态为"disabled"时填充颜色
14	disabledoutline	当画布对象状态为"disabled"时绘制轮廓线
15	disabledoutlinestipple	当画布对象状态为"disabled"时指定填充轮廓的位图
16	disabledstipple	当画布对象状态为"disabled"时指定填充的位图
17	disabledwidth	当画布对象状态为"disabled"时指定边框的宽度
18	extent	指定跨度，默认值为 90 度
19	fill	指定填充颜色，默认为透明色
20	joinstyle	指定绘制两个相邻线段之间接口的样式，"round"（默认）：以连接点为圆心，1/2width 长度为半径来绘制圆角，"bevel"：在连接点处将两个线段的夹角做平切操作，"miter"：沿着两个线段的夹角延伸至一个点
21	offset	指定点画模式时填充位置的偏移
22	outline	指定轮廓的颜色

序号	选 项	含 义
23	outlineoffset	指定当点画模式绘制轮廓时位图的偏移
24	outlinestipple	当 outline 选项被设置时,指定一个位图来填充边框,默认值是空字符串表示黑色
25	smooth	是否绘制曲线,True/False(默认)
26	splinesteps	绘制曲线时指定由多少条折线来构成曲线,默认值是 12
27	start	指定起始位置的偏移角度
28	state	指定画布对象的状态,normal(默认)/disabled/hidden:正常/不可用/隐藏
29	stipple	指定一个位图进行填充
30	style	形状选择,pieslice(默认)/chord/arc:扇形/弓形/弧形
31	tags	为画布对象添加标签
32	width	指定边框的宽度

9.10 项 目 训 练

9.10.1 画布综合应用

(1) 项目编号:XMXL0901。

(2) 项目要求:画布综合应用。

(3) 程序源码。

```
1.  #- * - coding:UTF-8 - * -
2.  """
3.  项目编号:XMXL0901
4.  项目要求:画布综合应用
5.  """
6.
7.  import tkinter
8.
9.  win = tkinter.Tk()
10. win.title("画布-Canvas")
11. win.geometry('800×400')
12.
13. canvas1 = tkinter.Canvas(win, width=700, height=300, bg='white')
14. canvas1.pack(pady = 15)
15.
16. canvas1.create_line(10, 10, 50, 100, 100, 50, fill='red', width=3, arrow=
    'both', tags="折线")
```

```
17. canvas1.create_rectangle(150, 10, 250, 100, outline='blue', fill='green',
    tags="矩形")
18. canvas1.create_polygon(300, 100, 350, 10, 400, 100, fill='blue',tags="多边
    形")
19. canvas1.create_arc(10, 150, 110, 250, start=45, extent=270, fill='yellow',
    tags="圆弧")
20. canvas1.create_oval(160, 150, 260, 250, fill='pink',tags="椭圆")
21.
22. canvas1.create_bitmap(330, 150, bitmap="gray25")
23. canvas1.create_bitmap(360, 150, bitmap="gray50")
24. canvas1.create_bitmap(390, 150, bitmap="gray75")
25. canvas1.create_bitmap(330, 180, bitmap="hourglass")
26. canvas1.create_bitmap(360, 180, bitmap="error")
27. canvas1.create_bitmap(390, 180, bitmap="questhead")
28. canvas1.create_bitmap(330, 210, bitmap="info")
29. canvas1.create_bitmap(360, 210, bitmap="warning")
30. canvas1.create_bitmap(390, 210, bitmap="question")
31.
32. text1 = canvas1.create_text(330, 280, text="Canvas综合应用示例", font=("微
    软雅黑", 20), fill='blue')
33.
34.
35. image_file = tkinter.PhotoImage(file='images\\fyl_blue.png')
36. image = canvas1.create_image(450, 10, anchor='nw', image=image_file)
37.
38. def moveleft():
39.     canvas1.move(text1, -5, 0)
40.     return
41.
42. def moveright():
43.     canvas1.move(text1, 5, 0)
44.     return
45.
46. frame1 = tkinter.Frame(win)
47. frame1.pack()
48. bt1 = tkinter.Button(frame1, text = "向左移动", width = 20, command =
    moveleft)
49. bt2 = tkinter.Button(frame1, text = "向右移动", width = 20, command =
    moveright)
50. bt1.pack(side = 'left',padx=20)
51. bt2.pack(side = 'left')
52.
53. win.mainloop()
```

（4）运行结果：如图 9-64 所示。

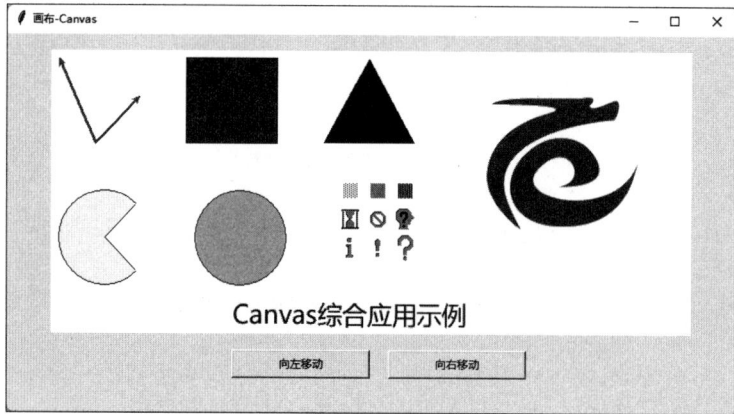

图 9-64　项目训练 0901

9.10.2　简易计算器

（1）项目编号：XMXL0902。

（2）项目要求：设计一个简易的计算器。

（3）程序源码。

```
1.  #-*-coding:UTF-8-*-
2.  """
3.  项目编号:XMXL0902
4.  项目要求:设计一个简易的计算器
5.  """
6.
7.  import tkinter
8.
9.  win = tkinter.Tk()
10. win.title("简易计算器")
11. win.geometry('298×288')
12. win.resizable(False,False)
13. win.iconbitmap("images\\fyl_blue_S.ico")
14.
15. s = tkinter.StringVar()
16. s.set(0)
17.
18. def ce_pro():
19.     s.set(0)
20.     return
21.
22. def result_pro():
23.     try:
24.         t = s.get()
25.         r = eval(s.get())
```

```
26.      except:
27.          s.set('ERROR')
28.      else:
29.          s.set(t + '=' + str(r))
30.      return
31.
32.  def backspace_pro():
33.      t1 = s.get()
34.      if len(t1) >= 2 and t1 != 'ERROR':
35.          t2 = t1[:len(t1)-1]
36.          s.set(t2)
37.      else:
38.          s.set(0)
39.      return
40.
41.  def d_pro(n):
42.      t = s.get()
43.      if t == '0' or t == 'ERROR':
44.          s.set(n)
45.      else:
46.          s.set(t + n)
47.      return
48.
49.  def op_pro(op):
50.      t = s.get()
51.      if t == 'ERROR':
52.          s.set('ERROR')
53.      else:
54.          s.set(t + op)
55.      return
56.
57.  def flag_pro():
58.      t1 = s.get()
59.      try:
60.          m = eval(t1)
61.          n = -m
62.      except:
63.          s.set('ERROR')
64.      else:
65.          s.set(str(n))
66.      return
67.
68.  def pot_pro():
69.      t1 = s.get()
70.      try:
71.          m = abs(eval(t1))
72.      except:
73.          s.set('ERROR')
74.      else:
```

```
75.           s.set(t1 + '.')
76.       return
77.
78. lb01 = tkinter.Label(win, textvariable = s, bg = 'white', width = 23, anchor =
    'se', font = ("微软雅黑",15))
79. lb01.grid(row = 0, column =0, columnspan = 4, padx = 6, pady = 6)
80.
81. bt_ce = tkinter.Button(win, text = 'CE', width = 5, font = ("微软雅黑",15),
    command = ce_pro)
82. bt_ce.grid(row = 1, column = 0)
83. bt_backspace = tkinter.Button(win, text = '←', width = 5, font = ("微软雅
    黑",15), command = backspace_pro)
84. bt_backspace.grid(row = 1,column = 1)
85. bt_div = tkinter.Button(win, text = '/', width = 5, font = ("微软雅黑",15),
    command = lambda:op_pro('/'))
86. bt_div.grid(row = 1, column = 2)
87. bt_mul = tkinter.Button(win, text = '*', width = 5, font = ("微软雅黑",15),
    command = lambda:op_pro('*'))
88. bt_mul.grid(row = 1, column = 3)
89. bt_d7 = tkinter.Button(win, text = '7', width = 5, font = ("微软雅黑",15),
    command = lambda:d_pro('7'))
90. bt_d7.grid(row = 2, column = 0)
91. bt_d8 = tkinter.Button(win, text = '8', width = 5, font = ("微软雅黑",15),
    command = lambda:d_pro('8'))
92. bt_d8.grid(row = 2, column = 1)
93. bt_d9 = tkinter.Button(win, text = '9', width = 5, font = ("微软雅黑",15),
    command = lambda:d_pro('9'))
94. bt_d9.grid(row = 2, column = 2)
95. bt_sub = tkinter.Button(win, text = '-', width = 5, font = ("微软雅黑",15),
    command = lambda:op_pro('-'))
96. bt_sub.grid(row = 2, column = 3)
97. bt_d4 = tkinter.Button(win, text = '4', width = 5, font = ("微软雅黑",15),
    command = lambda:d_pro('4'))
98. bt_d4.grid(row = 3, column = 0)
99. bt_d5 = tkinter.Button(win, text = '5',  width = 5, font = ("微软雅黑",15),
    command = lambda:d_pro('5'))
100. bt_d5.grid(row = 3, column = 1)
101. bt_d6 = tkinter.Button(win, text = '6', width = 5, font = ("微软雅黑",15),
    command = lambda:d_pro('6'))
102. bt_d6.grid(row = 3, column = 2)
103. bt_add = tkinter.Button(win, text = '+', width = 5, font = ("微软雅黑",15),
    command = lambda:op_pro('+'))
104. bt_add.grid(row = 3, column =3)
105. bt_d1 = tkinter.Button(win, text = '1', width = 5, font = ("微软雅黑",15),
    command = lambda:d_pro('1'))
106. bt_d1.grid(row = 4, column = 0)
107. bt_d2 = tkinter.Button(win, text = '2', width = 5, font = ("微软雅黑",15),
    command = lambda:d_pro('2'))
108. bt_d2.grid(row = 4, column = 1)
```

Python 语言程序设计

```
109. bt_d3 = tkinter.Button(win, text = '3', width = 5, font = ("微软雅黑",15),
     command = lambda:d_pro('3'))
110. bt_d3.grid(row = 4, column = 2)
111. bt_result = tkinter.Button(win, text = '=', width = 5, height = 3, font =
     ("微软雅黑",15), fg = 'white', bg = '#0067C0', command = result_pro)
112. bt_result.grid(row = 4, column = 3, rowspan = 2)
113. bt_flag = tkinter.Button(win, text = '+/-', width = 5, font = ("微软雅黑",
     15), command = flag_pro)
114. bt_flag.grid(row = 5, column = 0)
115. bt_d0 = tkinter.Button(win, text = '0', width = 5, font = ("微软雅黑",15),
     command = lambda:d_pro('0'))
116. bt_d0.grid(row = 5, column = 1)
117. bt_pot = tkinter.Button(win, text = '.', width = 5, font = ("微软雅黑",15),
     command = pot_pro)
118. bt_pot.grid(row = 5, column = 2)
119.
120. win.mainloop()
```

（4）运行结果：如图 9-65 和图 9-66 所示。

图 9-65 "简易计算器"-初始状态

图 9-66 "简易计算器"-工作状态

9.11　习　　题

1. 判断题

（1）图形是在纸张、显示设备、绘制设备或者其他平面上，使用绘图系统（或者人工）通过绘画表现出来的物体的形状和形象。　　　　　　　　　　　　　　　　　　（　　）

（2）图形是位图，图像是矢量图。　　　　　　　　　　　　　　　　　　　　（　　）

（3）旋转图像和翻转图像的操作是一致的。　　　　　　　　　　　　　　　　（　　）

（4）图像是使用绘图系统（或者人工）绘制的，使用观测系统摄制的，或者使用印刷设备印制的用于模仿、表达、表象或者表述事物的具体形象，并且可以直接作用于视觉系统的视觉实体。   (   )

(5) 图形用户界面(GUI)是用户和应用程序之间进行交互控制和相互传递数据的桥梁,所以 GUI 设计的好坏,将直接影响应用程序的使用。   (   )

2. 单选题

(1) (   )可以用来在画布上绘制一个矩形。

    A. create_line()   B. create_rectangle()

    C. create_polygon()   D. create_arc()

(2) (   )可以用来在画布上绘制一个椭圆。

    A. create_line()   B. create_rectangle()

    C. create_arc()   D. create_oval()

(3) 画布对象 create_oval(x1,y1,x2,y2,属性＝属性值,…),其中 x1,y1,x2,y2 表示(   )。

    A. 圆心和半径

    B. 半径和圆心

    C. 外切矩形的左上角和右下角的顶点坐标

    D. 外切矩形的右上角和左下角的顶点坐标

(4) (   )是 Python 中常使用的图像模块。

    A. pyinstaller   B. Pillow   C. PIL   D. PIC

(5) 窗口中的图标文件是(   )。

    A. 一个 JPG 的图片文件   B. 一个 PNG 的图片文件

    C. 一个 ICO 的图片文件   D. 任意一个图片格式的文件

3. 多选题

相比较传统的交互方式,图形用户界面 GUI 具有的优势包括(   )。

A. 方便   B. 灵活   C. 快捷   D. 开发简单

第**10**章

访问数据库

10.1 数据库简介

数据库是按照数据结构来组织、存储和管理数据的仓库,是一个长期存储在计算机内的、有组织的、可共享的、统一管理的大量数据的集合。

数据库的发展先后经历了层次数据库、网状数据库和关系数据库等阶段,其模型分别如图 10-1~图 10-3 所示。关系型数据库是数据库产品中最重要的一员,得到了广泛的应用,如 MySQl、SQLServer、Access、Oracle、PostgreSQL、DB2、MariaDB、InfoMix、Sybase 和 SQLite 等。随着云计算和大数据的发展,关系型数据库逐渐无法满足需求,越来越多的半关系型和非关系型数据需要用数据库进行存储管理,先后出现了非关系型数据库和分布式数据库。这两类数据库与传统的关系型数据库在设计和数据结构上有较大的不同,更强调数据库数据的高并发读写和存储大数据,这类数据库被称为 NoSQL(Not only SQL)数据库,如 MongoDB、Redis、Neo4j、Memcached、CouchDB、HBase、FlockDB 等。

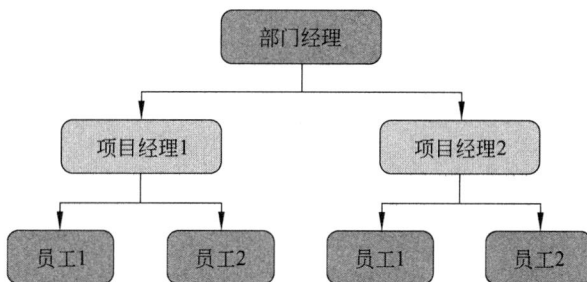

图 10-1　层次数据库

在各类应用系统中,数据库作为数据集中和高效管理的仓库,是必不可少的一部分。数据库主要由一个或多个表所组成,主要操作是增加、删除、修改和查询。

Python 支持多种主流数据库,如 SQLite、MySQL、SQLServer 和 Oracle 等,同时提供了多种数据库的连接方式,如 ODBC(Open Database Connectivity,开放数据互联)、ADO(ActiveX Data Objects,ActiveX 数据对象)、JDBC(Java Database Connectivity,Java 数据互联)和专用数据库连接模块等。

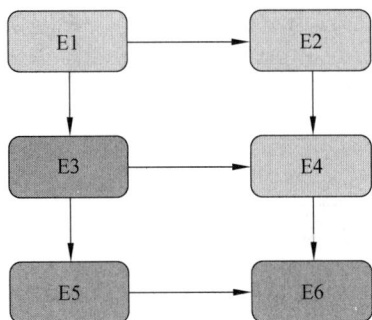

图 10-2　网状数据库

图 10-3　关系数据库

10.2　SQLite

SQLite 是一款轻型的关系数据库,占用资源小,处理速度快,多用于嵌入式设备中,得到了广泛的应用。2000 年 5 月,SQLite 第一个 Alpha 版本诞生,目前最新版本是 SQLite 3。Python 标准库中自带 SQLite 3,其一般操作流程如图 10-4 所示。

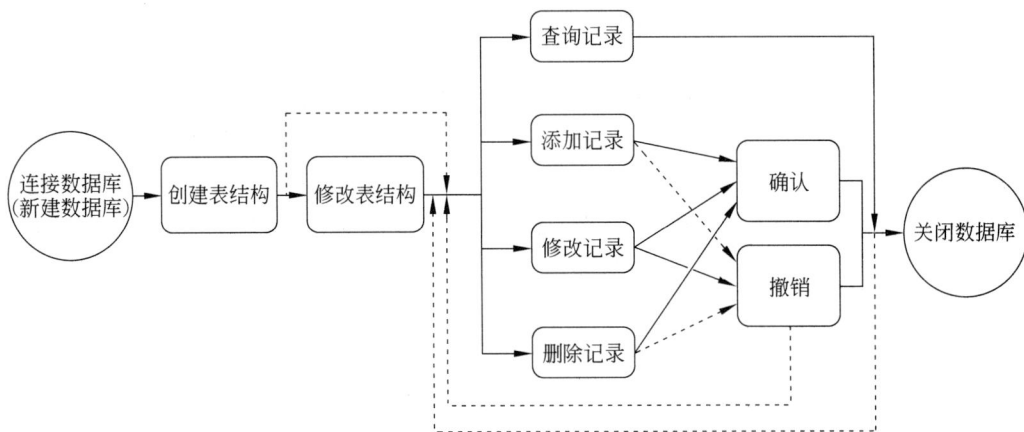

图 10-4　SQLite 一般操作流程

10.2.1　连接数据库

1. 连接数据库

```
连接对象=sqlite3.connect(数据库)
```

功能:如果数据库已经存在,则建立连接;如果数据库不存在,则创建该数据库并且建立连接。

2. 关闭数据库

```
连接对象.close()
```

功能：关闭数据库连接。数据库使用结束后要即时关闭数据库,释放其所占用的资源。关闭数据库不会自动调用 commit() 方法,如果之前未调用 commit() 方法而直接关闭数据库连接,所做的所有更改将全部丢失。

10.2.2　创建表

1. 创建表结构

(1) 连接或新建数据库。

(2) 创建一个游标。

游标是数据库中处理数据的一种方法,可以查看或者处理结果集的数据,提供了在结果集中一次一行、多行前进或向后浏览数据的能力。

游标对象=连接对象.cursor()

(3) 创建表结构。

create table 表名　(属性 数据类型 [primary key]　[,属性 数据类型] … [,属性 数据类型])

其中,primary key 是指主键,表示在表中不能重复的字段。

SQLite 的数据类型如表 10-1 所示。

表 10-1　SQLite 的数据类型

序　号	标　识　符	数　据　类　型
1	integer	整数类型
2	real	浮点数类型
3	text	字符串类型
4	blob	二进制数据
5	None	空值

(4) 执行 SQL 语句。

游标对象.execute(sql)

2. 修改表结构

(1) 添加字段。

alter table 表名 add 字段名 类型(值)

(2) 删除字段。

alter table 表名 drop 字段名

(3) 更改字段名。

alter table 表名 rename 旧字段名 to 新字段名

（4）更改字段类型。

```
alter table 表名 alter 字段 类型
```

3. 删除表

```
drop table if exists 表名
```

10.2.3 编辑表

1. 添加一条记录

```
insert into 表名(属性 1[,属性 2,…,属性 n)   values(表达式 1[,表达式 2,…,表达式 n)
```

2. 添加多条记录

```
cur.executemany('insert into 表名 values(?, …, ?)', [(表达式 1[,表达式 2,…,表达式 n), …,(表达式 1[,表达式 2,…,表达式 n)])
```

3. 修改记录

```
update 表名   set 属性 1=表达式 1[,属性 2= 表达式 2,…]   [where 条件]
```

4. 删除记录

```
delete from   <表名>[where 条件]
```

5. 提交修改

连接对象.commit()

功能：提交事务,把缓冲区的数据写入数据库,否则修改无效。

6. 撤销修改

连接对象.rollback()

功能：回滚至上一次调用 commit（）以来对数据库所做的更改。

10.2.4 查询

1. 查看记录数

游标对象.rowcount

功能：返回游标对象的所有记录。

2.查询记录

`select 表达式 [,表达式,…]  from 表[,表,…]  [where 条件]`

（1）`cur.fetchone()`

返回找到的第一条记录,返回一个元组,如果没有找到则返回 None。

（2）`cur.fetchmany([n])`

返回找到的 n 个记录,返回一个元组列表,没有更多的可用记录时则返回一个空的列表。

（3）`cursor.fetchall()`

返回找到的所有记录,返回一个列表,没有可用的记录时则返回一个空的列表。

这三个操作会导致游标位置下移,当游标移动至末记录后则返回 None。

10.3　MariaDB

MariaDB 由 MySQL 的创始人 Michael Widenius 主导开发,是 MySQL 的一个分支和替代品,由开源社区负责维护,MariaDB 的名称来自 Michael Widenius 的女儿 Maria 的名字。MariaDB 是目前最受关注的 MySQL 数据库的衍生版,也是发展最快的 MySQL 分支版本,被视为开源数据库 MySQL 的替代品。

10.3.1　安装与配置

1.下载与安装

MariaDB 支持目前主流的所有操作系统,可以到其官方网站(https://mariadb.org/)进行下载,下面以 Window 11 操作系统和 MariaDB 10.6.8 64 位版本为例,进行安装演示。

（1）双击下载的安装包 Mariadb-10.6.8-winx64.msi,打开“安装向导”对话框,如图 10-5 所示。

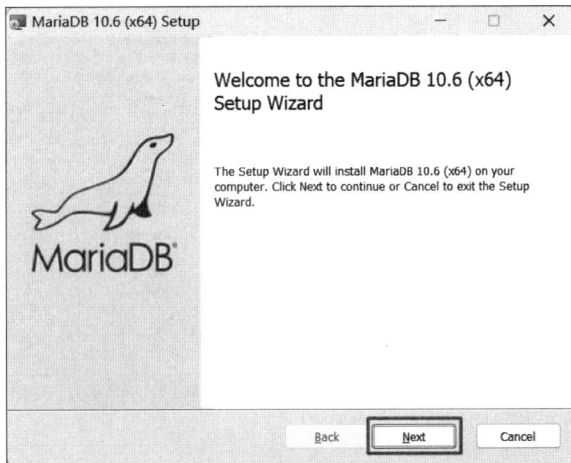

图 10-5　MariaDB 安装向导对话框

（2）单击 Next 按钮，打开用户协议许可对话框，如图 10-6 所示。

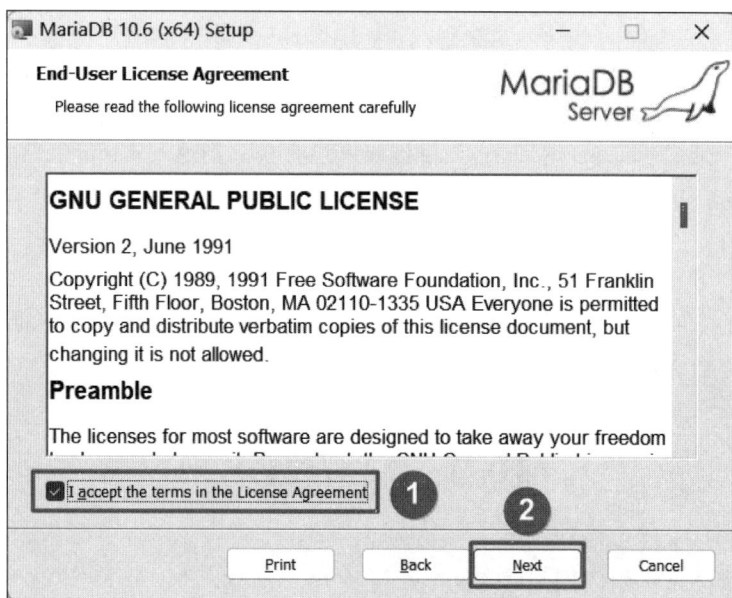

图 10-6　用户协议许可对话框

（3）单击选中 I accept the terms in the License Agreement，然后单击 Next 按钮打开"自定义安装"对话框，如图 10-7 所示。

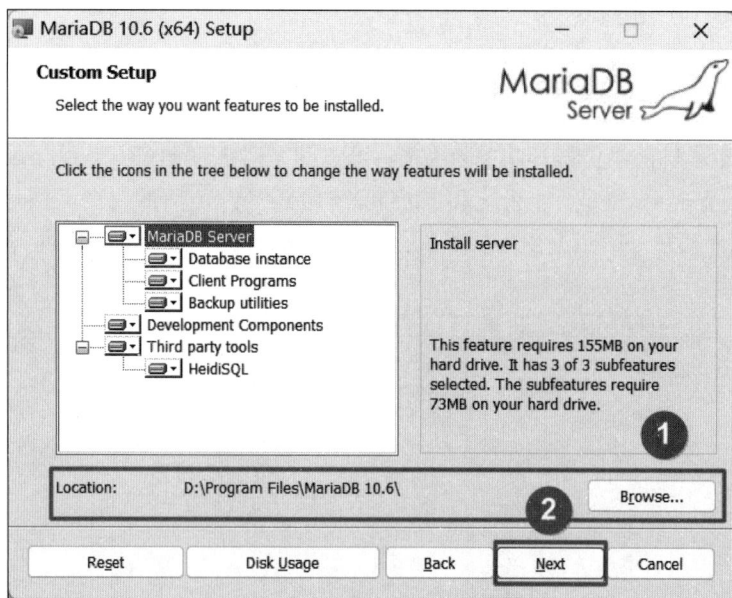

图 10-7　自定义安装对话框

（4）为 MariaDB 选择一个合适的本地安装路径，然后单击 Next 按钮打开用户设置对话框，如图 10-8 所示。

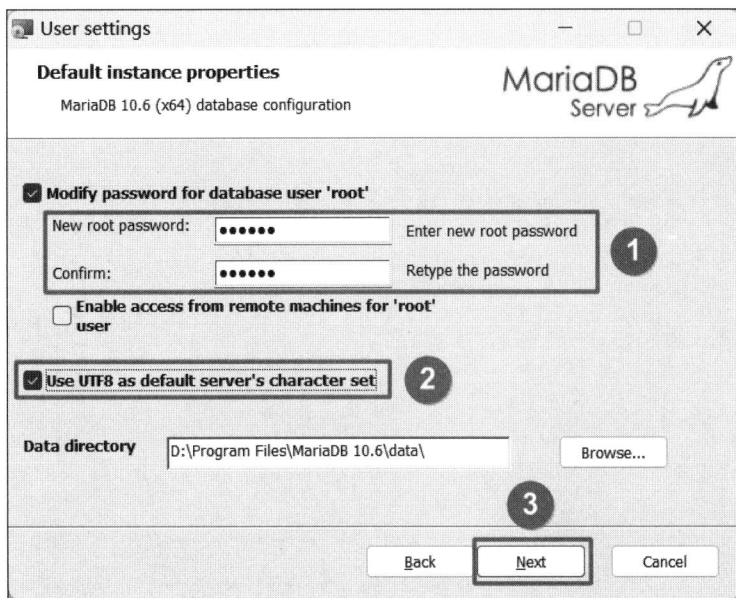

图 10-8　用户设置对话框

（5）为 root 用户设置和确认一个访问密码，如"123456"，单击选中 Use UTF8 as default server's character set 选项，然后单击 Next 按钮打开数据库设置对话框，如图 10-9 所示。

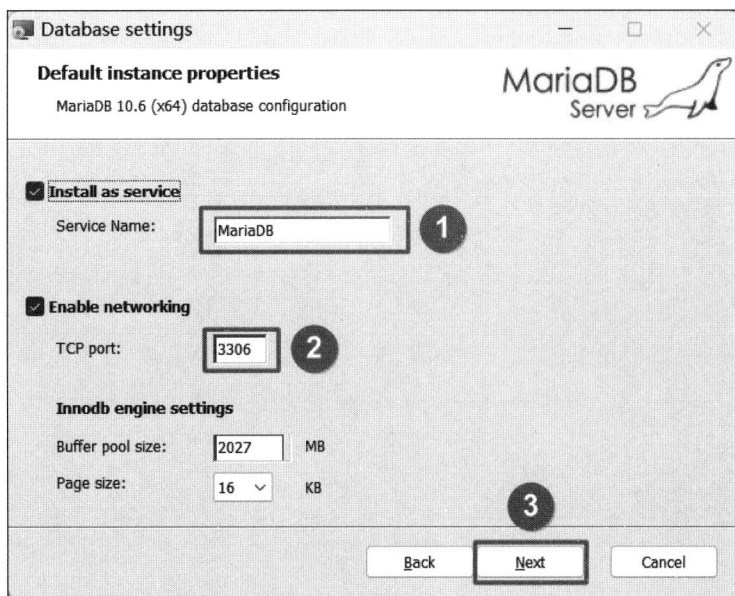

图 10-9　数据库设置对话框

（6）分别设置数据库服务的名称和端口号，建议保持默认即可，单击 Next 按钮打开安装确认对话框，如图 10-10 所示。

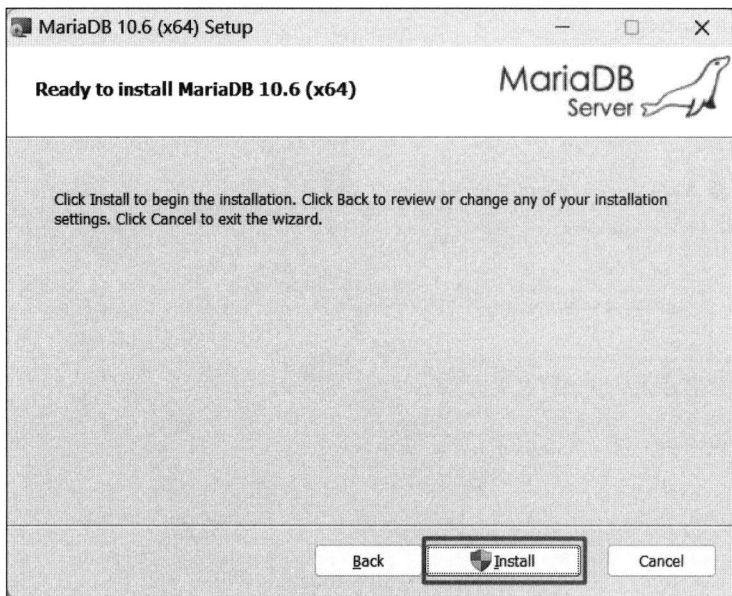

图 10-10　安装确认对话框

（7）单击 Install 按钮开始安装，如图 10-11 所示。

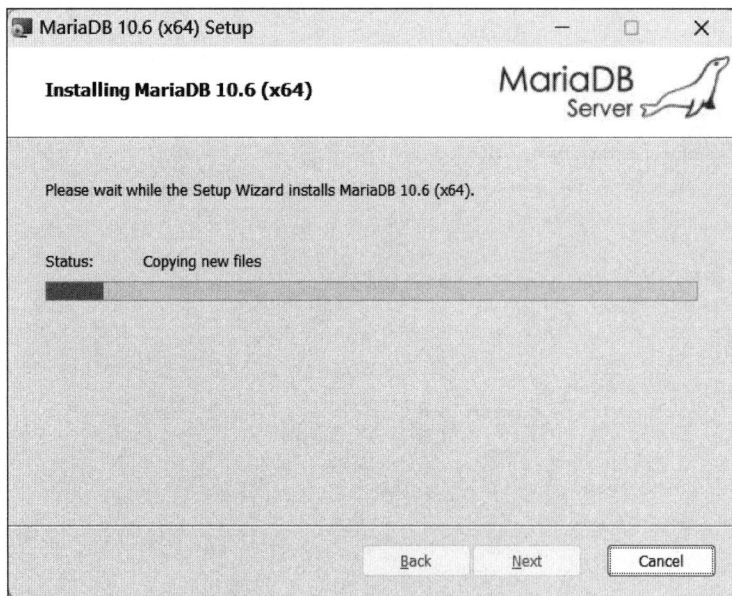

图 10-11　正在安装对话框

（8）正常安装完成后，弹出如图 10-12 所示的成功安装对话框，单击 Finish 按钮完成整个安装。

2. 配置环境变量

将 MariaDB 的安装路径配置到操作系统的 PATH 系统变量中，才可以方便使用 MariaDB。

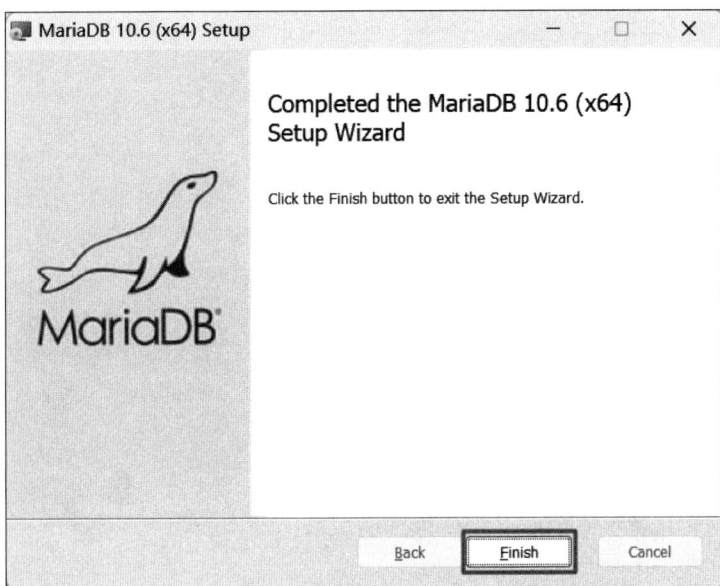

图 10-12　成功安装对话框

(1) 打开 Windows 操作系统的"系统属性"对话框,切换到"高级"标签页,如图 10-13 所示。

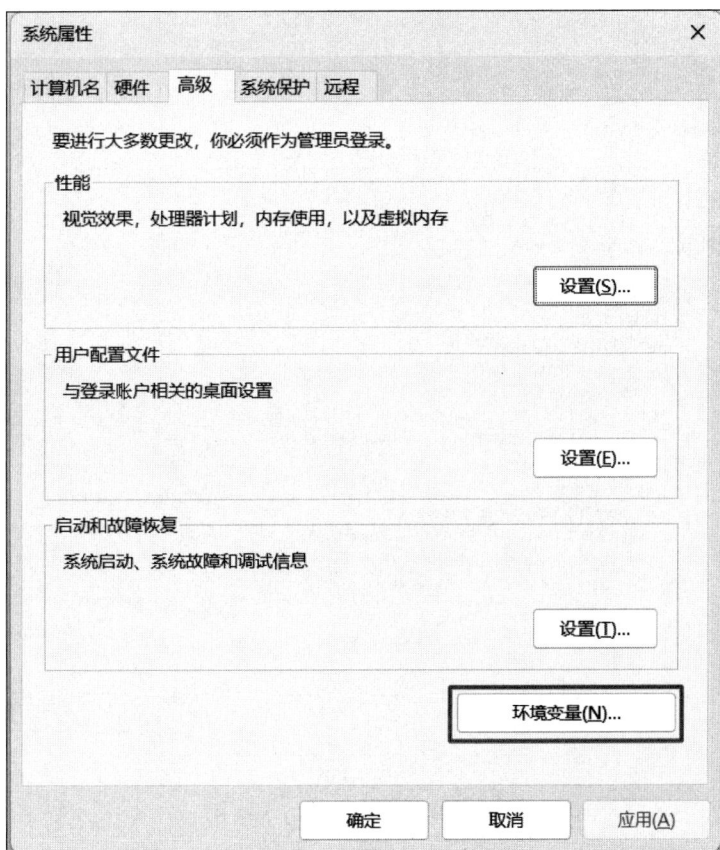

图 10-13　"系统属性"对话框的"高级"标签页

（2）单击"环境变量"按钮打开"环境变量"对话框，如图 10-14 所示。

图 10-14　"环境变量"对话框

（3）在"系统变量"列表框中单击选中 Path 选项，然后单击"编辑"按钮打开"编辑环境变量"对话框，如图 10-15 所示。

图 10-15　"编辑环境变量"对话框

（4）单击"浏览"按钮打开"浏览文件夹"对话框，如图 10-16 所示。

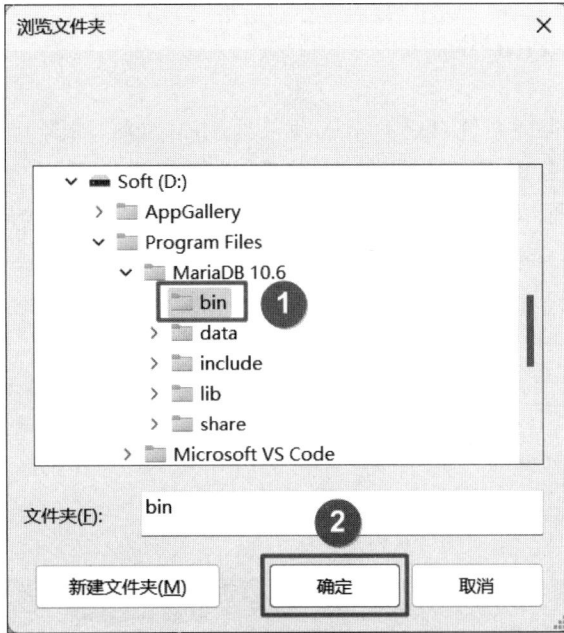

图 10-16　"浏览文件夹"对话框

（5）选择 MariaDB 安装路径下的 bin 文件夹，然后单击"确定"按钮返回到"编辑环境变量"对话框，如图 10-17 所示。

图 10-17　"编辑环境变量"对话框

（6）列表框中的最后一行就是为 MariaDB 配置的环境变量，单击"确定"按钮返回。

10.3.2　访问 MariaDB

MariaDB 数据库管理系统自带一个管理工具 HeidiSQL，如图 10-18 所示，可以在图形用户界面中执行创建数据库、创建表结构、修改表结构、添加记录、删除记录、修改记录和查询记录等操作，也可以通过 Python 访问 MariaDB 数据库，其常用数据类型如表 10-2所示。

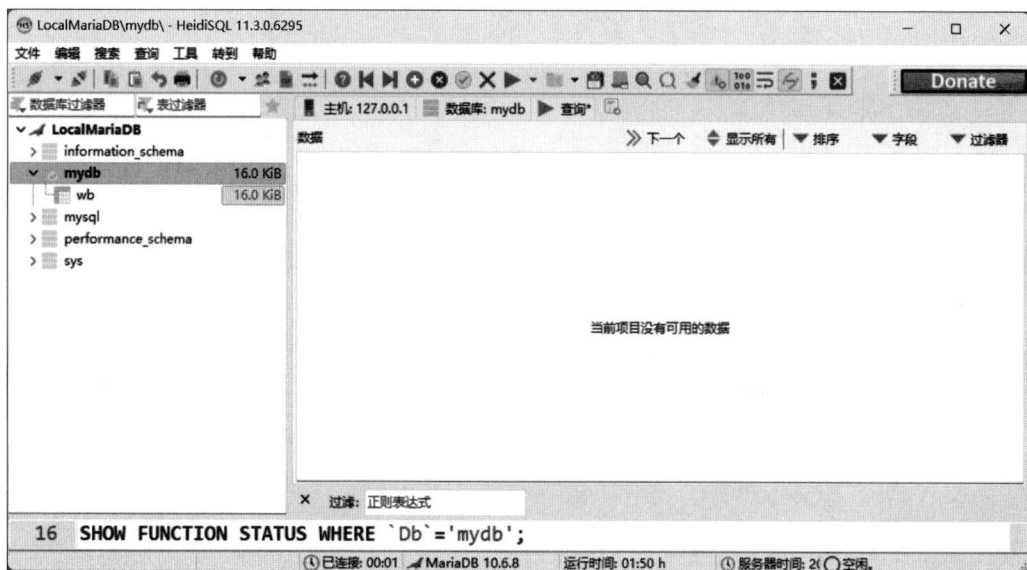

图 10-18　HeidiSQL

表 10-2　MariaDB 常用数据类型

序号	标　识　符	数　据　类　型
1	int	整数类型
2	bigint	长整数类型
3	float	浮点数类型
4	double	长精度浮点数类型
5	datetime	日期时间类型
6	timestamp	日期时间类型（时间戳）
7	char	定长字符串类型
8	varchar	不定长字符串类型
9	text	长文本类型
10	blob	字节数据类型

1. 下载安装 MariaDB 第三方库

通过 Python 访问 MariaDB 数据库,需要下载安装 MariaDB 第三方库进行支持,通过如下命令实现。

```
pip install mariadb
```

2. 访问 MariaDB 数据库

大部分操作命令使用的是 SQL 语句,与 SQLite 3 中的 SQL 语句一样,下面仅做简单的流程性介绍。

(1) 连接数据库。

```
conn = mariadb.connect(host="127.0.0.1", user="root", password="123456", port = 3306, database = "数据库名")
```

功能:连接数据库并且创建一个连接对象。其中,host 表示主机网络地址,user 表示用户名,password 表示密码,port 表示端口号,database 表示要连接的数据库名称。

(2) 创建游标。

```
cur = conn.cursor()
```

功能:创建一个游标对象。

(3) 创建表结构。

```
create table 表名   (属性 数据类型 [primary key]   [,属性 数据类型] …   [,属性 数据类型])
```

(4) 修改表结构。

添加字段格式(SQL 语句)。

```
alter table 表名 add   字段名 类型(值)
```

删除字段格式(SQL 语句)。

```
alter table 表名 drop 字段名
```

更改字段名格式(SQL 语句)。

```
alter table 表名 rename 旧字段名 to 新字段名
```

更改字段类型格式(SQL 语句)。

```
alter table 表名 alter 字段 类型
```

(5) 删除表。

```
drop table if exists 表名
```

(6) 添加记录。

添加一条记录格式(SQL 语句)。

```
insert into 表名(属性 1[,属性 2,…,属性 n)   values(表达式 1[,表达式 2,…,表达式 n)
```

添加多条记录格式（SQL 语句）。

```
cur.executemany('insert into 表名 values(?,…,?)',[(表达式 1[,表达式 2,…,表达式
n),…,(表达式 1[,表达式 2,…,表达式 n)])
```

（7）修改记录。

```
update 表名   set 属性 1=表达式 1[,属性 2=表达式 2,…]   [where 条件]
```

（8）删除记录。

```
delete from  <表名> [where 条件]
```

（9）查询记录。

```
select 表达式 [,表达式,…]  from 表[,表,…]  [where 条件]
```

（10）关闭游标。

```
cur.close()
```

（11）关闭数据库。

```
conn.close()
```

【程序源码】（LX1001.py）

```
1.  import mariadb
2.
3.  try:
4.      conn = mariadb.connect(host="127.0.0.1", user="root", password=
    "123456", port = 3306, database = "mydb")
5.  except mariadb.Error as e:
6.      print("Error connecting to MariaDB Platform:",e)
7.
8.  cur = conn.cursor()
9.
10. cur.execute('drop table if exists studentdb')
11. cur.execute('create table studentdb(sid char(6) primary key, sname char
    (10), sage int(3))')
12. cur.execute('insert into studentdb(sid,sname,sage) values(?,?,?)',
    ('220101','胡凡林',20))
13. cur.execute('insert into studentdb(sid,sname,sage) values(?,?,?)',
    ('220102','黄大伟',21))
14. cur.execute('insert into studentdb(sid,sname,sage) values(?,?,?)',
    ('220103','张雅婷',19))
15.
16. cur.execute('select * from studentdb')
17. for r in cur:
18.     print(r)
19.
20. cur.close()
21. conn.close()
```

【运行结果】

```
('220101', '胡凡林', 20)
('220102', '黄大伟', 21)
('220103', '张雅婷', 19)
```

10.4　单元拓展——Pyinstaller

Pyinstaller 是一个 Python 的第三方库，它将 Python 的 py 文件打包发布为 exe 的文件，在 Windows 操作系统平台上可以脱离 Python 环境直接运行。

1. 安装

Pyinstaller 在使用前需要先进行安装，最便捷的方式是通过如下 PIP 命令进行安装，安装过程如图 10-19 所示。

```
pip install pyinstaller
```

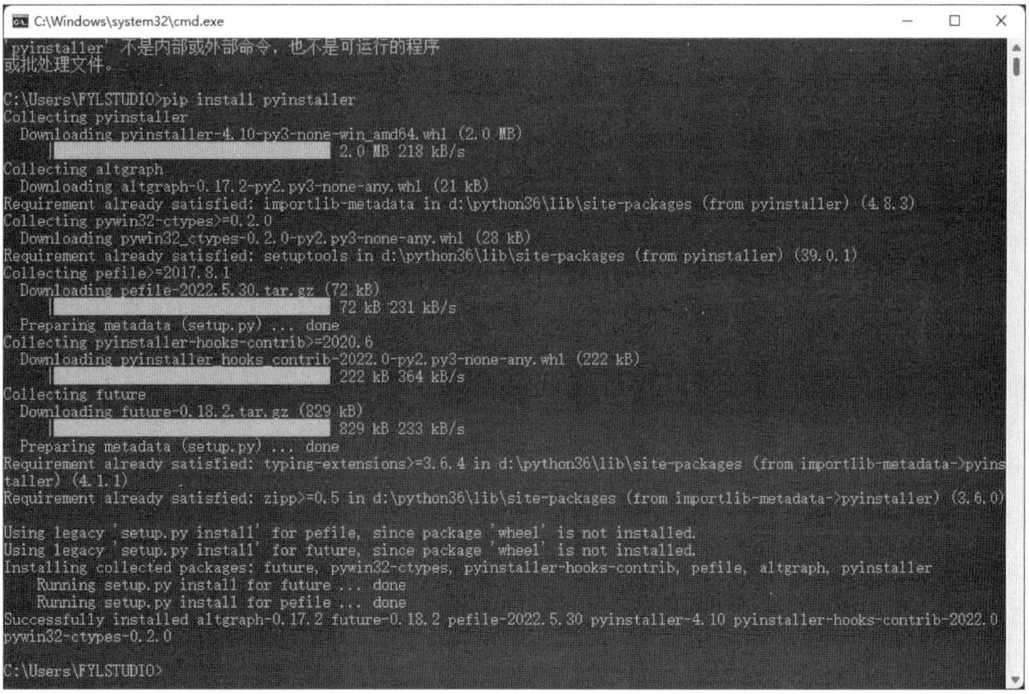

图 10-19　安装 Pyinstaller 第三方库

2. 升级

如果需要升级 Pyinstaller 库的版本，可以使用下面的命令实现。

```
pip install --upgrade pyinstaller
```

3. 命令参数

Pyinstaller 以命令的方式运行,其常用参数及含义如表 10-3 所示。

表 10-3　Pyinstaller 常用参数及含义

序号	参　　数	含　　义
1	-F	打包成单个可执行的 exe 文件
2	-D	创建一个目录,包含 exe 文件,但运行时会依赖一些其他文件(默认选项)
3	-c	使用控制台,用于非图形用户界面(默认选项)
4	-w	无控制台,用于图形用户界面
5	-i	打包后文件图标文件的路径
6	-h/--help	显示帮助信息
7	-v/--version	显示版本信息

4. 打包发布

下面以上一章项目训练中的"简易计算器"程序为例,进行打包发布的演示。

(1) 打开"Windows 命令提示符"或者"Windows 终端",并且将路径切换至 Python 程序所在文件夹。

(2) 输入打包命令:pyinstaller -F -w -i images\fyl_blue.ico 简易计算器.py,如图 10-20 所示。

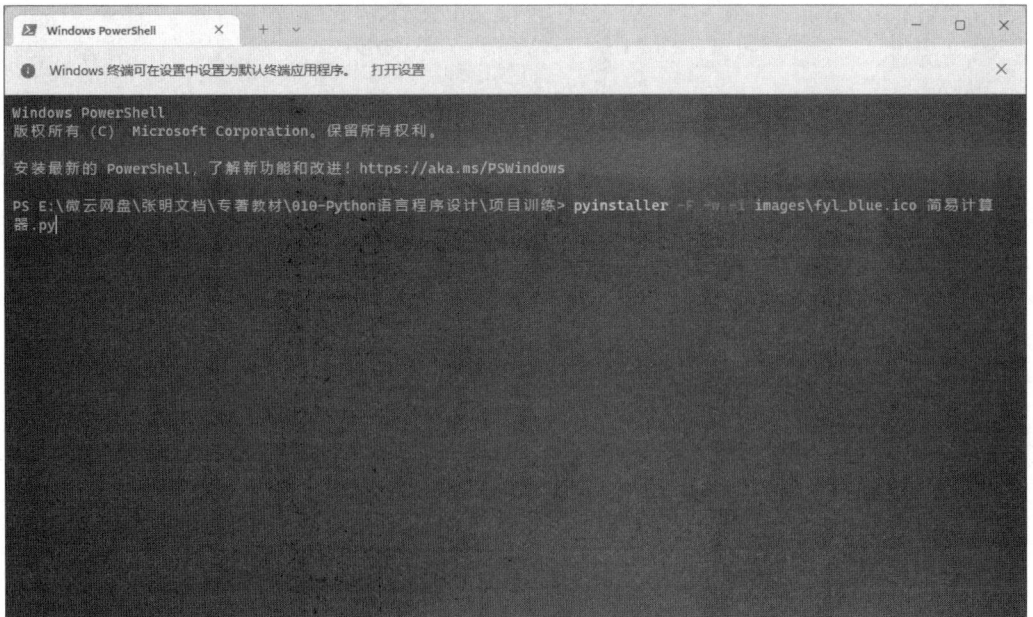

图 10-20　打包命令

（3）按 Enter 键执行命令开始自动打包，如图 10-21 所示。

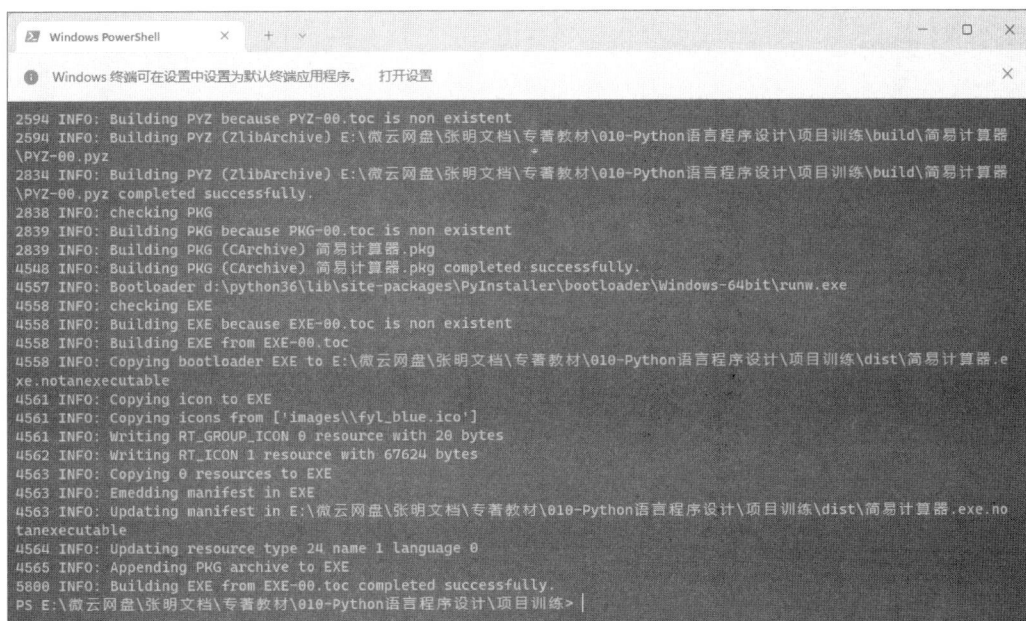

图 10-21　自动打包过程

（4）打包完成后，会在原 Python 程序所在文件夹下自动生成两个子文件夹 build 和 dist，如图 10-22 所示。

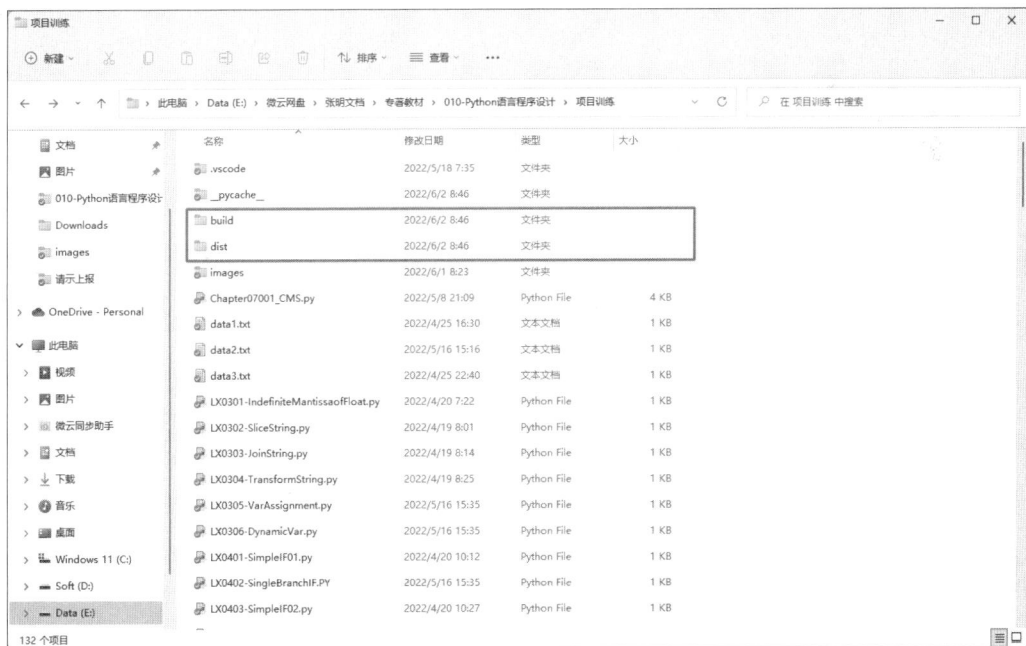

图 10-22　自动生成的两个文件夹

（5）在 dist 子文件夹下就是打包生成的单个可执行文件，如图 10-23 所示。

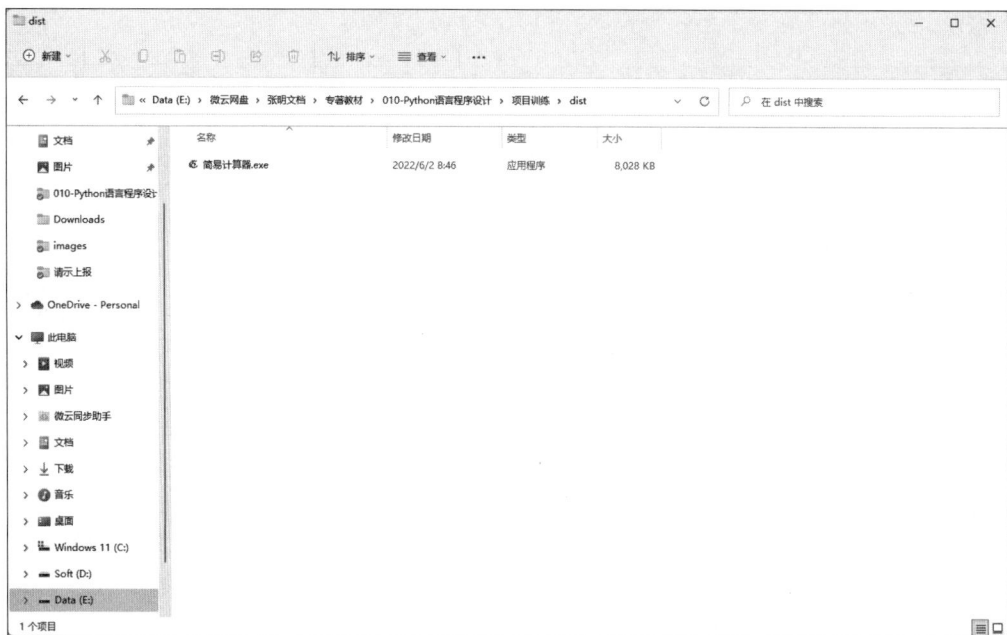

图 10-23　打包生成的单个可执行 exe 文件

（6）双击文件即可直接运行，如图 10-24 所示。

图 10-24　可执行文件运行界面

10.5　项 目 训 练

10.5.1　简易学生管理系统——SQLite

（1）项目编号：XMXL1001。

（2）项目要求：应用 SQLite 3 数据库，设计一个简易的学生管理系统，实现简单的添加、删除、修改和查询功能。

（3）程序源码。

```
1.   #-*-coding:UTF-8-*-
2.   """
3.   项目编号:XMXL1001
4.   项目要求:应用sqlite3数据库,设计一个简易的学生管理系统,实现简单的添加、删除、修
     改和查询功能
5.   """
6.
7.   #查询某个学号的学生是否已经存在于数据库中
8.   def find(id):
9.       cur.execute('select * from stu where sid=?',(id,))
10.      users =  cur.fetchall()
11.      if len(users) > 0:
12.          n = 1
13.      else:
14.          n = -1
15.      return n
16.
17.  #1.添加学生信息
18.  def stu_append():
19.      try:
20.          s = eval(input("请依次输入学号(字符串),姓名(字符串),年龄(整数)(用逗号
     分隔):"))
21.          s0 = str(s[0])
22.          s1 = str(s[1])
23.          s2 = int(s[2])
24.      except:
25.          print("输入的数据有误!")
26.      else:
27.          if s0 == '' or s1 == '':
28.              print("输入的数据无效!")
29.          else:
30.              if find(s0) == 1:
31.                  print("此学号已经存在,请重新添加!")
32.              else:
33.                  cur.execute('insert into stu(sid,sname,sage) values(?,?,?)',
     (s0,s1,s2))
34.                  cn.commit()
35.                  print("添加学生信息成功!")
36.
37.  #2.修改学生信息
38.  def stu_alter():
39.      id = input("输入学号:")
40.      if find(id) == -1:
41.          print("查无此人!")
42.      else:
43.          try:
44.              s = eval(input("请依次输入姓名(字符串),年龄(整数)(用逗号分隔):"))
```

```
45.            s1 = str(s[0])
46.            s2 = int(s[1])
47.        except:
48.            print("输入的数据有误!")
49.        else:
50.            if s1 == '':
51.                print("输入的数据无效!")
52.            else:
53.                cur.execute('update stu set sname=?,sage=? where sid =? ',
    (s1,s2,id))
54.                cn.commit()
55.                print("修改学生信息成功!")
56.
57. #3.删除学生信息
58. def stu_delete():
59.    id = input("输入学号:")
60.    if find(id) == -1:
61.        print("查无此人!")
62.    else:
63.        cur.execute('delete from stu where sid=? ',(id,))
64.        cn.commit()
65.        print("删除成功!")
66.
67. #4.查询学生信息
68. def stu_seek():
69.    id = input("输入学号:")
70.    if find(id) == -1:
71.        print("查无此人!")
72.    else:
73.        cur.execute('select * from stu where sid=? ',(id,))
74.        user = cur.fetchone()
75.        print("{:<10}{:<10}{:<3}".format('ID','NAME','AGE'))
76.        print("{:<10}{:<10}{:>3}".format(user[0],user[1],user[2]))
77.
78. #5.显示学生信息
79. def stu_display():
80.    cur.execute('select * from stu')
81.    users = cur.fetchall()
82.    print("{:<10}{:<10}{:<3}".format('ID','NAME','AGE'))
83.    for user in users:
84.        print("{:<10}{:<10}{:>3}".format(user[0],user[1],user[2]))
85.
86. #6.初始化学生库
87. def stu_init():
88.    cur.execute('drop table if exists stu')
89.    cur.execute('create table stu(sid text(6) primary key,sname text(10),
    sage integer(3))')
90.    print("初始化学生库成功!")
91.
```

```
92.  #7.查看帮助信息
93.  def stu_help():
94.      print("简易学生管理系统")
95.      print("请按照提示信息使用")
96.      print("Ver:1.1")
97.      print("2022年6月5日")
98.
99.  import sqlite3
100. cn = sqlite3.connect('studentdb.db')
101. cur = cn.cursor()
102.
103. while 1:
104.     print("*** 简易学生管理系统 ***")
105.     print('========================')
106.     print("    1.添加学生信息")
107.     print("    2.修改学生信息")
108.     print("    3.删除学生信息")
109.     print("    4.查询学生信息")
110.     print("    5.显示学生信息")
111.     print("    6.初始化学生库")
112.     print("    7.查看帮助信息")
113.     print("    8.退出管理系统")
114.     print('========================')
115.
116.     yn = input("根据提示信息,选择相应的操作功能(1~8):")
117.     if yn == '1':
118.         stu_append()
119.     elif yn == '2':
120.         stu_alter()
121.     elif yn == '3':
122.         stu_delete()
123.     elif yn == '4':
124.         stu_seek()
125.     elif yn == '5':
126.         stu_display()
127.     elif yn == '6':
128.         stu_init()
129.     elif yn == '7':
130.         stu_help()
131.     elif yn == '8':
132.         print("谢谢使用,再见!")
133.         cn.close()
134.         break
135.     else:
136.         print("您的输入有误!")
137.     input("请按回车键继续……")
```

10.5.2 简易学生管理系统——MariaDB

（1）项目编号：XMXL1002。

（2）项目要求：应用 MariaDB 数据库，设计一个图形用户界面的简易学生管理系统，实现简单的添加、删除、修改和查询功能。

（3）程序源码。

```
1.  #- * - coding:UTF-8 - * -
2.  """
3.  项目编号:XMXL1002
4.  项目要求:应用 MariaDB 数据库,设计一个图形用户界面的简易学生管理系统,实现简单的
    添加、删除、修改和查询功能
5.  """
6.
7.  import tkinter
8.  import tkinter.messagebox
9.  import tkinter.ttk
10. import mariadb
11.
12. #初始化窗口
13. win = tkinter.Tk()
14. win.title("简易的学生管理系统")
15. win.geometry('600x500')
16.
17. #布局框架
18. frame01 = tkinter.Frame(win, width = 500, height = 400, bg = 'white')
19. frame01.pack(pady = 15)
20. frame02 = tkinter.Frame(win, width = 500, height = 20)
21. frame02.pack(pady = 5)
22. frame03 = tkinter.Frame(win, width = 500, height = 20)
23. frame03.pack(pady = 5)
24. frame04 = tkinter.Frame(win, width = 500, height = 20)
25. frame04.pack(pady = 15)
26.
27. #垂直滚动条
28. sb = tkinter.Scrollbar(frame01, orient = 'vertical')
29. sb.pack(side = 'right', fill = 'y')
30.
31. #显示数据库
32. tv = tkinter.ttk.Treeview(frame01, columns = ('c1','c2','c3','c4','c5'),
    show = 'headings', yscrollcommand = sb.set, height = 13)
33. tv.column('c1', width = 150, anchor = 'center')
34. tv.column('c2', width = 100, anchor = 'center')
35. tv.column('c3', width = 50, anchor = 'center')
36. tv.column('c4', width = 50, anchor = 'center')
37. tv.column('c5', width = 100, anchor = 'center')
38.
```

```
39. tv.heading('c1', text = '学号')
40. tv.heading('c2', text = '姓名')
41. tv.heading('c3', text = '性别')
42. tv.heading('c4', text = '年龄')
43. tv.heading('c5', text = '成绩')
44.
45. tv.pack(side = 'left', fill = 'y')
46. sb.config(command = tv.yview)
47.
48. #打开并显示数据库
49. try:
50.     conn = mariadb.connect(host="127.0.0.1", user="root", password="123456",
    port = 3306, database = "mydb")
51. except mariadb.Error as e:
52.     print("Error connecting to MariaDB Platform:",e)
53. cur = conn.cursor()
54.
55. cur.execute('select * from student')
56. for r in cur:
57.     tv.insert('', 'end', values = r)
58.
59. #初始化动态数据
60. vid = tkinter.StringVar()
61. vname = tkinter.StringVar()
62. vsex = tkinter.StringVar()
63. vage = tkinter.IntVar()
64. vgrade = tkinter.DoubleVar()
65. vid.set('学号')
66. vname.set('姓名')
67. vsex.set('性别')
68. vage.set('年龄')
69. vgrade.set('成绩')
70.
71. entry_id = tkinter.Entry(frame02, textvariable = vid, width = 22)
72. entry_id.pack(side = 'left', padx = 5)
73. entry_name = tkinter.Entry(frame02, textvariable = vname, width = 10)
74. entry_name.pack(side = 'left', padx = 5)
75. entry_sex = tkinter.Entry(frame02, textvariable = vsex, width = 5)
76. entry_sex.pack(side = 'left', padx = 5)
77. entry_age = tkinter.Entry(frame02, textvariable = vage, width = 5)
78. entry_age.pack(side = 'left', padx = 5)
79. entry_grade = tkinter.Entry(frame02, textvariable = vgrade, width = 15)
80. entry_grade.pack(side = 'left', padx = 5)
81.
82. #Treeview绑定单击事件
83. def b1_pro(args):
84.     ti = tv.item(tv.selection())
85.     t = ti['values']
86.     vid.set(t[0])
```

```
87.        vname.set(t[1])
88.        vsex.set(t[2])
89.        vage.set(t[3])
90.        vgrade.set(t[4])
91.        return
92.  tv.bind('<ButtonRelease-1>', b1_pro)
93.
94.  #插入记录
95.  def bt_insert_pro():
96.        v = [vid.get(),vname.get(),vsex.get(),vage.get(),vgrade.get()]
97.        tv.insert('','end',values = v)
98.
99.        cur.execute('insert into student (sid,sname,ssex,sage,sgrade) values
     (?,?,?,?,?)',(v))
100.       conn.commit()
101.       return
102. bt_insert = tkinter.Button(frame03, text = '添加', width = 18, height = 2,
     command = bt_insert_pro)
103. bt_insert.pack(side = 'left', padx = 5)
104.
105. #删除记录
106. def bt_delete_pro():
107.       if not tv.selection():
108.            tkinter.messagebox.showinfo("提示","还没有选中任何记录!")
109.       else:
110.            yn = tkinter.messagebox.askyesno("提示","确认要删除此记录吗?")
111.            id = tv.item(tv.selection())['values'][0]
112.            print(id)
113.            if yn:
114.                 tv.delete(tv.selection())
115.                 cur.execute("delete from student where sid = ?",(id,))
116.                 conn.commit()
117.       return
118. bt_delete = tkinter.Button(frame03, text = '删除', width = 18, height = 2,
     command = bt_delete_pro)
119. bt_delete.pack(side = 'left', padx = 5)
120.
121. #修改记录
122. def bt_alter_pro():
123.       if not tv.selection():
124.            tkinter.messagebox.showinfo("提示","还没有选中任何记录!")
125.       else:
126.            v = [vid.get(),vname.get(),vsex.get(),vage.get(),vgrade.get()]
127.            ti = tv.item(tv.selection(), values = v)
128.            cur.execute('update student set sid = ?, sname = ?, ssex = ?, sage = ?,
     sgrade = ? where sid = ?',(vid.get(),vname.get(),vsex.get(),vage.get(),
     vgrade.get(),vid.get()))
129.            conn.commit()
130.       return
```

```
131.  bt_alter = tkinter.Button(frame03, text = '修改', width = 18, height = 2,
      command = bt_alter_pro)
132.  bt_alter.pack(side = 'left', padx = 5)
133.
134.  #查询记录
135.  def bt_seek_pro():
136.      id = vid.get()
137.      if id == '':
138.          tkinter.messagebox.showinfo("提示","没有输入任何查询数据!")
139.      else:
140.          cur.execute('select * from student where sid = ?',(id,))
141.          s = cur.fetchall()
142.          if len(s) <= 0:
143.              tkinter.messagebox.showinfo("提示","查无此人!")
144.          else:
145.              obj = tv.get_children()
146.              for e in obj:
147.                  tv.delete(e)
148.              for e in s:
149.                  tv.insert('','end',values = e)
150.      return
151.  bt_seek = tkinter.Button(frame04, text = '查询', width = 18, height = 2,
      command = bt_seek_pro)
152.  bt_seek.pack(side = 'left', padx = 5)
153.
154.  #刷新显示
155.  def bt_refresh_pro():
156.      obj = tv.get_children()
157.      for e in obj:
158.          tv.delete(e)
159.      cur.execute('select * from student')
160.      for e in cur:
161.          tv.insert('','end',values = e)
162.      return
163.  bt_refresh = tkinter.Button(frame04, text = '刷新', width = 18, height = 2,
      command = bt_refresh_pro)
164.  bt_refresh.pack(side = 'left', padx = 5)
165.
166.  #退出系统
167.  def bt_close_pro():
168.      yn = tkinter.messagebox.askyesno("提示","确认要关闭吗?")
169.      if yn == True:
170.          print(yn)
171.          cur.close()
172.          conn.close()
173.          win.destroy()
174.      return
175.  bt_close = tkinter.Button(frame04, text = "关闭", width = 18, height = 2,
      command = bt_close_pro)
```

```
176. bt_close.pack(side = 'left', padx = 5)
177.
178. win.mainloop()
```

（4）运行结果：如图 10-25 所示。

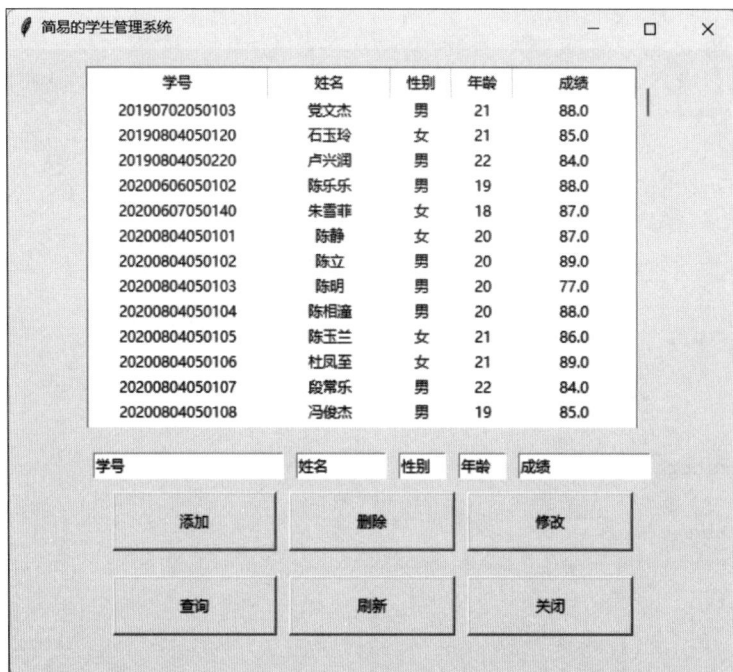

图 10-25　项目训练 1002

10.6　习　　题

1. 判断题

（1）SQLite 是 Python 自带的关系数据库管理模块。　　　　　　　　　　（　　）

（2）SQL 语句区分大小写。　　　　　　　　　　　　　　　　　　　　　　（　　）

（3）cn.commit() 把缓冲区中的数据写回数据库，否则修改无效。　　　　　（　　）

2. 多选题

（1）数据管理的三个发展阶段是（　　　）。

　　A. 人工管理　　　　　B. 文件管理　　　　　C. 表格管理　　　　　D. 数据库管理

（2）Python 提供的数据库管理接口包括（　　　）。

　　A. ADO（ActiveXDataObjects，ActiveX 数据对象）

　　B. ODBC（OpenDatabaseConnectivity，开放数据互联）

C. JDBC(JavaDatabaseConnectivity,Java 数据互联)

D. SQLite3

（3）连接＝sqlite3.connent(数据库)这条命令具有的功能包括（　　　　）。

A. 连接数据库   B. 创建数据库

C. 显示数据库中表的结构   D. 显示数据库中表的记录

（4）SQLite 的常用数据类型包括（　　　　）。

A. integer：整数   B. real：实数

C. text：字符串   D. blob：blob 数据（二进制数据）

E. None：空值（没有类型，没有大小）

3. 填空题

在访问表时，需要把表（或查询结果）转入内存的缓冲区，然后对缓冲区中的数据进行操作，因此需要定义一个指向缓冲区的指针，叫作_____。

习题参考答案

第1章 绪论

1. 物联网即"万物相连的互联网",如何实现"物体"与"物体"之间的信息交互?

通过信息传感器、射频识别技术、全球定位系统、红外线感应器、激光扫描器等各种设备与技术,实时动态地采集物体的声、光、电、热、位置等信息,通过各种可能的网络接入,按照约定的协议,实现物与物、物与人之间的泛在连接,达到对物体和过程的智能化感知、识别、定位、跟踪、监控和管理的目的。

2. 云计算主要由哪三部分所组成,分别简述一下。

云计算主要由 IaaS、PaaS 和 SaaS 三部分所组成。

(1) IaaS:是指以服务的形式提供主机、存储和网络等虚拟基础资源。

(2) PaaS:是指以服务的形式提供中间件、服务引擎、开发环境和开发工具等平台资源。

(3) SaaS:是指以服务的形式为企业、事业单位和个人用户提供软件资源。

3. 请简述大数据的特征,并举例说明你觉得生活中的哪些数据是大数据。

大数据(Big Data)是一种数据规模大到在获取、存储、管理、分析方面大大超出了传统数据库软件工具能力范围的数据集合,具有海量的数据规模、快速的数据流转、多样的数据类型和价值密度低四大特征。

4. 什么是人工智能? 人工智能目前的发展前景如何? 人工智能是否可以代替人类思考?

人工智能是指研究、开发用于模拟、延伸和扩展人的智能的理论、方法、技术及应用系统的一门技术科学。主要用于语音识别、机器翻译、图像识别、文字识别、语音合成、人机对话、机器学习、知识表示、机器人、自动驾驶汽车等领域。

人工智能不会完全替代人类思考,没有感性思维,无法跨越概念产业。今天的电子计算机框架和程序编写方法有本质的缺点,这使得人工智能无法完成与人脑感情、信念、心理状态、心态、工作经验等领域的互动。本质上,人工智能只是物质世界的定义,不能跨越概念产业。

5. 什么是区块链技术? 区块链的技术架构有哪些? "比特币"应该属于区块链技术架构的哪一层?

区块链是一种分布式的共享账本和数据库,也是一种将数据区块有序连接,并以密码学方式保证其不可篡改、不可伪造的分布式数据库技术,具有去中心化、不可伪造、全程留痕、可以追溯、集体维护、公开透明等特点。

区块链主要由数据层、网络层、共识层、激励层、合约层和应用层所组成。

"比特币"属于区块链技术架构的应用层。

6. 谈一谈你所了解的元宇宙。

元宇宙是利用现代科技手段进行链接与创造的,与现实世界映射与交互的虚拟世界,具备新型社会体系的数字生活空间。

7. 计算机由哪些部件所组成？

计算机由控制器、运算器、存储器、输入输出设备所组成。

8. 简要说明计算机程序的两种运行方式，并分别阐述其优缺点。

计算机程序有编译方式和解释方式两种运行方式，其比较如下。

（1）执行方式：编译方式是将源程序整体转换成机器语言后再执行，而解释方式是将源程序逐条取出，边解释边执行。

（2）运行环境：编译方式对于不同的操作系统，需要调用不同的底层机器指令，生成不同的机器代码，因此跨平台性不好。解释方式可跨平台使用，源程序在所有平台上都可以直接执行。

（3）开发便捷性：编译方式如果修改了源程序，则需要将全部源程序重新编译；解释方式则可以随时修改，立刻生效。

（4）运行速度：编译方式是整体编译运行，运行速度较快；解释方式是边解释边执行，运行速度比编译方式慢。

9. 请根据程序设计中算法的思想，使用流程图画出小明上学的流程。

小明上学的流程：小明早晨起床，吃完早餐。看是否下雨，不下雨选择步行上学，下雨选择公交车出行到达学校，到学校后开始上课。流程图见图1。

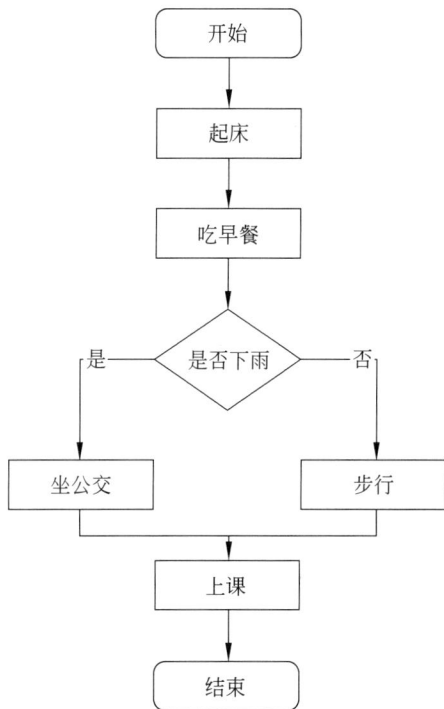

图 1　小明上学流程图

10. 程序设计方法中，简述结构化程序设计和面向对象程序设计各自的特点。

结构化程序设计的特点是结构简单、清晰、可读性高、易维护、易调试、易扩展。

面向对象程序设计的特点是封装性、继承性和多态性,具有重用性、灵活性和扩展性等优点。

第 2 章　Python 简介与环境搭建

1. 判断题

(1) 正确 (2)错误 (3)错误 (4)正确 (5)错误 (6)正确

2. 单选题

(1)A (2)D (3)C (4)B (5)C (6)C (7)A

第 3 章　基本数据类型与字符处理

1. 判断题

(1)错误 (2)正确 (3)正确 (4)错误 (5)正确 (6)正确 (7)正确 (8)正确 (9)正确 (10)错误

2. 单选题

D

第 4 章　控制结构与异常处理

1. 判断题

错误

2. 单选题

(1)A (2)B (3)A (4)B (5)C (6)C (7)C (8)A (9)C

3. 程序设计题

(1)

```
month=eval(input())
if month==2:
    days=28
elif:
    month in [4,6,9,11]:
    days=30
else:
    days=31
print(days)
```

（2）

```
a=int(input("请输入整数 a:")
b=int(input("请输入整数 b:")
c=int(input("请输入整数 c:")
if(a<b):
    t=a;a=b;b=t
if(a<c):
    t=a;a=c;c=t
if(b<c):
    t=b;b=c;c=b
print("排序的结果为:{}>{}>{}.".format(a,b,c))
```

（3）

```
f1=1
f2=1
for i in range(1,11):
    print("{0:6}{1:6}".format(f1,f2),end="")
    if i%2==0:
        print()
    f1+=f2
    f2+=f1
```

（4）

```
for x in range(21)
for y in range(34)
    z=100-x-y
    if z%3==0 and (x*5+y*3+z//3==100):
        print("公鸡:{},母鸡:{},小鸡:{}".format(x,y,z))
```

第 5 章　输入输出与文件处理

1. 判断题

（1）错误（2）正确（3）正确（4）正确（5）正确（6）错误

（7）错误（8）正确（9）正确（10）错误（11）错误（12）正确

2. 单选题

（1）D（2）C（3）B（4）B

第 6 章　组合数据类型与迭代器处理

1. 判断题

（1）正确（2）正确（3）错误（4）错误（5）错误（6）错误

（7）正确（8）正确（9）正确（10）正确（11）正确

2. 单选题

(1)D (2)A (3)D (4)C (5)D (6)B (7)C (8)C (9)C
(10)B (11)A (12)B (13)A

第 7 章　函数与库

1. 判断题

(1) 正确 (2)正确 (3)正确 (4)正确

2. 单选题

(1)D (2)D (3)B (4)B

第 8 章　面向对象程序设计

1. 判断题

(1) 正确 (2)正确 (3)正确

2. 多选题

(1)AC (2)ABC

第 9 章　图形用户界面

1. 判断题

(1)正确 (2)错误 (3)正确 (4)正确 (5)正确

2. 单选题

(1)B (2)D (3)C (4)B (5)C

3. 多选题

ABC

第 10 章　访问数据库

1. 判断题

(1)正确 (2)错误 (3)正确

2. 多选题

（1）ABD （2）ABC （3）AB （4）ABCDE

3. 填空题

游标

参 考 文 献

[1] 戴晶晶，胡成松. 大学计算机基础[M]. 成都：电子科技大学出版社，2020.

[2] 刘鹏，张燕，张重生，等. 大数据[M]. 北京：电子工业出版社，2017.

[3] 嵩天. 全国计算机等级考试二级教程——Python 语言程序设计（2019 版）[M]. 北京：高等教育出版社，2018.

[4] 杨柏林，韩培友，陈远高，等. Python 程序设计[M]. 北京：高等教育出版社，2019.

[5] 嵩天，礼欣，黄天羽. Python 语言程序设计基础[M]. 2 版. 北京：高等教育出版社，2019.

[6] 刘鹏，张燕，张雪萍，等. Python 程序设计[M]. 北京：电子工业出版社，2019.

[7] 周才健，王硕苹. 人工智能基础与实践[M]. 北京：中国铁道出版社有限公司，2021.

图 书 资 源 支 持

❖❖

感谢您一直以来对清华版图书的支持和爱护。为了配合本书的使用,本书提供配套的资源,有需求的读者请扫描下方的"书圈"微信公众号二维码,在图书专区下载,也可以拨打电话或发送电子邮件咨询。

如果您在使用本书的过程中遇到了什么问题,或者有相关图书出版计划,也请您发邮件告诉我们,以便我们更好地为您服务。

❖❖

我们的联系方式:

地　　址:北京市海淀区双清路学研大厦 A 座 714

邮　　编:100084

电　　话:010-83470236　010-83470237

客服邮箱:2301891038@qq.com

QQ:2301891038(请写明您的单位和姓名)

资源下载: 关注公众号"书圈"下载配套资源。

资源下载、样书申请

书圈

图书案例

清华计算机学堂

观看课程直播